高职高专规划教材

机电一体化概论

主　编　赵再军
副主编　汤建鑫　吴晓苏

浙江大學出版社

图书在版编目（CIP）数据

机电一体化概论 / 赵再军主编. —杭州：浙江大学出版
社，2004.8（2020.1重印）
ISBN 978-7-308-03840-9

Ⅰ.机… Ⅱ.赵… Ⅲ.机电一体化－高等学校－教材
Ⅳ.TH-39

中国版本图书馆 CIP 数据核字（2007）第 008841 号

机电一体化概论

赵再军　主编

丛书策划	樊晓燕	
责任编辑	石国华	
封面设计	刘依群	
出版发行	浙江大学出版社	
	（杭州市天目山路 148 号　邮政编码 310007）	
	（网址：http://www.zjupress.com）	
排　　版	杭州中大图文设计有限公司	
印　　刷	杭州良诸印刷有限公司	
开　　本	787mm×960mm　1/16	
印　　张	14.75	
字　　数	296 千	
版 印 次	2004 年 8 月第 1 版　2020 年 1 月第 17 次印刷	
书　　号	ISBN 978-7-308-03840-9	
定　　价	38.00 元	

浙江大学出版社市场运营中心联系方式：0571－88925591；http://zjdxcbs.tmall.com

内容简介

本书简要介绍了机电一体化的基础知识,系统阐述了构成机电一体化技术的主要内容:机械系统、微机接口技术、传感技术、伺服技术等,为结合应用需要,书中列举并剖析了一定数量的应用实例供参考(其中多数为生产实际问题),尤其最后一章的综合实例,有助于读者通过这些实例进一步掌握机电一体化系统设计方法。

本书简明扼要、实用性强,可作为夜大、函大及高职等大专院校机械类专业的学生教材,也可供工程技术人员参考,并可作为技术培训教材。

高职高专机电类规划教材

参编学校(排名不分先后)

浙江机电职业技术学院	杭州职业技术学院
宁波高等专科学院	宁波职业技术学院
嘉兴职业技术学院	金华职业技术学院
温州职业技术学院	浙江工贸职业技术学院
台州职业技术学院	浙江水利水电高等专科学校
浙江轻纺职业技术学院	浙江工业职业技术学院
丽水职业技术学院	湖州职业技术学院

前　　言

　　机电一体化是融合检测技术、信息处理技术、自动控制技术、伺服驱动技术、微电子技术、计算机技术以及机械技术等多种技术于一体的新兴综合性学科。

　　机电一体化的优势在于从系统、整体的角度出发,将各相关技术协调综合运用而取得优化效果,因此在机电一体化系统开发过程中,特别强调技术融合和学科交叉的作用。一个机械工程师或机械技术人员如果仅有机械学方面的知识将越来越难以胜任本职工作,技术的发展要求他们必须不断地了解和掌握足够的机电一体化方面的综合知识。通过本课程的学习,掌握机电一体化系统的基础知识,对拓宽学生的知识面是很有意义的。

　　由于高等职业技术教育要大力加强实践环节,需要对理论课程进行整合。在编写时,考虑到高等职业技术教育的这些特点,力求做到理论联系实际,注意基础知识的复习与应用,以期学生对机电一体化系统的组成、工作原理、性能分析等有一个完整的认识。此外,书中每章末均有思考练习题,这些题目都是实际生产中遇到的问题,期望读者能提高自学能力、分析能力,学会把理论知识应用于生产实际,并能有所创新地改进系统的性能。

　　本教材的另一个特点是给出了较多的、经过调试或者结合生产和科研的实际需要,通过专门设计的具体实用的综合实例作为实验和实训内容,同时,为学生的课外科技活动提供了丰富的题材。

　　本教材由台州职业技术学院赵再军担任主编,并编写了第5、6章,嘉兴职业技术学院汤建鑫、杭州职业技术学院吴晓苏担任副主编,并分别编写了第1、2章和第3、4章,宁波职业技术学院庄舰老师参加了部分内容的编写工作。全书由赵再军统稿,并请周文利、姚朝霞、周柏青等老师仔细审阅后定稿。同时在编写时,也采纳了浙江大学出版社的专家组审核编写本教材大纲时提出的宝贵意见,在此一并深表感谢。

　　由于编写时间仓促,缺点和错误在所难免,敬请读者批评指正。

编　者

2004 年 8 月

目　　录

第 1 章

机电一体化的基本概念

1.1　机电一体化的定义

1.1.1　机电一体化的基本涵义

机电一体化是在以微型计算机为代表的微电子技术和信息技术迅速发展,并向机械工业领域迅猛渗透,与机械电子技术深度结合的现代工业基础上,综合应用机械技术、微电子技术、信息技术、自动控制技术、传感测试技术、电力电子技术、接口技术及软件编程技术等群体技术,从系统观点出发,根据系统功能目标和优化组织结构目标,以智能、动力、结构、运动和感知等组成要素为基础,对各组成要素及其间的信息处理、接口耦合、运动传递、物质运动、能量变换机理进行研究,使得整个系统有机结合与综合集成,并在系统程序和微电子电路的信息流有序控制下,形成物质和能量的有规则运动,在高功能、高质量、高精度、高可靠性、低消耗意义上实现多种技术功能复合的最佳功能价值系统工程技术。

机电一体化一词(Mechatronics)最早(1971 年)起源于日本,它取英语 Mechanics (机械学)的前半部和 Electronics(电子学)的后半部拼合而成,字面上表示机械学和电子学两个学科的综合,在我国通常称为机电一体化或机械电子学。对于机电一体化系统的涵义,至今还有不同的认识。1981 年日本提出的解释为"机电一体化乃是在机械的主功能、动力功能、信息功能上引进微电子技术,并将机械装置与电子装置用相关软件有机结合而构成的系统。"美国机械工程师协会的解释是"机电一体化是由计算机信息网络协调与控制的用于完成包括机械力、运动和能量流等多动力学任务的机械和机电部件相互联系的系统"。从这两种解释来看,机电一体化最本质的特性仍然是一个机械系统,其最主要功能仍然是进行机械能和其他形式的能的互换,利用机械能实现物料搬移或形态变化以及实现信息传递和变换。机电一体化系统与传统机械系统的不同之处是充分利用计算机技术、传感技术和可控驱动元件特性,实现机械系统的现代化、智能化、自动化。

因此,目前机电一体化技术能为人们普遍接受的涵义是"机电一体化乃是在机械的主功能、动力功能、信息功能和控制功能上引进微电子技术并将机械装置与电子设备以及相关软件有机结合而构成的系统总称"。机电一体化不是机械技术和电子技术的简单叠加,而是将电子设备的信息处理功能和控制功能"揉和"到机械装置中去,从而达到扬长避短、互为补充的目的,使机电一体化产品更具有系统性、完整性和科学性。

1.1.2　机电一体化系统的基本要素

机电一体化系统的形式多种多样,其功能也各不相同。一个较完善的机电一体化系统应包括以下几个基本要素:机械本体、动力单元、传感检测单元、执行单元、驱动单元、控制及信息处理单元。各要素和环节之间通过接口相联系,这些基本要素的关系及功能如图 1-1 所示。

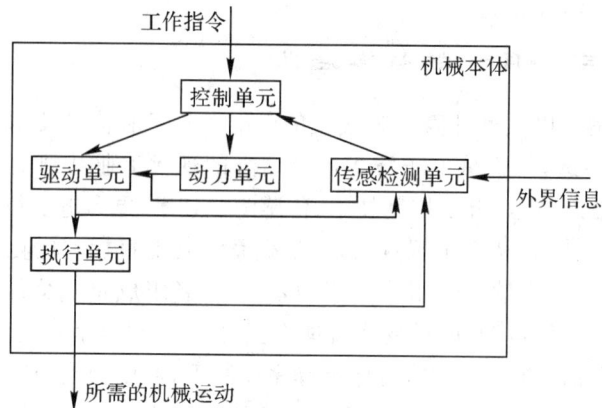

图 1-1　机电一体化系统的组成及工作原理

1. 机械本体

机械本体包括机械传动装置和机械结构装置。其主要功能是将构造系统的各子系统、零部件按照一定的空间和时间关系安置在一定的位置上,并保持特定的关系。随着机电一体化产品技术性能、水平和功能的提高,机械本体需在机械结构、材料、加工工艺以及几何尺寸等方面都应适应产品高效、多功能、可靠、节能、小型、轻量、美观等要求。

2. 动力单元

动力单元的功能是按照机电一体化系统的控制要求,为系统提供能量和动力以保证系统正常运行。机电一体化的显著特征之一是用尽可能小的动力输入获得尽可能大的功能输出。

3. 传感检测单元

传感检测单元的功能是对系统运行过程中所需要的本身和外界环境的各种参数及状态进行检测,并转换成可识别信号,传输到控制信息处理单元,经过分析、处理产生相应的控制信息。传感器检测单元通常由专门的传感器和仪器仪表组成。

4. 执行单元

执行单元的功能是根据控制信息和指令完成所要求的动作。执行单元是运动部件,一般采用机械、电磁、电液等方式将输入的各种形式的能量转换为机械能。根据机电一体化系统的匹配性要求,需要考虑改善执行机构的工作性能,如提高刚性,减轻重量,实现组件化、标准化和系列化,以提高系统整体工作可靠性等。

5. 驱动单元

驱动单元的功能是在控制信息作用下,驱动各种执行机构完成各种动作和功能。机电一体化技术一方面要求驱动单元具有高频率和快速响应等特性,同时又要求其对水、油、温度、尘埃等外部环境具有适应性和可靠性;另一方面由于受几何上动作范围狭窄等限制,还需考虑维修方便,并且尽可能实行标准化。随着电力电子技术的高度发展,高性能步进电动机、直流和交流伺服电动机将大量应用于机电一体化系统。

6. 控制与信息处理单元

控制与信息处理单元是机电一体化系统的核心单元,其功能是将来自各传感器的检测信息和外部输入命令进行集中、存储、分析、加工,根据信息处理结果,按照一定的程序发出相应的控制信号,通过输出接口送往执行机构,控制整个系统有目的地运行,并达到预期的性能。控制与信息处理单元一般由计算机、可编程控制器、数控装置以及逻辑电路等组成。

7. 接口

机电一体化系统由许多要素或子系统组成,各子系统之间要能顺利地进行物质、能量和信息的传递和交换,必须在各要素或各子系统的相接处具备一定的连接部件,这个连接部件就称为接口。

接口的作用是将各要素或子系统连接成为一个有机整体,使各个功能环节有目的地协调一致运动,从而形成机电一体化的系统工程。

接口的基本功能主要有三个:一是变换。在需要进行信息交换和传输的环节之间,由于信号的模式不同(如数字量与模拟量、串行码与并行码、连续脉冲与序列脉冲等)无法直接实现信息或能量的交流,必须通过接口完成信号或能量的转换和统一。二是放大。在两个信号强度相差悬殊的环节间,经接口放大,达到能量匹配。三是传递。变换和放大后的信号要在环节间能可靠、快速、准确地交换,必须遵循协调一致的时序、信号格式和逻辑规范。接口具有保证信息传递的逻辑控制功能,使信息按规定模式进行传递。

1.2　机电一体化的相关技术

　　机电一体化是多学科领域技术综合交叉的技术密集型系统工程,其主要的相关技术可以归纳成六个方面,即:机械技术、传感检测技术、信息处理技术、自动控制技术、伺服驱动技术和系统总体技术。

1.2.1　机械技术

　　与一般的同类型机械装置相比,机电一体化系统中的机械部分精度要求更高,结构更简单,功能更强大,性能更优越,同时还要有更好的可靠性、维护性和更新颖的结构。零部件要求模块化、标准化、规格化,还有许多新的课题要加以研究和运用,如对结构进行优化设计,采用新型复合材料以使机械系统既减轻重量、缩小体积,同时又不降低机械的静、动刚度,采用高精度导轨、精密滚珠丝杠、高精度主轴轴承和高精度齿轮等,以提高关键零部件的精度和可靠性;开发新型复合材料以提高刀具、磨具的质量;通过零部件的模块化和标准化设计,提高其互换性和维护性等。因此机械技术的出发点在于如何与机电一体化技术相适应,利用其他高新技术来更新概念,实现结构上、材料上、性能上以及功能上的变革。

1.2.2　传感检测技术

　　传感检测装置是机电一体化系统的感觉器官,它可从待测对象那里获取能反映待测对象特征与状态的信息。它是实现自动控制、自动调节的关键环节,其功能越强,系统的自动化程度就越高。传感检测技术的研究内容包括两方面:一是研究如何将各种被测量(包括物理量、化学量和生物量等)转换为与之成比例的电量;二是研究如何对转换后的电信号进行加工处理,如放大、补偿、标定、变换等。

　　传感器是检测部分的核心。例如,数控机床在加工过程中,利用力传感器或声发射传感器等,将刀具磨损情况检测出来与给定值进行比较,当刀具磨损到引起负荷转矩增大并超过规定的最大允许值时,机械手自动地进行更换,这是安全运行与提高加工质量的有力保障。

1.2.3　信息处理技术

　　信息处理技术包括信息的交换、存取、运算、判断和决策。实现信息处理的主要工具是计算机,它相当于人的大脑,指挥整个系统的运行。计算机技术包括计算机的软件技术、硬件技术和网络与通信技术等。机电一体化系统中主要采用工业控制机(包括可编程序控制器、单片微控制器、总线式工业控制机等)进行信息处理。计算机应用及信息处理技术已成为机电一体化技术发展和变革的最重要因素。提高信息处理速度，如采用超级微机或超大规模集成技术；提高系统可靠性，如采用自诊断、自恢复和容错技术；加强智能化，如采用人工智能技术和专家系统。这些均为信息处理技术今后发展的方向。

1.2.4　自动控制技术

自动控制技术包括高精度位置控制、速度控制、自适应控制、自诊断、校正、补偿、检索等技术。在机电一体化技术中，自动控制主要是解决如何提高产品的精度、提高加工效率、提高设备的有效利用率，从而实现机电一体化系统的目标最佳化。自动控制就是依据自动控制原理对具体控制装置或系统在设计之后进行系统仿真，现场调试，最后使研制的系统可靠地投入运行，尤其是计算机技术高速发展，使得自动控制技术与计算机技术的结合越趋密切，因此自动控制技术是机电一体化技术中十分重要的关键技术。

1.2.5　伺服驱动技术

"伺服"(Serve)即"伺候服侍"的意思。伺服驱动技术就是在控制指令的指挥下，控制驱动元件，使机械的运动部件按照指令的要求进行运动，并具有良好的动态性能。伺服驱动技术包括电动、气动、液压等各种类型的传动装置，这部分的功能相当于人的手足的功能，这些驱动装置通过接口与计算机相连接，在计算机控制下，带动机械部件作机械回转、直线或其他各种复杂运动。伺服驱动技术是直接执行操作的技术，伺服系统是实现电信号到机械动作的转换装置或部件，对机电一体化系统的动态性能、控制质量和功能具有决定性的作用。常见的伺服驱动系统主要有液压和电气伺服系统。液压伺服系统(如液压马达、脉冲液压缸等)具有工作稳定、响应速度快、输出力矩大等特点，特别是在低速运行时其性能更突出，但液压系统需要增加液压泵等动力源，设备复杂、体积大、维修难及污染环境；而电气伺服系统(如步进电动机、直流伺服电动机等)具有控制灵活、费用较小、可靠性高等优点，但低速时输出力矩不够大。由于近年来变频技术的进步，交流伺服驱动技术取得突破性进展，为机电一体化系统提供了高质量的伺服驱动单元，极大地促进了机电一体化技术的发展。

1.2.6　系统总体技术

系统总体技术是一种从整体目标出发，用系统的观点和方法，将总体分解成若干功能单元，找出能完成各个功能的技术方案，再将各个功能与技术方案组合成方案组进行分析、评价、优选的综合应用技术。它通过所用技术的协调一致来保证在给定环境条件下经济、可靠、高效地实现目标，并使其操作和维修更加方便。

总体技术内容涉及许多方面，如接插件、接口转换、软件开发、微机应用技术、控制系统的成套性和成套设备自动技术等。显然，即使各个部分技术都已掌握，性能、可靠性都很好,如果整个系统不能很好地协调,则它仍然不可能可靠地正常运行。由此可见系统总体技术的重要性。

以上概述了机电一体化的相关技术,可以得出这样的结论:机电一体化技术是一种复合技术,它不是机械和电子的简单叠加,它需要很多部门、产业的配合和支持,才能取得满意的结果。我们不仅要对机电一体化的各项相关技术进行全面深入的了解,还要能从系统工程的概念入手,通过系统总体设计来使各个相关技术形成有机的结合,并且要注意研究和解决技术融合过程中所产生的新问题,只有这样才能满足机电一体化高速发展的需要。

1.3   机电一体化技术的发展前景

随着科技的进步和社会经济的发展,机电一体化技术正在不断地深入到各个领域,并且迅猛地向前推进,特别是制造工业对机电一体化技术提出了许多新的更高的要求。机械制造自动化中的数控技术如 CNC,FMS,CIMS 及机器人等都被一致认为是典型的机电一体化的技术产品及系统,因此从这些典型的机电一体化产品可以了解到机电一体化的发展前景和趋势。如当今数控机床正不断吸收最新技术成就,朝着高可靠性、高柔性化、高精度化、高速化、多功能复合化,制造系统自动化及采用 CAD 设计技术和宜人化方向发展。归纳起来,机电一体化的发展趋势应为:在性能上向高精度、高效率、高性能、智能化方向发展;在功能上向小型化、轻型化、多功能方向发展;在层次上向系统化、复合集成化的方向发展。

1.3.1   从性能上看

高性能化和智能化是性能发展的主要特点。高性能化包含高可靠性、高精度、高速化。新一代 CNC 系统就是采用 32 位多 CPU 结构,以多总线连接,以 32 位宽度进行高速数据传递,因而在相当高的分辨率($0.1\mu m$)情况下,系统仍有高速度($100m/min$),可控及联动坐标达 16 轴,并且有丰富的图形功能和自动程序设计功能。为了获取高效率,一方面减少辅助时间,另一方面对 CNC、主轴转速进给率、刀具交换、托板交换等各关键部分实现高速化:采用高分辨率、高速响应的绝对位置传感器,从而实现高精度的检测;采用交流数字伺服驱动系统,其位置、速度及电流环都已数字化,实现了几乎不受机械载荷变动影响的高速响应伺服系统和主轴控制装置;同时还采用了高速响应的内装式主轴电机,把电机作为一体装入主轴中,真正实现了融机电为一体,因而使得系统拥有极佳的高速性和高精度性。

人工智能在机电一体化技术中也得到了广泛的应用。智能机器人通过视觉、触觉、听觉等各类传感器来检测工作状态,根据实际变化过程中的反馈信息作出判断与决定。

如数控机床的智能化就是通过各类传感器对切削加工前后和加工过程中的各种参数进行监测,并通过计算机系统作出判断,自动对异常现象进行调整与补偿,以保证加工过程的顺利进行,并保证加工出合格产品。

1.3.2　从功能上看

小型化、轻型化、多功能化是功能发展的主要特点,这是精细加工技术发展的必然,也是提高效率的需要。通过结构优化设计和精细加工,可使机械的重量减轻到与人体重量相称的程度。而多功能也是自动化发展的要求和必然结果。为了适应自动化控制规模的不断扩大和高技术发展,机电一体化产品不仅要具有数据采集、检测、记忆、监控、执行、反馈、自适应、自学习等多种功能,甚至还要具有神经系统的功能,以便能实现整个系统的最佳化和智能化。机械制造工业绝不只是要求单机自动化,而是要求能实现一条生产线、一个车间、一个工厂甚至更大规模的全盘自动化。

1.3.3　从层次上看

复合集成、系统化是层次发展的特征。复合集成,既包含各种分技术的相互渗透、相互融合和各种产品不同结构的优化与复合,又包含在生产过程中同时处理加工、装配、检测、管理等多种工序。为了实现多品种、小批量生产的自动化和高效率,应使系统具有更广泛的柔性(柔性是适应加工对象变化的能力)。首先可将系统先分解为若干层次,使系统功能分散,并使各部分协调而又安全地运转,然后再通过硬、软件将各个层次有机地连接起来,使其性能最优、功能最强。柔性制造系统就是这种层次结构的典型。

1.4　机电一体化技术的具体应用实例

随着科学技术的不断发展,机电一体化技术已渗透到农业、机械、建筑、纺织、医疗卫生、国防建设等行业,产生出巨大的经济效益。下面介绍机电一体化技术的应用实例。

1.4.1　机电一体化技术在机电产品中的应用

选择顺应性装配机器人(Selective Compliance Assembly Robot Arm, SCARA)具有选择顺应性的装配机器人手臂,这种机器人在水平方向具有顺应性,而在垂直方向则有很大的刚性,最适合于装配作业使用,它有大臂回转、小臂回转、腕部升降与回转四个自由度,如图 1-2 所示,下面以 ZP-1 型多手臂装配系统机器人为例作一简单介绍。

该机器人装配系统可装配 40 火花式电雷管,代替人从事易爆易燃的危险作业。电雷管的组成如图 1-3(a)所示,机器人完成的工作是:(1)将导电帽弹簧组合件装在雷管体上;(2)将小螺钉拧到雷管体上,把导电帽、弹簧组合件和雷管体联成一体;(3)检测雷管体外径、总高度及雷管体与导电帽之间是否短路。装配前雷管体倒立在 10 行×10 列的料盘 5 上，弹簧与导电帽的组合件插放在另一个 10 行×10 列的料盘 6 上，小螺钉散放在振动料斗 8 中，装配好的成品放在 10 行×10 列的料盘 7 上，如图 1-3(b)所示。机器人在装配点的重复定位精度可达±0.05mm，电雷管重约 100g，一次装配过程约需 20s。

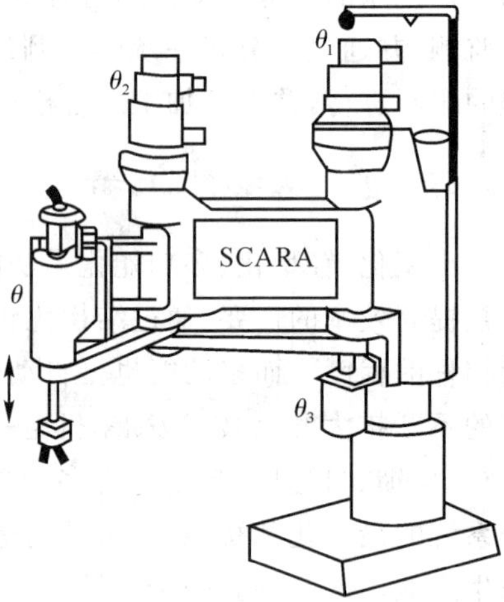

　　该机器人装配系统主要由机器人本体和控制柜组成，其本体如图 1-4 所示，由左、中、右三只手臂组成，左右手臂结构基本相同，大臂长 200mm，小臂长(肘关节至手部中心)为 160mm，两立柱间距为 710mm，总高度约 820mm(可适当调整)。左(右)手臂各有大臂 1(1′)、小臂 2(2′)、手腕 3(3′)和

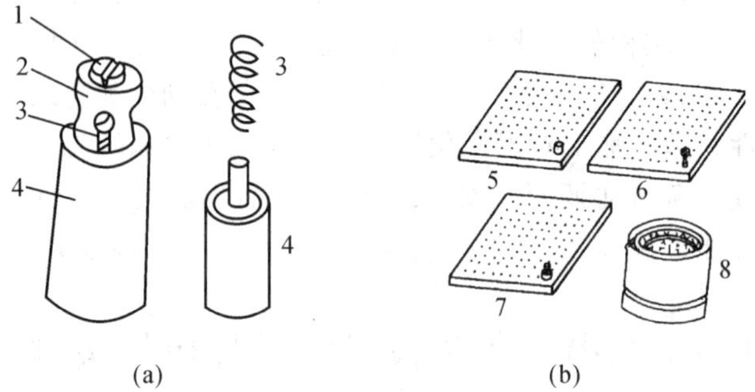

图 1-2　SCARA 型装配机器
人的基本构造

(a)　　　　　　　　　　(b)

图 1-3　火花式电雷管的组成及料盘
1—螺钉　2—导电帽　3—弹簧　4—雷管体　5,6,7—料盘　8—振动料斗

手部 4(4′)；驱动大臂的为步进电机 5(5′)及谐波减速器 6(6′)与位置反馈用光电编码器 7(7′)；驱动小臂的为步进电机 8(8′)及谐波减速器 9(9′)与位置反馈用光电编码器 10(10′)；另外还有平行四连杆机构 11(11′)；整个手臂安装在支架和立柱 12(12′)上，并由基座 19(19′)支承。手腕的升降、回转和手爪的开闭都是气动的，因此有相应的汽缸、输气管路。右臂右侧雷管料盘为 13′，左臂左侧为导电帽与弹簧组合件料盘 13。第三只手臂(中臂)为拧螺钉装置，放在左、右手臂中间的工作台 17 上，装有摆动臂 14 和气动旋具 15，它的左侧装有供螺钉用的振动料斗 16。成品料盘 18 安装在右手臂的右前方。

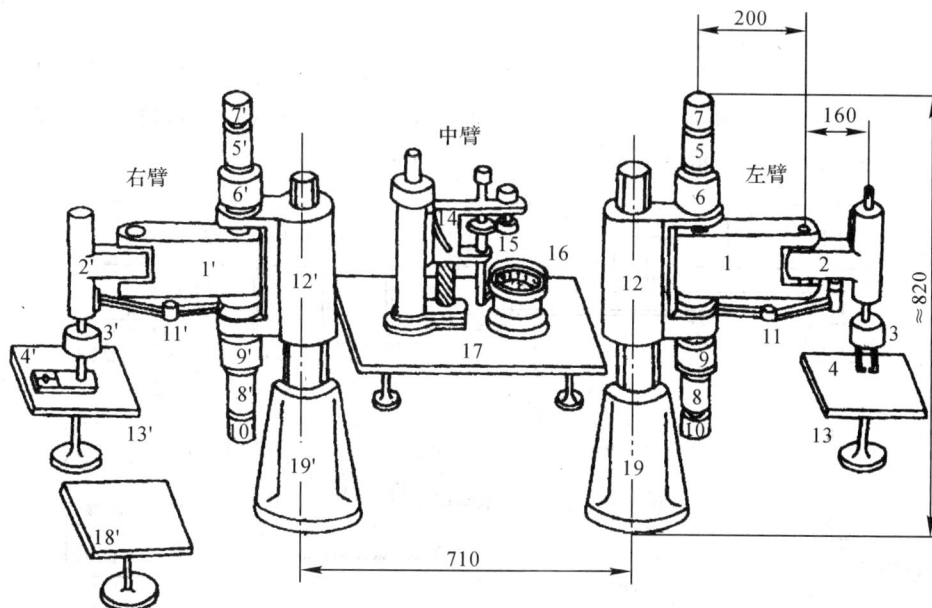

图 1-4　ZP-1 型机器人装配系统本体构成

1.4.2　机电一体化技术在机械制造中的应用
——柔性制造系统（FMS）简介

柔性制造系统(Flexible Manufacturing System，FMS)指可变的、自动化程度较高的制造系统,它主要包括若干台数控机床和加工中心(或其他直接参加产品零部件生产的自动化设备),用一套自动物料(包括工件和刀具)搬运系统连接起来,由分布式多级计算机系统进行综合管理与控制,以适应柔性的高效率零件加工(或零部件生产)。它是在 CAD 和 CAM 基础上,打破设计和制造的界限,取消图样、工艺卡片,使产品设计、生产相互结合而成的一种先进的自动生产系统。

FMS 具有良好柔性但并不意味着一条 FMS 就能生产各类产品。事实上,现有的柔性制造系统都只能制造一定数量的品种。据统计,从工件形状来看,95％FMS 用于加工箱体件或圆盘件;从加工零件种类来看,很少有加工 200 种以上的 FMS。多数系统只能加工 10 个品种左右。

在现有的 FMS 中,大致有三种类型:(1)专用型,就是以一定产品配件为加工对象组成的专用 FMS,例如底盘柔性加工系统等;(2)监视型,具有包括运动状态、工件进度、精度、故障和安全等监视功能;(3)随机任务型,可同时加工多种相似零件的 FMS。

与传统加工方法相比,FMS 的生产效率可提高 140％～200％,工件传送时间可缩短 40%～60%，生产场地利用率可提高 20%～40%，数控机床利用率每班可达 95%，普通机床利用率可提高到 70%。

　　FMS 主要由计算机、数控机床、机器人、托盘、自动搬运小车和自动仓库等组成。即以电子计算机为核心，由加工中心、机器人和自动仓库共同构成一组机电一体化系统。FMS 构成图如图 1-5 所示。

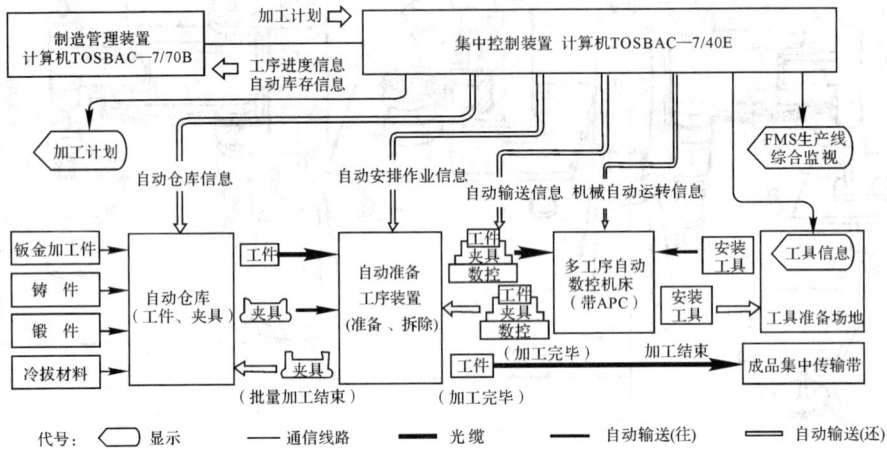

图 1-5　FMS 构成框图

　　按照功能划分，FMS 可以分为加工系统、物流系统和信息系统三大部分。

　　(1) 加工系统。FMS 的加工系统主要由数控机床组成，承担机械加工任务。

　　(2) 物流系统。FMS 中的工件、工具流统称为物流系统。一般由三个部分组成：

　　① 输送系统，使各加工设备之间建立自动运行的联系；

　　② 储存系统，具有自动存取机能，用以调节加工节拍的差异；

　　③ 操作系统，建立加工系统同物流系统中的输送、储存系统之间的自动化联系。

　　FMS 的物流系统包括自动小车、输送带、工业机器人、随行托板、自动化立体仓库、互换系统和托板输送系统及叉车等。图 1-6 是一个 FMS 布局的示意图。该系统由两台加工中心组成，机床前方有一条封闭的矩形运输线，有 8 台小车在运输线上循环运行，小车上装有托盘，并沿着箭头方向不断运送工件。

　　(3) 信息流系统。这个系统的基本核心是一个分布式数据库管理系统和控制系统，整个系统采用分级控制结构。信息流系统的主要任务是：组织和指挥制造流程，并对制造流程进行控制和监视；向 FMS 的加工系统、物流系统提供全部控制信息并进行过程监视，反馈各种在线检测的数据，以便修正控制信息，保证安全运行。

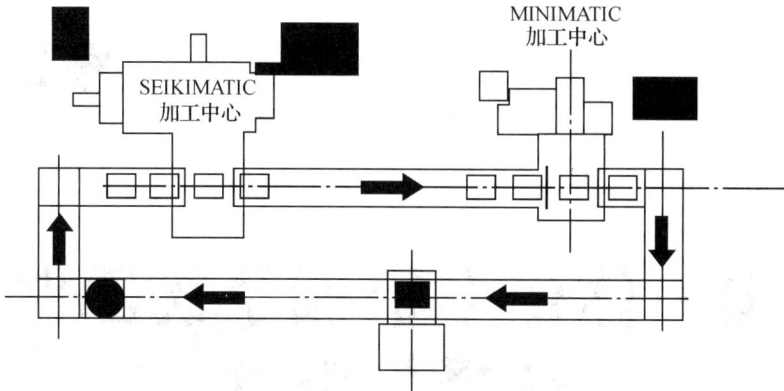

图 1-6　FMS 布局及物流示意图

复习思考题

1. 什么是机电一体化？其组成要素是什么？

2. 机电一体化相关的技术有哪些？

3. 机电一体化是在什么背景下产生和发展起来的？

4. 通过列举生活中的实例来说明机电一体化的组成要素和作用。

5. 机电一体化技术的发展前景如何？

第 2 章

机电一体化中机械系统部件的选择与设计

2.1 概 述

与一般的机械系统相比,机电一体化中的机械系统除要求具有较高的定位精度之外,还应具有良好的动态响应特性,即响应要快,稳定性要好。一个典型的机电一体化系统一般由减速装置、丝杠螺母副、蜗轮蜗杆副等各种线性传动部件,连杆机构、凸轮机构等非线性传动部件,导向支承部件、旋转支承部件、轴系及架体等机构组成。为确保机械系统的传动精度和工作稳定性,常常需要提出无间隙、低摩擦、低惯量、高刚度、高谐振频率和适当的阻尼比等要求。机电一体化机械系统应包括以下三大机构:

(1)传动机构。机电一体化系统中传动机构的主要功能是传递转矩和转速,实际上它是一种转矩、转速变换器。机械传动部件对伺服系统的伺服特性有很大影响,特别是其传动类型、传动方式、传动刚性以及传动的可靠性对系统的精度、稳定性和快速响应有重大影响。

(2)导向机构。导向机构的作用是支承和限制运动部件按给定的运动要求和规定的运动方向运动。该机构应能保证安全准确。

(3)执行机构。执行机构根据操作指令的要求在动力源的带动下完成预定的操作任务。一般要求它具有较高的灵敏度、精确度、良好的重复性和可靠性等。

2.2　传动机构

2.2.1　传动机构的种类及特点

机电一体化系统所用的传动机构主要有齿轮传动机构、滚珠丝杠副、滑动丝杠副、同步带传动副、间歇机构、挠性传动机构等,对于工作机中的传动机构,既要求能实现运动的转换,又要求能实现动力的转换;对于信息机中的传动机构则只要求运动的转换,其动力则只需能克服惯性力(力矩)和各种摩擦力以及较小的工作负载即可。

机电一体化机械系统的传动机构要求具有传动精度高、工作稳定性好、响应快等特点。随着科技的进步,机电一体化产品得到了飞速发展,要求其传动机构也能不断适应新的技术要求。目前的传动机构已呈现出一些新的特点,并朝着高精度化、高速度化、小型化、轻量化方向发展。

2.2.2　传动机构的基本要求

传动机构应能满足以下几个方面的要求:

(1) 在不影响系统刚度的条件下,传动机构的质量和转动惯量应尽可能小。转动惯量大会对系统造成不良影响,使机械负载增大,系统响应速度变慢,灵敏度降低,使系统固有频率下降,容易产生谐振,使电气部分的谐振频率变低,阻尼增大。

(2) 刚度是使弹性件产生单位变形量所需的作用力,包括机构产生各种基本变形时刚度和两接触面的接触刚度。静态力和变形之比为静刚度;动态交变应力、冲击力与变形之比为动刚度,刚度越大,伺服系统动力损失越小;刚度越大,机器的固有频率越高,超出系统的频带宽度,不易产生共振;刚度越大,闭环系统的稳定性越高。

(3) 机械系统产生共振时,系统中阻尼越大,最大振幅就越小,且衰减越快;并且过大的阻尼会使系统损失动量和增大反转误差,从而增大稳态误差,降低精度,因此要选择合适的阻尼。

(4) 系统传动部件的静摩擦力应尽可能小,动摩擦力应是尽可能小的正斜率,若为负斜率则易产生爬行,精度降低,寿命减少。

根据经验,克服摩擦力所需的电机转矩 T_F 与电机额定转矩 T_K 的关系为

$$0.2T_K < T_F < 0.3T_K$$

此外还要求其抗振性好、稳定性高、间隙小(减小误差,提高伺服系统中位置稳定性)避免谐振,特别是其动态性能应与伺服电动机等其他环节的动态性能相匹配。

2.2.3　机械传动系统的特性

1. 转动惯量

转动惯量 J 表示具有转动动能的部件属性,一个给定部件的转动惯量取决于部件相对于转动轴的几何位置和部件的密度。

(1)转动惯量的几种折算形式。

①圆柱体的转动惯量为

$$J=\frac{1}{8}md^2$$

式中,m 为质量(kg);d 为圆柱体直径(mm)。

②直线运动物体的转动惯量。如图 2-1(a)所示,由导程 L_0 的丝杠驱动质量为 m_r 的工作台和质量为 m_w 的工件,折算到丝杠上的总折算转动惯量 J_{Tw} 为

$$J_{Tw}=(m_r+m_w)\left(\frac{L_0}{2\pi}\right)^2$$

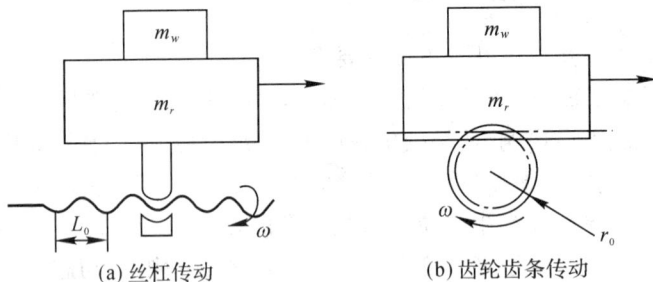

(a) 丝杠传动　　　　(b) 齿轮齿条传动

图 2-1　直线运动物体的转动惯量

如图 2-1(b)所示,由齿轮齿条驱动的工作台与工件质量折算到节圆半径为 r_0 的小齿轮上的转动惯量 J_{Tw} 为

$$J_{Tw}=(m_r+m_w)r_0^2$$

③一对齿轮的转动惯量。如图 2-2 所示,小齿轮装在电机轴上,其转动惯量不用折算,为 J_1。大齿轮的转动惯量 J_2 折算到电机轴上为

$$\frac{J_2}{i^2}=J_2\left(\frac{z_1}{z_2}\right)^2$$

式中,z_1、z_2 为齿轮齿数。

④两对齿轮的转动惯量。如图 2-3 所示,传动总速比 $i=i_1i_2$,两级分速比各为 $i_1=z_2/z_1$ 和 $i_2=z_4/z_3$。于是,齿轮 1 的转动惯量为 J_1。齿轮 2 和 3 装在中间轴上,其转动惯量折算到电机轴上,分别为 $J_2(z_1/z_2)^2$ 和 $J_3(z_1/z_2)^2$。齿轮 4 的转动惯量要进行两次折算或以总速比折算为

$$\frac{J_4}{i^2}=J_4\left(\frac{z_1}{z_2}\right)^2\left(\frac{z_3}{z_4}\right)^2$$

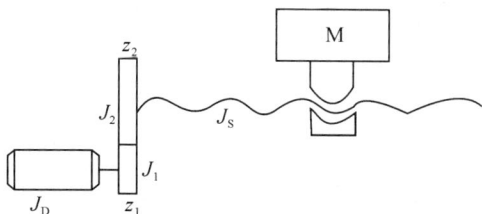

图 2-2　一对齿轮副减速

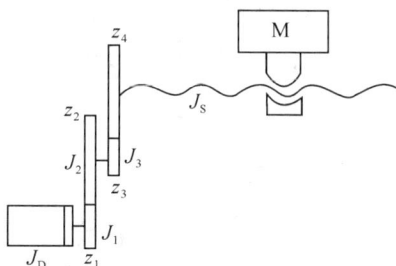

图 2-3　二对齿轮副减速

(2)J_L 的计算。J_L 为折算到驱动装置轴上的等效飞轮矩,J_L 为转动物体的重量 G 与回转直径 D 平方的乘积。J_L 与转动惯量 J 的等价关系为

$$J_L=4gJ$$

式中,g 为重力加速度($\mathrm{m/s^2}$)。

①转动物体的 J_L。典型形状物体转动时的 J_L 计算如表 2-1 所示。

②直线运动物体的 J_L 如图 2-4 所示,在导程为 L_0(m)的丝杠传动条件下,总重量为 W(N)的工作台与工件折算到丝杠上的等效 J_L 为

$$J_L=W(L_0/\pi)^2$$

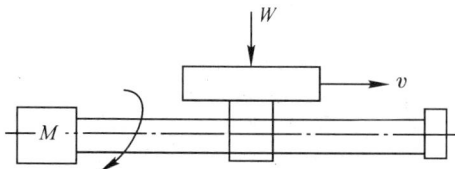

图 2-4　丝杠传动

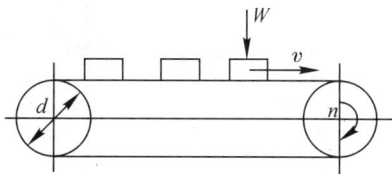

图 2-5　传动带传动

如图 2-5 所示,传送带上重量为 W(N)的物体折算到驱动轴上的等效 J_L 为

$$J_L=4W(v/\omega)^2=365W(v/n)^2$$

式中,v 为传送带上物体的速度(m/s);ω 为驱动轴的角速度(rad/s);n 为驱动轴的转速(r/min)。

表 2-1　几种典型形状物体转动时的 J_L

物体形状	W，各轴 J_L
	$W=\dfrac{\pi}{4}\rho D^2 l$ $J_x=J_y=W\left(\dfrac{D^2}{4}+\dfrac{l^2}{3}\right)$ $J_z=\dfrac{1}{2}WD^2$
	$W=\dfrac{x}{4}\rho(D_2^2-D_1^2)l$ $J_x=GY_y^2=W\left(\dfrac{D_2^2+D_1^2}{4}+\dfrac{l^2}{3}\right)$ $J_z=\dfrac{1}{2}W(D_2^2+D_1^2)$
	$W=\dfrac{\pi}{6}\rho abl$ $J_x=W\left(\dfrac{b^2}{4}+\dfrac{l^2}{3}\right),J_y=W\left(\dfrac{a^2}{4}+\dfrac{l^2}{3}\right)$ $J_z=\dfrac{W}{4}(a^2+b^2)$
	$W=\rho abc$ $J_x=\dfrac{1}{3}W(b^2+c^2),J_y=\dfrac{1}{3}W(c^2+a^2)$ $J_z=\dfrac{1}{3}W(a^2+b^2)$
	$W=\dfrac{1}{2}\rho a(b_1+b_2)c$ $J_x=\dfrac{1}{6}W(b_1^2+b_2^2)+\dfrac{1}{9}Wc^2\left[3-\left(\dfrac{b_2-b_1}{b_2+b_1}\right)^2\right]$ $J_y=\dfrac{1}{3}Wa^2+\dfrac{1}{9}Wc^2\left[3-\left(\dfrac{b_2-b_1}{b_2+b_1}\right)^2\right]$ $J_z=\dfrac{1}{3}Wa^2+\dfrac{1}{6}(b_1^2+b_2^2)$

　　如图 2-6 所示，车体重量为 $W(\mathrm{N})$，车轮直径为 $d(\mathrm{m})$ 的自动式台车的等效 J_L 为

$$J_L=Wd^2$$

　　(3)传动系统等效转动惯量的计算。传动系统的等效转动惯量是一种惯性负载，在电机选用时必须加以考虑。由于传动系统的各传动部件并不都与电机轴同轴，还存在各

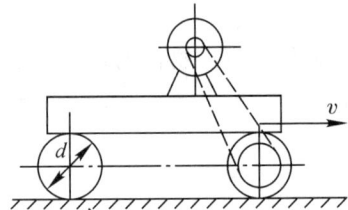

图 2-6　自动式台车

传动部件转动惯量向电机轴折算的问题。最后要计算整个传动系统折算到电机轴上的

总转动惯量,即传动系统等效转动惯量。

①一对齿轮传动(见图 2-2)的等效转动惯量为

$$J_{\Sigma}=J_{\mathrm{D}}+J_1+\left[J_2+J_{\mathrm{S}}+\left(\frac{L_0}{2\pi}\right)^2 M\right]\left(\frac{z_1}{z_2}\right)^2$$

式中,J_{Σ} 为传动系统等效转动惯量;J_{D} 为电机转子的转动惯量;J_{S} 为丝杠的转动惯量。

②两对齿轮传动(见图 2-3)的等效转动惯量为

$$J_{\Sigma}=J_{\mathrm{D}}+J_1+(J_2+J_3)\left(\frac{z_1}{z_2}\right)^2+\left[J_4+J_{\mathrm{S}}+\left(\frac{L_0}{2\pi}\right)^2 M\right]\left(\frac{z_1 z_3}{z_2 z_4}\right)^2$$

例 2-1　图 2-7 为机床传动机构原理图。已知齿轮 1,2,3,4 及丝杠 5 和工作台 6,其转动惯量分别为 J_1,J_2,J_3,J_4,J_5,各齿轮的齿数为 z_1,z_2,z_3,z_4,丝杠螺距为 L_0,求工作台 6 的转化质量。

解　转化的原则是转化前后系统瞬时动能保持不变,有

$$\frac{1}{2}m_{化}v_6^2=\frac{1}{2}J_1\omega_1^2+\frac{1}{2}J_2\omega_2^2+\frac{1}{2}J_3\omega_2^2+\frac{1}{2}J_4\omega_4^2+\frac{1}{2}J_5\omega_4^2+\frac{1}{2}m_6 v_6^2$$

因此有

$$m_{化}=J_1\left(\frac{\omega_1}{v_6}\right)^2+J_2\left(\frac{\omega_2}{v_6}\right)^2+J_3\left(\frac{\omega_2}{v_6}\right)^2+J_4\left(\frac{\omega_4}{v_6}\right)^2+J_5\left(\frac{\omega_4}{v_6}\right)^2+m_6\left(\frac{v_6}{v_6}\right)^2$$

$$=J_1\left(\frac{\omega_1}{v_6}\right)^2+(J_2+J_3)\left(\frac{\omega_2}{v_6}\right)^2+(J_4+J_5)\left(\frac{\omega_4}{v_6}\right)^2+m_6$$

又根据传动关系有

$$v_6=L_0 \cdot \omega_5/2\pi=L_0 \cdot \omega_4/2\pi=L_0 \cdot \omega_2/2\pi \cdot z_3/z_4=L_0 \cdot \omega_1/2\pi \cdot z_3/z_4 \cdot z_1/z_2$$

则　　　$m_{化}=(2\pi/L_0)^2[J_1(z_2 z_4/z_1 z_3)^2+(J_2+J_3)(z_4/z_3)^2+(J_4+J_5)]+m_6$

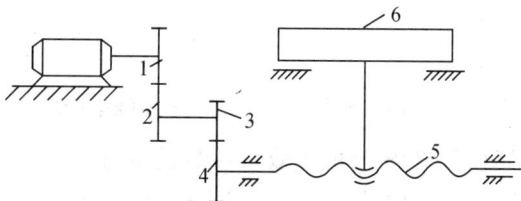

图 2-7　机床传动机构示意图

例 2-2　如图 2-8 所示为一进给工作台,电动机 M,制动器 B,工作台 A,齿轮 $G_1\sim G_4$ 以及轴 1,2 的数据如表 2-2 所示,工作台质量(包括工件在内)$m_A=300\mathrm{kg}$,试求该装置换算至电动机轴的等效转动惯量。

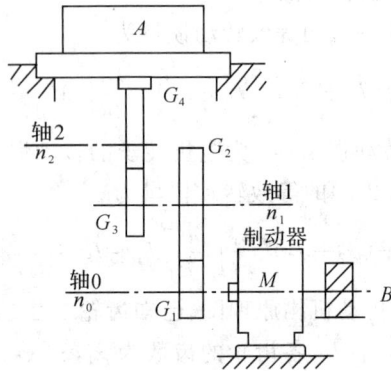

图 2-8 进给工作台

表 2-2 进给工作台的工作参数

n 速度	齿 轮				轴		工作台	电动机	制动器
	G_1	G_2	G_3	G_4	1	2	A	M	B
/(r/min)	720	180	180	102	180	102	90m/min	720	
J/(kg·m²)	J_{G1}	J_{G2}	J_{G3}	J_{G4}	J_{S1}	J_{S2}	J_A	J_M	J_B
	0.0028	0.606	0.017	0.153	0.0008	0.0008		0.0403	0.0055

解 等效转动惯量计算如下：

(1) 装置回转部分对轴 0 的等效转动惯量 $[J_1]_0$ 为

$$[J_1]_0 = J_M + J_B + J_{G1} + (J_{G2} + J_{G3} + J_{S1})(n_1/n_0)^2 + (J_{G4} + J_{S2})(n_2/n_0)^2$$

$$= 0.0403 + 0.0055 + 0.0028 + (0.606 + 0.017 + 0.0008) \times \left(\frac{180}{720}\right)^2$$

$$+ (0.153 \times 0.0008) \times \left(\frac{102}{720}\right)^2 = 0.0806 (\text{kg} \cdot \text{m}^2)$$

(2) 装置的直线运动部分对轴 0 的等效转动惯量 $[J_2]_0$ 为

$$[J_2]_0 = m_A v^2/(4\pi^2 n_0^2) = 300 \times 90^2/(4\pi^2 \times 720^2) = 0.1187 (\text{kg} \cdot \text{m}^2)$$

因此，与装置电机轴有关的等效转动惯量为

$$[J]_0 = [J_1]_0 + [J_2]_0 = (0.0806 + 0.1187) = 0.2063 (\text{kg} \cdot \text{m}^2)$$

2. 摩擦

两物体接触面间的摩擦力在应用上可简化为黏性摩擦力、库仑摩擦力与静摩擦力三类，方向均与运动方向相反。图 2-9 反映了三种摩擦力与物体运动速度之间的关系。静摩擦力 F_s 是有相对运动趋势但仍处于静止状态时摩擦面间的摩擦力，其最大值发生在相对开始运动前的一瞬间，运动开始后静摩擦力即消失，此时摩擦力立即下降为库仑摩擦力 F_c。库仑摩擦力是接触面对运动物体的阻力，大小为一常数。随着运动速度的增加,此时摩擦力为黏性摩擦力 F_v,其大小与两物体相对运动的速度成正比。

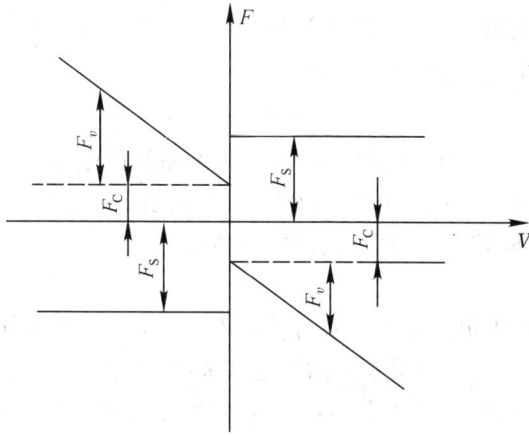

图 2-9   理想摩擦力与速度的特性关系

机械系统的摩擦特性随材料和表面状态的不同有很大差异。例如机械导轨在质量为 3200kg 重物作用下,不同导轨表现出不同的摩擦特性,如图 2-10 所示。滑动摩擦导轨易产生爬行现象,低速运动稳定性差;滚动摩擦导轨和静压摩擦导轨不产生爬行,但有微小超程。贴塑导轨的特性接近于滚动导轨,但是各种高分子塑料与金属的摩擦特性有较大的差别。另外摩擦力与机械传动部件的弹性变形产生位置误差,运动反向时,位置误差形成回程误差。

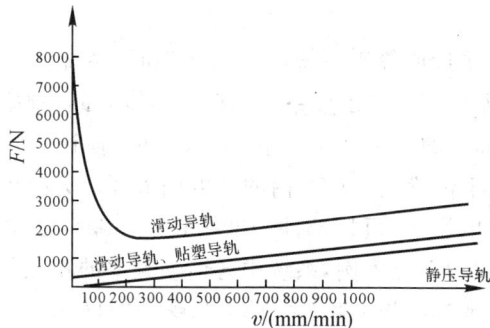

图 2-10   不同导轨的摩擦特性

综上所述,机电一体化系统对机械传动部件的摩擦特性的要求为:静摩擦力尽可能小;动摩擦力应为尽可能小的正斜率,因为负斜率易产生爬行,会降低精度、减少寿命。

3. 阻尼

由振动理论可知,运动中的机械部件易产生振动,其振幅决定于系统的阻尼和固有频率。系统的阻尼越大,最大振幅越小,衰减就越快。机械部件振动时,金属材料的内摩擦力较小(附加的非金属减振材料内摩擦力较大),而运动副(特别是导轨)的摩擦阻尼占主要地位。在实际应用中一般将摩擦阻尼简化为黏性摩擦的线性阻尼。机械传动部件一般可简化为二阶系统,其阻尼比 ζ 为

$$\zeta = c/(2\sqrt{mk})$$

式中,c 为黏性阻尼系数;m 为系统的质量(kg);k 为系统的刚度。

实际应用中一般取 $0.4 \leqslant \zeta \leqslant 0.8$ 的欠阻尼,既能保证振荡在一定范围内的过渡过程较平稳,过渡过程时间较短,又具有较高的灵敏度。

4. 刚度

刚度为使弹性体产生单位变形量所需的作用力。对于伺服系统的失动量来说系统刚度越大,失动量越小。对于伺服系统的稳定性来说,刚度对开环系统的稳定性没有影响,而对闭环系统的稳定性有很大影响,提高刚度可增加系统的稳定性,但是刚度的提高往往伴随着转动惯量、摩擦力和成本的增加。

5. 谐振频率

包括机械传动部件在内的弹性系统,若不计阻尼,可简化为质量、弹簧系统。对于质量为 m、拉压刚度系数为 k 的单自由度直线运动弹性系统,其固有频率 ω 为

$$\omega = \frac{1}{2\pi}\sqrt{k/m}$$

对于转动惯量为 J、扭转刚度系数为 k 的单自由度扭转运动弹性系统,其固有频率 ω 为

$$\omega = \frac{1}{2\pi}\sqrt{k/J}$$

当外界的激振频率接近或等于系统的固有频率时,系统将产生谐振而不能正常工作。机械传动部件实际上是个多自由度系统,有一个基本固有频率和若干个高阶固有频率,分别称为机械传动部件的一阶谐振频率(ω_{0mech1})和 n 阶谐振频率(ω_{0mechn})。

电气驱动部件是位于位置调节环之内的速度调节环。为减少机械传动部件的转矩反馈对电动机动态性能的影响,机械部件的谐振频率(ω_{0mech})必须大于电气驱动部件的谐振频率 ω_{0A}。以进给驱动系统为例,系统中各谐振频率的相互关系如表2-3所示。

表 2-3 进给驱动系统各谐振频率的相互关系

位置调节环的谐振频率 ω_{0P}	$40 \sim 120 rad/s$
电气驱动部件(速度环)的谐振频率 ω_{0A}	$(2 \sim 3)\omega_{0P}$
机械传动部件第一个谐振频率 ω_{0mech1}	$(2 \sim 3)\omega_{0A}$
机械传动部件第 n 个谐振频率 ω_{0mechn}	$(2 \sim 3)\omega_{0mech(n-1)}$

6. 间隙

机械系统中存在着许多间隙,如齿轮传动的齿侧间隙、丝杠螺母的传动间隙、丝杠

轴承的轴向间隙、联轴器的扭转间隙等。这些间隙的存在尽管无法完全消除,但间隙过大会对系统的精度和稳定性造成很大的影响,因此要尽可能采取一定的消隙措施,避免间隙的出现。

2.2.4　齿轮传动副

齿轮传动是机电一体化系统中使用最多的机械传动装置,主要原因是齿轮传动的瞬时传动比为常数,传动精确,且强度大,能承受重载,结构紧凑,摩擦力小,效率高。

1.齿轮传动总传动比的选择

用于伺服系统的齿轮传动一般是减速系统,其输入是高速、小转矩,输出是低速、大转矩。要求齿轮系统不但有足够的强度,还要有尽可能小的转动惯量,在同样的驱动功率下,其加速度响应为最大。此外,齿轮副的啮合间隙会造成不明显的传动死区。在闭环系统中,传动死区能使系统以 $1\sim5$ 倍的间隙角产生低频振荡,为此要调小齿侧间隙或采用消隙装

图 2-11　电动机驱动齿轮系统和负载的计算模型

置。通常采用负载角加速度最大原则选择总传动比,以提高伺服系统的响应速度。

设惯量为 J_m 的伺服电动机,通过传动比为 i 的齿轮系 G 克服摩擦阻抗力矩 T_{LF} 和驱动惯性负载 J_L,其传动模型如图 2-11 所示。其传动比为

$$i=\frac{\theta_m}{\theta_L}=\frac{\dot\theta_m}{\dot\theta_L}=\frac{\ddot\theta_m}{\ddot\theta_L}>1$$

式中,$\theta_m,\dot\theta_m,\ddot\theta_m$ 分别为电动机角位移、角速度、角加速度;$\theta_L,\dot\theta_L,\ddot\theta_L$ 分别为负载的角位移、角速度、角加速度。

T_{LF} 折算到电动机轴上的阻抗力矩为 T_{LF}/i。J_L 折算到电动机轴上的转动惯量为 J_L/i^2,因此电动机轴上等效转动惯量为

$$T_d=T_m-T_{LF}/i=(J_m+J_L/i^2)\ddot\theta_m=(J_m+J_L/i^2)i\ddot\theta_l$$

或

$$\ddot\theta_m=(T_mi-T_{LF})/(J_mi^2+J_L)=iT_C/(J_mi^2+J_L)$$

根据负载角加速度最大原则,令 $\frac{\partial\dot\theta_l}{\partial i}=0$,则

$$i=\frac{T_{LF}}{T_m}+\sqrt{\left(\frac{T_{LF}}{T_m}\right)^2+\frac{J_L}{J_m}}$$

若不计摩擦力,即 $T_{LF}=0$,则

$$i=\sqrt{\frac{J_L}{J_m}}$$

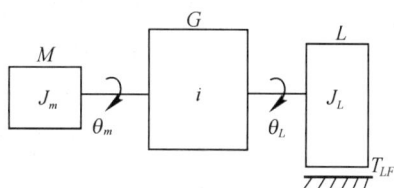

2.齿轮传动速度链的级数和各级传动比的分配

虽然周转轮系可以满足总传动比的要求，且结构紧凑，但由于效率等原因，常用多级圆柱齿轮传动副串联组成齿轮系。齿轮副级数的确定和多级传动比的分配，按以下三种不同原则进行。

(1)最小等效转动惯量原则。

①小功率传动装置。电动机驱动的二级齿轮传动系统如图 2-12 所示。假定各主动小齿轮具有相同的转动惯量 J_1，不计轴与轴承转动惯量，各齿轮均为实心圆柱体，且齿宽和材料均相同，效率为 1，则当 $i_1^4 \geqslant 1$ 时，有

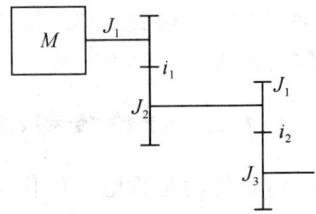

图 2-12　电动机驱动的两级齿轮机构

$$i_2 \approx i_1^2 / \sqrt{2} \quad \text{或} \quad i_1 \approx (\sqrt{2}\, i)^{1/3}$$

式中，i_1，i_2 为齿轮系中第一、二级齿轮副的传动比；i 为齿轮系总传动比，$i = i_1 i_2$。

同理，对于 n 级齿轮传动系统

$$i_1 = 2^{\frac{2^n - n - 1}{2(2^n - 1)}} i^{\frac{1}{2^n - 1}}$$

$$i_k = \sqrt{2} \left(\frac{i}{2^{n/2}} \right)^{\frac{2^{(k-1)}}{2^n - 1}} \quad (k = 2 \sim n)$$

由此可见，多级传动比分配的结果应为"前小后大"。

例 2-3　设 $i = 80$，传动级数 $n = 4$ 的小功率传动，请按等效转动惯量最小原则求出分配传动比。

解　$i_1 = 2^{\frac{2^4 - 4 - 1}{2(2^4 - 1)}} \times 80^{\frac{1}{2^4 - 1}} = 1.7268$

$i_2 = \sqrt{2} \left(\frac{80}{2^{4/2}} \right)^{\frac{2(2-1)}{2^4 - 1}} = 2.1085$

$i_3 = \sqrt{2} \left(\frac{80}{2^2} \right)^{\frac{4}{15}} = 3.1438$

$i_4 = \sqrt{2} \left(\frac{80}{2^2} \right)^{\frac{8}{15}} = 6.9887$

验算：$i = i_1 i_2 i_3 i_4 = 80$。

若以传动级数为参变量，齿轮系中折算到电机轴上的主动等效转动惯量 J_e 与第一级主动齿轮的转动惯量 J_1 之比为 J_e / J_1，其变化与总传动比 i 的关系如图 2-13 所示。

②大功率传动装置。大功率传动装置传递的转矩大，各级齿轮副的模数、齿宽、直径等参数逐级增加。这时小功率传动的假定不适用，可用图 2-14、图 2-15、图 2-16 来确定传动级数和传动比，分配结果仍为"前小后大"。

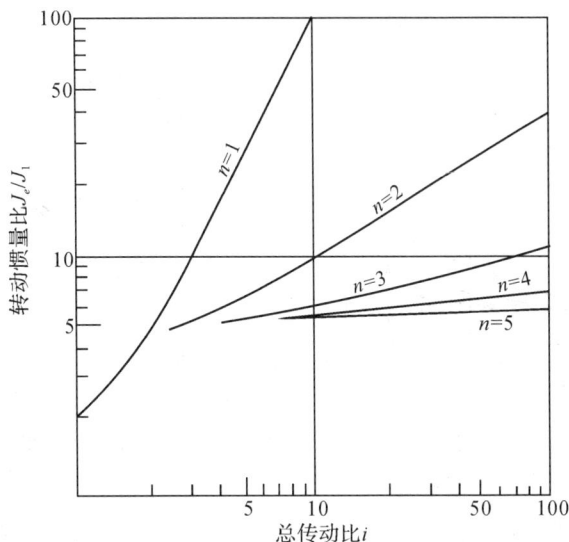

图 2-13　小功率传动装置用于确定传动级数的曲线图

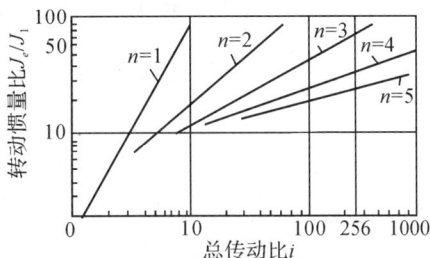

图 2-14　大功率传动装置用于确定传动级数的曲线图

例 2-4　设有 $i=256$ 的大功率传动装置,试按等效转动惯量最小原则分配传动比。

解　查图 2-14,得 $n=3$,$J_e/J_1=70$;$n=4$,$J_e/J_1=35$;$n=5$,$J_e/J_1=26$。

为了兼顾到 J_e/J_1 值的大小和传动装置结构紧凑,选 $n=4$。

查图 2-15,得 $i_1=3.3$。

查图 2-16,在横坐标 i_{k-1} 上 3.3 处作垂直线与 A 线交于第一点,在纵坐标 i_k 上查得 $i_2=3.7$。通过该点作水平线与 B 曲线相交得第二点,$i_3=4.24$。由第二点作垂线与 A 曲线相交得第三点,$i_4=4.95$。

验算:$i=i_1i_2i_3i_4=256.26$。可用。

由上述分析可知,无论传递的功率大小如何,按"转动惯量最小"原则来分配,从高速级到低速级,各级传动比总是逐级增加的,而且级数越多,总等效转动惯量越小。但级数增加到一定数量后,总等效转动惯量的减少并不明显,而从结构紧凑、传动精度和经济性等方面考虑,级数不能太多。

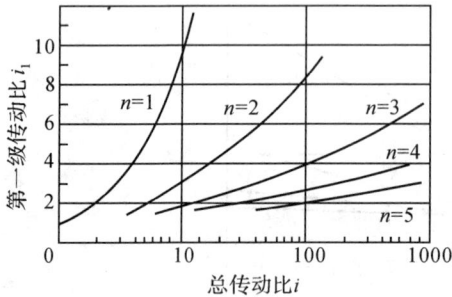

图 2-15　大功率传动装置用于确定
　　　　第一级传动比的曲线图

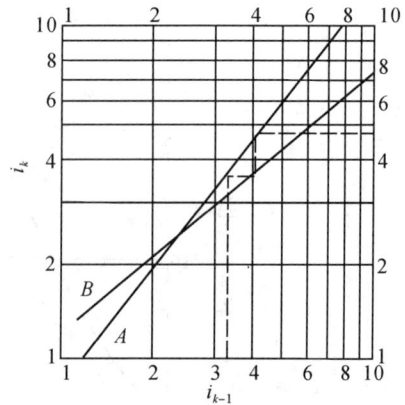

图 2-16　大功率传动装置用于确定第一级
　　　　齿轮副以后各级传动比的曲线图

（2）质量最小原则。

①小功率传动装置。仍以图 2-12 所示的传动齿轮系为例，假设条件不变，若齿轮直径为 $d_i(i=1,2,3,4)$，宽度为 b，密度为 ρ，则齿轮系的质量和为

$$m = \sum_{i=1}^{4} m_i = \pi \rho b \sum_{i=1}^{4}(d_i/2)^2$$

根据假设条件 $d_1 = d_3$，而 $i = i_1 i_2$，则

$$m = \pi \rho b d_1{}^2(2 + i_1{}^2 + i^2/i_1{}^2)/4$$

令 $\mathrm{d}m/\mathrm{d}i_1 = 0$，得 $i_1 = i_2$，同理对 n 级传动可得

$$i_1 = i_2 = \cdots = i_n$$

由此可见，对于小功率传动装置，按"质量最小"原则来确定传动比时，其各级传动比是相等的。在假设各主动小齿轮的模数、齿数均相等这样的特殊条件下，各大齿轮的分度圆直径均相等，因而每级齿轮副的中心距也相等。此回转式齿轮传动链的结构十分紧凑。

②大功率传动装置。仍以图 2-12 所示的齿轮系为例。假设所有主动小齿轮的模数分别为 m_1, m_3，分度圆直径分别为 d_1, d_3，齿宽分别为 b_1, b_3，都与所在轴上的转矩 T_1, T_3 的三次方根成正比，即

$$m_3/m_1 = d_3/d_1 = b_3/b_1 = \sqrt[3]{T_3/T_1} = \sqrt[3]{i_1}$$

另外假设每个齿轮副中的齿宽相等，即 $b_1 = b_2, b_3 = b_4$，可得

$$i = i_1 \sqrt{2i_1 + 1}$$

$$i_2 = \sqrt{2i_1 + 1}$$

所得各级传动比是逐级递减的,即"前大后小"。

例 2-5　设 $n=2, i=40$,请按质量最小原则求出各级传动比。

解　根据图 2-17,可得

$$i_1 \approx 9.1$$
$$i_2 \approx 4.4$$

(3)输出轴的转角误差最小原则。在减速齿轮传动链中,从输入端到输出端的各级传动比按"前小后大"原则排列,则总转角误差较小,且低速级的转角误差所占的比重很大。因此为了提高齿轮传动精度,应减少传动级数,并使末级齿轮的传动比尽可能大,制造精度尽量高。

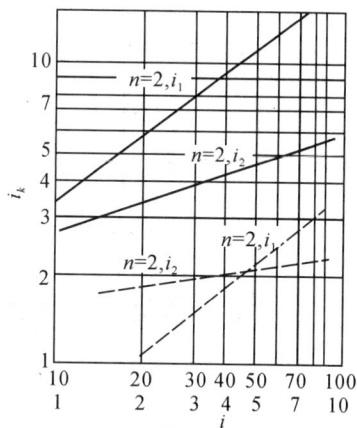

图 2-17　二级传动比分配线图

(i<10 时查图中的虚线)

(4)三种原则的选择。上述三项原则的选择,应根据具体的工作条件综合考虑。

①对于以提高传动精度和减小回程误差为主的降速齿轮传动链,可按输出轴转角误差最小原则设计。若为增速传动链,则应在开始几级就增速。

②对于要求运动平稳、启停频繁和动态性能好的伺服减速传动链,可按最小等效转动惯量和输出轴转角误差最小原则进行设计。对于负载变化齿轮传动装置,各级传动比最好采用不可约的比数,避免同时啮合。

③对于要求质量尽可能小的降速传动链,可按质量最小原则进行设计。

④对于传动比很大的齿轮传动链,可把定轴轮系和行星轮系结合使用。

3.消除间隙的齿轮传动结构

齿轮齿隙会影响系统的伺服精度,还会影响系统的稳定性,尤其是机电一体化设备往往要求传动机构具有自动变向功能,因此齿轮传动机构必须采取措施消除齿侧间隙,以保证机构的双向传动精度。

(1)直齿圆柱齿轮传动机构。

①偏心轴套调整法。图 2-18 所示为最简单的偏心轴套式消隙结构。电动机 2 通过偏心轴套 1 装在壳体上。转动偏心轴套 1 可以调整两齿轮的中心距,从而消除直齿圆柱齿轮的齿侧间隙及造成的换向死区。这种方法结构简单,但侧隙调整后不能自动补偿。

②锥度齿轮调整法。图 2-19 所示为带有锥度的齿轮来消除间隙的结构。将齿轮 1、2 的分度圆柱面改变为带有小锥度的圆锥面,使齿轮的齿厚在轴向产生变化。装配时通过改变垫片 3 的厚度来改变两齿轮的轴向相对位置,以消除侧隙。

以上两种方法的特点是结构简单,能传递较大扭矩,传动刚度较好,但齿侧间隙调整后不能自动补偿,此又称为刚性调整法。

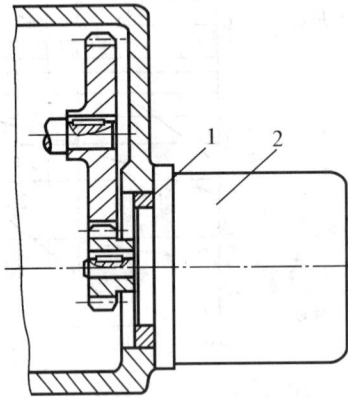

图 2-18　偏心轴套式消除间隙结构
1—偏心套　2—电动机

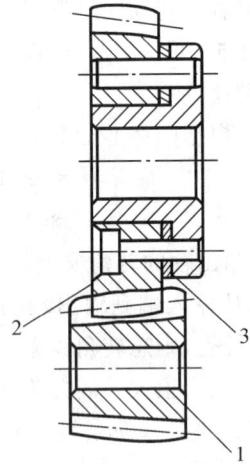

图 2-19　锥齿轮的消除间隙结构
1,2—齿轮　3—垫片

③双片薄片齿轮错齿调整法。两个啮合的直
齿圆柱齿轮中一个采用宽齿轮,另一个由两片可以相对转动的薄片齿轮组成。装配时使
一片薄齿轮的齿左侧和另一片的齿右侧分别紧贴在宽齿轮齿槽的左右两侧,通过两薄
片齿轮的错齿,消除齿侧间隙,反向时也不会出现死区。如图 2-20 所示。两薄片齿轮 8,
9 上各装入有螺纹的凸耳 6,7,螺钉 5 装在凸耳 7 上,螺母 3,4 可调节螺钉 5 的伸出长
度。弹簧 2 的一端勾在凸耳 1 上,另一端勾在螺钉 5 上。转动螺母 3 可改变弹簧 2 的张
力大小,调节齿轮 8、9 的相对位置,达到错齿,调整好后可用螺母 4 来锁紧。这种错齿调

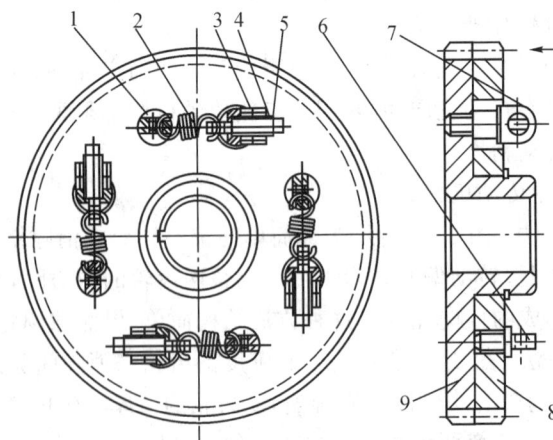

图 2-20　圆柱薄片齿轮可调拉簧错齿调整法
1,6,7—凸耳　2—弹簧　3,4—螺母　5—螺钉　8,9—薄片齿轮

整法的齿侧间隙可自动补偿但结构复杂。在简易数控机床进给传动中，步进电机和长丝杠之间的齿轮传动常采用这种方式。

采用双片齿轮错齿法调整间隙，在齿轮传动时，由于正向和反向旋转分别只有一片齿轮承受转矩，因此承载能力受到限制，并且弹簧的拉力要足以能克服最大转矩，否则起不到消隙作用，此法又称为柔性调整法，适用于负荷不大的传动装置中。

这种结构装配好后齿侧间隙能自动消除，可始终保持无间隙啮合，是一种常用的无间隙齿轮传动结构。

（2）斜齿圆柱齿轮传动。

①轴向垫片调整法。图 2-21 所示是斜齿轮垫片错齿消隙结构，宽齿轮 1 同时与两个齿轮的薄片齿轮 3，4 啮合，薄片齿轮由平键轴联接，不能相互回转。斜齿轮 3 和 4 的齿形拼装后一起加工，并与键槽保持确定的相对位置。加工时在两薄片齿轮之间装入已知厚度为 H 的垫片 2。装配时，若改变垫片 2 厚度，使薄片齿轮 3 和 4 的螺旋线产生错位，其左右两齿面分别与宽齿轮 1 的齿贴紧消除间隙，垫片厚度的增减量 H 与齿侧间隙 Δ 和螺旋角 β 之间有如下关系：

$$H = \Delta \cot \beta$$

垫片厚度一般由测试法确定，往往要经过几次修磨才能调整好。这种结构的齿轮承载能力较小，且不能自动补偿消除间隙。

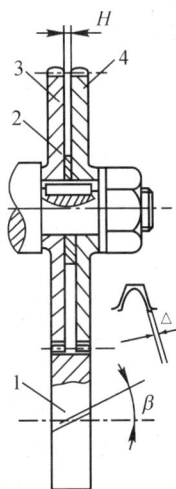

图 2-21　斜齿薄片齿轮垫片错齿调整法
1—宽齿轮　2—垫片　3，4—薄片齿轮

②轴向压簧调整法。图 2-22 所示是斜齿轮轴向压簧错齿消隙结构。该结构消隙原理与轴向垫片调整法相似，所不同的是利用齿轮 2 右面的弹簧压力使两个薄片齿轮的左右齿面分别与宽齿轮的左右齿面贴紧，以消除齿侧间隙。图 2-22(a)采用的是压簧，图 2-22(b)采用的是碟形弹簧。

弹簧 3 的压力可利用螺母 5 来调整，压力的大小要调整合适，压力过大会加快齿轮磨损，压力过小达不到消隙作用。这种结构齿轮间隙能自动消除，始终保持无间隙的啮合，但它只适合于负载较小的场合，且这种结构轴向尺寸较大。

（3）齿轮齿条传动。齿轮齿条传动常用于行程较长的大型机床上，易于得到高速直线运动。当传动负载小时，要采用双片薄齿轮调整法，分别与齿条齿槽的左、右两侧贴紧，从而消除齿侧间隙。当传动负载大时，可采用双厚齿轮传动的结构。如图 2-23 所示，进给运动由轴 5 输入，该轴上装有两个螺旋线方向相反的斜齿轮，当在轴 5 上施加轴向力 F 时，能使斜齿轮产生微量的轴向移动。此时轴 1 和轴 4 便以相反的方向转过微小

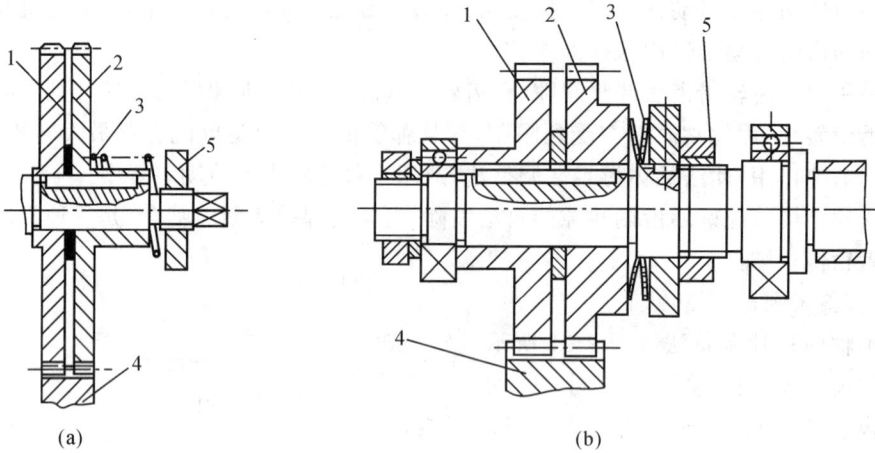

(a)　　　　　　　　　　　　　　　(b)

图 2-22　轴向压簧错齿消隙结构
1,2—薄片斜齿轮　3—弹簧　4—宽齿轮　5—螺母

的角度,使齿轮 2 和 3 分别与齿条齿槽左、右两侧贴紧而消除了间隙。

2.2.5　滚珠丝杠副

滚珠丝杠副是在丝杠和螺母间以钢球为滚动体的螺旋传动元件。它可将旋转运动转变为直线运动,或者将直线运动转变为旋转运动。因此滚珠丝杠副既是传动元件,也是直线运动与旋转运动相互转换元件。

1.滚珠丝杠副的工作原理、特点及类型

滚珠丝杠副的结构原理示意图如图 2-24 所示,在丝杠和螺母上都有半圆弧形的螺旋槽;当它们套装在一起时便形成了滚珠的螺旋滚道。螺母上有滚珠回路管道,将几圈螺旋滚道的两端连接起来构成封闭的循环滚道,滚道内装满滚珠。当丝杠旋转时,滚珠在滚道内既自转又沿滚道循环转动,因而迫使螺母(或丝杠)轴向移动。

滚珠丝杠副的特点是:

(1)摩擦损失小,传动效率高达 0.92～0.96(滑动丝杠为 0.20～0.40)。

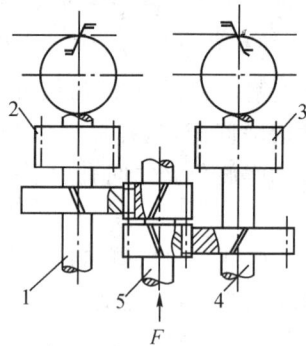

图 2-23　齿轮齿条消隙结构
1,4,5—轴　2,3—齿轮

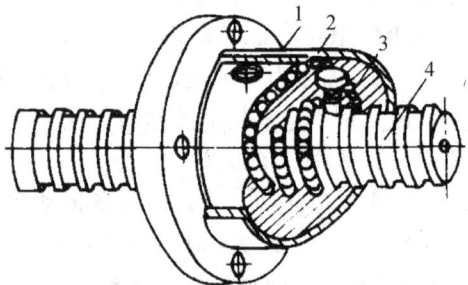

图 2-24　滚珠丝杠副的结构原理示意图
1—螺母　2—钢球　3—挡球器、反向器

（2）丝杠螺母之间预紧后，可以完全消除间隙，传动精度高，刚度好。

（3）摩擦阻力小，且几乎与运动速度无关，动静摩擦力之差极小，不易产生低速爬行现象。保证了运动的平稳性。

（4）磨损小，寿命长，精度保持性好。

（5）不能自锁，能实现旋转运动与直线运动的可逆转换，但在立式使用时应增加制动装置。

（6）制造工艺复杂，成本高。

国产的标准滚珠丝杠副分为两类：定位滚珠丝杠副（P 类），即通过旋转角度和导程控制轴向位移量的滚珠丝杠；传动滚珠丝杠副（T 类），即与旋转角度无关，用于传递动力的滚珠丝杠副。

此外，滚珠丝杠副通常还可根据其特征进行分类，如按制造方法的不同可分为普通滚珠丝杠副和滚轧滚珠丝杠副；按螺母形式可分为单侧法兰盘双螺母型、单侧法兰盘单螺母型、双法兰盘双螺母型、圆柱双螺母型、圆柱单螺母型、简易螺母型及方螺母型等；按螺旋滚道型面可分为单圆弧型面和双圆弧型面；按滚珠的循环方式可分为外循环式和内循环式。

2．滚珠丝杠副的结构

目前国内外生产的滚珠丝杠副，尽管在结构上各式各样，但其区别主要是在螺旋滚道型面的形状、滚珠的循环方式以及轴向间隙的调整和预加负载的方法等方面。

（1）螺纹滚道型面的形状及其主要尺寸。螺旋滚道型面即滚道法向截形有多种形状，常见截形有单圆弧型面和双圆弧型面两种，图 2-25 为螺旋滚道型面的简图，图中的钢球与滚道表面在接触点处的公切线与螺纹轴线的垂线间的夹角称为接触角 β。理想接触角 $\beta = 45°$。

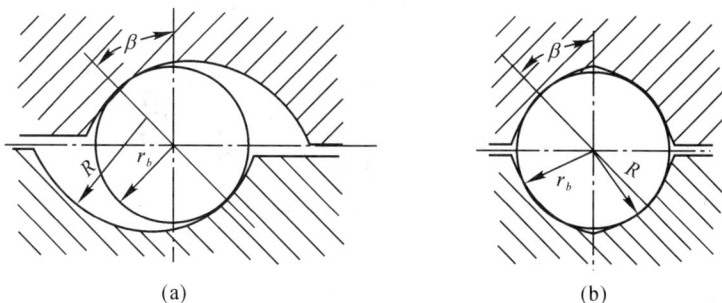

图 2-25　滚珠丝杠副螺纹滚道法向截面形状

①单圆弧型面。如图 2-25(a)所示，通常滚道半径 R 稍大于滚珠半径 r_b，$R=(1.04 \sim 1.11)r_b$。对于单圆弧面的螺纹管道，接触角 β 随轴向负荷 F 的大小而变化。当 $F=0$ 时，$\beta=0$，承载后，随 F 的增大 β 也增大，β 的大小由接触变形的大小决定。当接触角 β

增大后,传动效率轴向刚度以及承载能力也随之增大。

②双圆弧型面。如图 2-25(b)所示,滚珠与滚道只在内相切的两点接触,接触角 β 不变。两圆弧交接处有一小空隙,可容纳一些脏物,这对滚珠的流动有利。

单圆弧型面,接触角 β 随负载的大小而变化,因而轴承刚度和承载能力也随之而变化,应用较少。双圆弧型面的接触角选定后是不变的,应用较广。

(2)滚珠丝杠副的循环方式。常用的循环方式有两种:滚珠在循环过程中有时与丝杠脱离接触的称为外循环;始终与丝杠保持接触的称为内循环。见图 2-26。

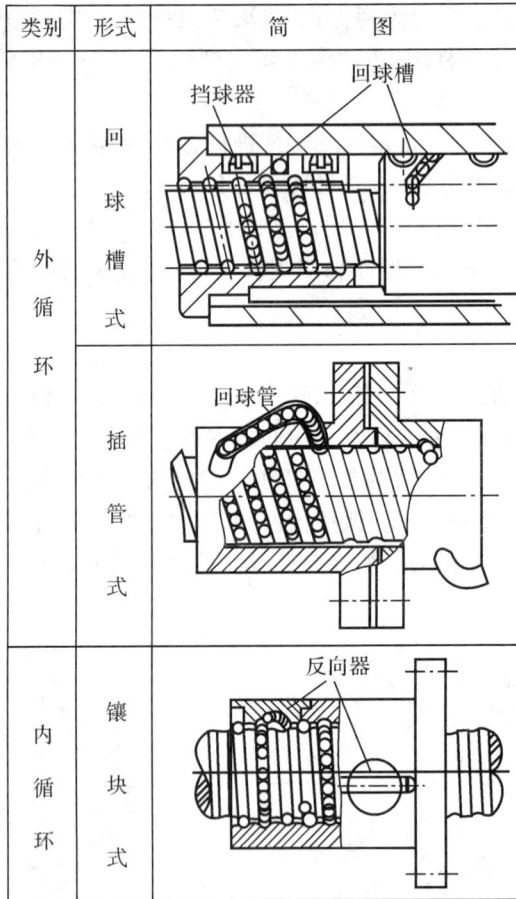

类别	形式	简　　　图
外循环	回球槽式	
	插管式	
内循环	镶块式	

图 2-26　滚动螺旋传动结构简图

①外循环。外循环有回球槽式和插管式。回球槽式是螺母外表面有回球槽,槽的两端有通孔与螺母的螺纹滚道相切,形成滚珠返回通道。为引导滚珠在通孔内顺利出入,在孔口置有挡球器,其特点是螺母外径尺寸较小、安装方便。插管式采用外接套管作为

滚珠返回通道,该形式结构简单,制造方便,但弯管突出于螺母外部,外形尺寸较大。若用弯管端部作挡球器,耐磨性差。

②内循环。内循环镶块式是在螺母上开有侧孔,孔内镶有反向器,将相邻两螺纹滚道联接起来。滚珠从螺纹滚道进入反向器,越过螺杆牙顶,进入相邻螺纹滚道,形成循环回路。该类型特点是螺母的外径尺寸较小,和滑动螺旋副大致相同。滚珠返回通道短,有利于减少滚珠数量,减少磨损,传动效率高,但反向器回行槽加工要求高。见图 2-26。

(3)滚珠丝杠副的轴向间隙的调整和预紧方法。滚珠丝杠副的轴向间隙是指受负载时滚珠与滚道型面接触的弹性变形所引起的螺母位移量和螺母原有间隙的总和。滚珠丝杠副的轴向间隙直接影响其传动刚度和传动精度。因此,滚珠丝杠副除了对本身单一方向的进给运动精度有要求外,对其轴向间隙也有严格的要求。滚珠丝杠副轴向间隙的调整和预紧,通常采用双螺母预紧方式,其结构形式有三种,基本原理是使两个螺母间产生轴向位移,以达到消除间隙和产生预紧力的目的。

①垫片调隙式。图 2-27 是通过改变垫片的厚度,使螺母产生轴向位移。该形式结构紧凑、可靠,调整方便,应用广但不很准确,并且当滚道磨损时不能随意调整,除非更换垫圈,故适用于一般精度的机构。

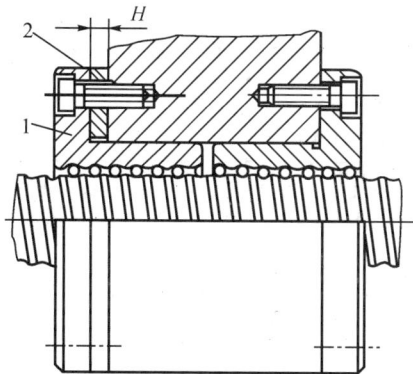

图 2-27 垫片调隙式

1—螺母 2—垫片

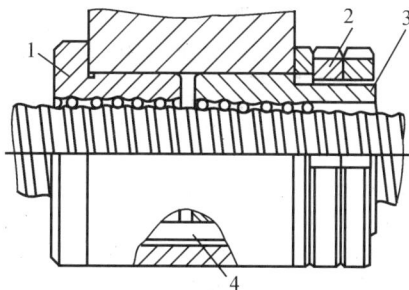

图 2-28 螺纹调隙式

1,2,3—螺母 4—键

②螺纹调隙式。图 2-28 螺母 1 的外端有凸缘,螺母 3 加工有螺纹的外端伸出螺母座外,用两个圆螺母 2 锁紧。键 4 的作用是防止两个螺母的相对转动,旋转圆螺母即可调整轴向间隙和预紧。这种方法的特点是结构紧凑、工作可靠、调整方便。但调整位移量不很精确,因此预紧力也不能准确控制。

③齿差调隙式。图 2-29 为齿差式调整结构。在两个螺母的凸缘上分别有齿数 z_1、z_2 的齿轮,并且 z_1、z_2 与相应的内齿圈相啮合。内齿圈紧固在螺母座上,预紧时脱开内齿圈,使两个螺母同向转过相同的齿数,然后再合上内齿圈。两螺母的轴向相对位置发生

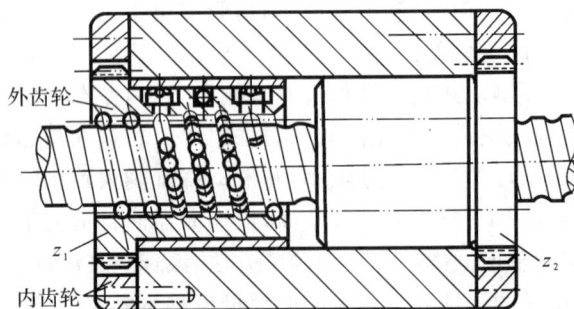

图 2-29 双螺母齿差式结构图

变化从而实现间隙的调整和施加预紧力。如果一个螺母转过 n 个齿时,则其轴向位移量 $s=\dfrac{n}{z}L_0$(L_0 为丝杠导程,z 齿轮齿数)。如两齿轮沿同方向各转过 n 个齿时,其两螺母间相对轴向位移量 $s=\left(\dfrac{1}{z_1}-\dfrac{1}{z_2}\right)nL_0=\dfrac{(z_2-z_1)nL_0}{z_1z_2}$ 或 $n=\dfrac{sz_1z_2}{(z_2-z_1)L_0}$。例如,当 $n=1$,$z_1=99$,$z_2=100$,$L_0=10$mm 时,有 $s=\dfrac{10}{9900}\approx1(\mu\text{m})$,即两个螺母在轴向产生 1μm 的位移。这种调整方式结构复杂,但调整准确可靠,精度较高。

除上述三种双螺母加预紧力的方式外,还有单螺母变导程自预紧和单螺母钢球过盈预紧方式。各种预紧方式的特点和适用场合见表 2-4。

表 2-4 国产滚珠丝杠副预加负荷方式及其特点

预加负荷方式	双螺母齿差预紧	双螺母垫片预紧	双螺母螺纹预紧	单螺母变导程自预紧	单螺母钢珠过盈预紧
IB/T3162.1—1991 部标代号	C	D	L	B	Z
螺母受力方式	拉伸式	拉伸式 压缩式	拉伸式(外) 压缩式(内)	拉伸式($+\triangle L$) 压缩式($-\triangle L$)	
结构特点	可实现 0.002mm 以下精密微调,预紧可靠,不会松弛,调整预紧力较方便	结构简单,刚性高,预紧可靠,不易松弛。使用中不便随时调整预紧力	预紧力调整方便,使用中可随时调整。不能定量微调螺母,轴向尺寸长	结构最简单,尺寸最紧凑,避免了双螺母形位误差的影响。使用中不能随时调整	结构简单,尺寸紧凑,不需任何附加预紧机构。预紧力大时,装配困难,使用中不能随时调整

续表

预加负荷方式	双螺母齿差预紧	双螺母垫片预紧	双螺母螺纹预紧	单螺母变导程自预紧	单螺母钢珠过盈预紧
调整方法	当需重新调整预紧力时,脱开差齿圈,相对于螺母上的齿在圆周上错位,然后复位	改变垫片的厚度尺寸,可使双螺母重新获得所需预紧力	旋转预紧螺母使双螺母产生相对轴向位移,预紧后需锁紧螺母	拆下滚珠螺母,精确测量原装钢球直径,然后根据预紧力需要,重新更换装入大若干微米的钢球	拆下滚珠螺母,精确测量原装钢球直径,然后根据预紧力需要,重新更换装入大若干微米的钢球
预加负荷方式	双螺母齿差预紧	双螺母垫片预紧	双螺母螺纹预紧	单螺母变导程自预紧	单螺母钢珠过盈预紧
适用场合	要求获得准确预紧力的精密定位系统	高刚度、重载荷的传动定位系统,目前用得较普遍	不要求得到准确的预紧力,但希望随时可调节预紧力大小的场合	中等载荷对预紧力要求不大,又不经常调节预紧力的场合	
备　注				我国目前刚开始发展的结构	双圆弧齿形钢球四点接触,摩擦力矩较大

（4）滚珠丝杠的安装结构。

①支承结构。为提高传动刚度,应合理确定滚珠丝杠副的参数、螺母座的结构、丝杠两端的支承形式以及它们与机床的联接刚度。因此螺母座的孔与螺母之间必须有良好的配合,保证孔与端面的垂直度。螺母座宜增添加强筋,加大螺母座和机床结合面的接触面积,这均可提高螺母的局部刚度和接触刚度。同时,注意轴承的选用和组合,尤其是当轴向刚度要求较高时。为了提高支承的轴向刚度,选择适当的滚动轴承及其支承方式十分重要。常见的支承方式有下列几种,如图 2-30 所示。

（a）一端装止推轴承（固定—自由式）如图 2-30(a)所示。这种安装方式的承载能力小,轴向刚度低,仅适用于短丝杠。多用于轻载、低速的垂直安装丝杠传动系统。

（b）一端装止推轴承,另一端深沟球轴承（固定—支承式）,如图 2-30(b)所示。滚珠丝杠较长时,一端装止推轴承固定,另一端由深沟球轴承支承。为了减少丝杠热变形的影响,止推轴承的安装位置应远离热源。此结构适用于中速,精度较高的长丝杠传动系统。

（c）两端装止推轴承,如图 2-30(c)所示。将止推轴承装在滚珠丝杠的两端,并施加预紧拉力,有助于提高传动精度,但这种安装方式对热伸长较为敏感。适用于中速精度较高的丝杠传动系统。

（d）两端装双重止推轴承及深沟球轴承（固定—固定式）,如图 2-30(d)所示。为了提高刚度,丝杠两端采用双重支承,如止推轴承和深沟球轴承,并施加预紧拉力。这种结

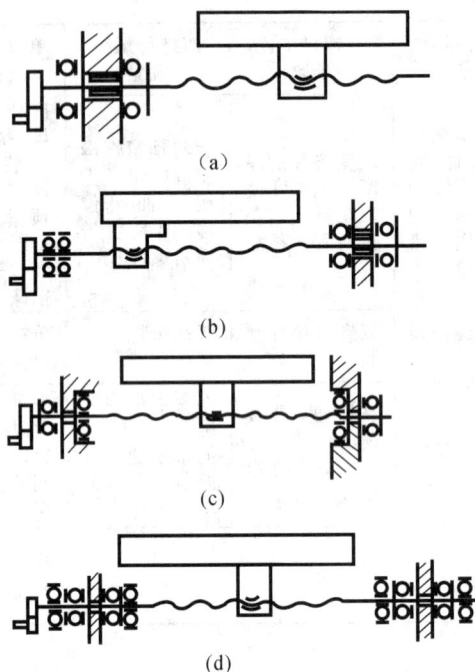

(a)

(b)

(c)

(d)

图 2-30　滚珠丝杠的支承结构

构方式可使丝杠的热变形转化为止推轴承的预紧力。该方式适用于高刚度、高速度、高精度的精密丝杠传动系统。

　　②滚珠丝杠轴端型号及尺寸。滚珠丝杠轴端形式主要有固定式和铰接式两种,我国已制定了相应的标准。标准为 JB/T3162·4—1993《滚珠丝杠副丝杠轴端型号》。

　　③制动装置。由于滚珠丝杠副的传动效率高,无自锁作用(特别是滚珠丝杠处于垂直传动时),因此必须装有制动装置。

　　图 2-31 所示为数控卧式铣镗床主轴箱进给丝杠的制动装置示意图。当机床工作时,电磁铁线圈 2 通电并吸住压簧 1,打开摩擦离合器。此时步进电机接受控制机的指令脉冲后,将旋转运动通过液压扭矩放大器及减速齿轮传动,带动滚珠丝杠副转换为主轴箱的垂直移动。当步进电机停止转动时,电磁铁线圈亦同时断电,在弹簧作用下摩擦离合器压紧,使得滚珠丝杠不能自由转动,主轴箱就不会因自重而下沉了。目前直、交流伺服电机本身带有制动功能,注意选择好电机的型号。超越离合器有时也用作滚珠丝杠的制动装置。

　　3.滚珠丝杠副的设计及选用

　　(1)滚珠丝杠副的精度。我国滚珠丝杠副目前采用的标准是 JB3162·2—1991《滚珠丝杠副的验收技术条件》;该标准等效于国际标准 ISO3408-3∶1992,将滚珠丝杠副的精度等级分为 1,2,3,4,5,7 和 10 七个等级。1 级精度最高,依次递减。标准中对各级精度的滚珠丝杠副行程偏差有多个项目的规定。

　　根据不同的应用场合,滚珠丝杠副分为定位型和传动型两类。滚珠丝杠副的精度直接影响定位精度,承载能力和接触刚度,因此它是滚珠丝杠副的重要质量指标,选用时要加以注意。

　　(2)滚珠丝杠副的型号。滚珠丝杠副的型号根据其结构、规格、精度和螺纹、旋向等特征,采用汉语拼音字母及数字按下列格式编写:

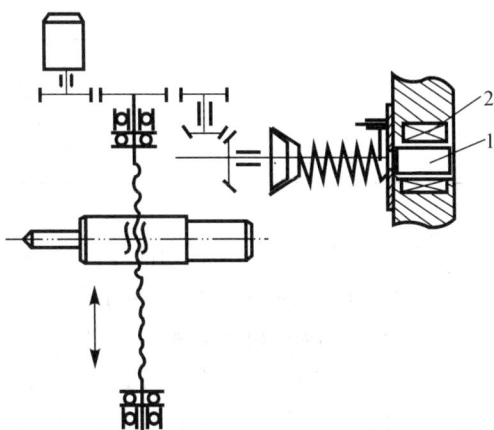

图 2-31　电磁一摩擦制动装置

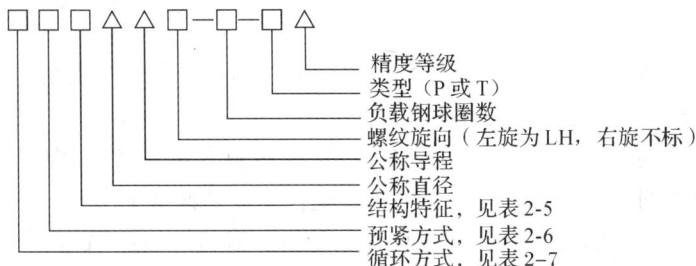

精度等级
类型（P 或 T）
负载钢球圈数
螺纹旋向（左旋为 LH,右旋不标）
公称导程
公称直径
结构特征,见表 2-5
预紧方式,见表 2-6
循环方式,见表 2-7

表 2-5　滚珠丝杠副的结构特征的代号

结构特征	代　号
导珠管埋入式	M
导珠管凸出式	T

表 2-6　滚珠丝杠副的预紧方式的代号

预紧方式	代　号
变位导程预紧(单螺母)	B
增大钢球直径预紧(单螺母)	Z
垫片预紧(双螺母)	D
齿差预紧(双螺母)	C
螺帽预紧(双螺母)	L
单螺母无预紧	W

表 2-7　滚珠丝杠副中钢球的循环方式的代号

循环方式		代　号
内循环	浮动式	F
	固定式	G
外循环	插管式	C

　　例如,CDM5010-3-P3 表示外循环插管式、双螺母垫片预紧、导珠管埋入式的滚珠丝杠副,公称直径为 50mm,基本导程为 10mm,螺纹旋向为右旋,负荷钢球圈数为 3 圈,定位滚珠丝杠副,精度等级为 3 级。

　　(3)滚珠丝杠的计算。在设计选用滚珠丝杠副时,必须对其进行承载能力的计算。承载能力的计算内容包括强度计算、刚度校核、稳定性校核及临界转速校核。首先,应进行强度计算(计算出轴向载荷),根据强度要求等确定滚珠丝杠副的公称直径 d_0、钢球直径 D_w 及导程 L_0 选择滚珠丝杠螺母的类型及型号,再进行必要校核验算。

　　对于传递扭矩大、传动精度要求高的滚珠丝杠,应校核其刚度,即验算滚珠丝杠满载时的变形量。

　　对于细长受压的滚珠丝杠,应核算其压杆稳定性,即在给定的支承条件下承受最大轴向压缩载荷时,是否会产生纵向弯曲。

　　对于转速较高、支承距离较大的滚珠丝杠,应核算其临界转速,即核算其最高转速是否接近其横向固有频率而产生共振。一般丝杠工作转速低于 100r/min 时无需核算。

　　为了补偿因工作温升而引起的丝杠伸长量,保证滚珠丝杠副在正常使用时的定位精度和系统刚度,可采取在丝杠轴安装时进行预拉伸的方法。

　　有关滚珠丝杠的刚度、稳定性、临界转速及预拉伸量的计算可查有关手册。下面仅介绍在设计选用滚珠丝杠副时,必须进行的强度计算。

　　①强度计算的原则。滚珠丝杠副的强度计算原则与滚动轴承相似,即防止疲劳点蚀。滚珠丝杠在工作过程中受轴向负载,使得滚珠和滚道型面间产生接触压力。在滚道型面上的某一点,承受交变接触应力。在这种交变应力的作用下,经过一定的应力循环次数后滚珠或滚道型面产生疲劳剥伤,从而使得滚珠丝杠丧失工作性能,这是滚珠丝杠副破坏的主要形式。因此,滚珠丝杠副首先应满足疲劳强度要求。即根据其额定动载荷选用一批相同的滚珠丝杠副,在轴向载荷 C_a 作用下,运转 10^6 转后,其中 90% 不产生疲劳点蚀,则 C_a 称为这种规格滚珠丝杠副的额定动载荷。额定动载荷是滚珠丝杠副的一项性能参数,可从产品样本或手册中查得。

　　②强度计算。一般情况下,滚珠丝杠副的强度条件是当量动载荷 C_m(工作中滚珠丝杠副的的最大动载荷)应小于所选用的滚珠丝杠副的额定动载荷 C_a,即 $C_a \geqslant C_m$。

　　当量动载荷 $C_m(N)$ 的计算方法与滚珠轴承相同。滚珠丝杠副的当量动载荷 C_m 为

$$C_m = F_m \sqrt[3]{L} f_w / f_a$$

式中，F_m 为轴向平均载荷，单位为 N，一般取 $F_m = \dfrac{2F_{max} + F_{min}}{3}$；$F_{max}$，$F_{min}$ 分别为丝杠的最大、最小工作载荷，单位为 N；L 为工作寿命（以 10^6r 为单位 1）。$L = 60n_m T / 10^6$，n_m 为平均转速，$n_m = (n_{max} + n_{min})/2$；单位为 r/min，$n_{max}$，$n_{min}$ 为丝杠的最高、最低转速，单位为 r/min；T 为使用寿命，单位为 h，一般机床可取 $T = 10000$h，数控机床可取 $T = 15000$h；f_a 为精度系数，对于 1，2，3 级丝杠，$f_a = 1$；对于 4，5，6 级丝杠，$f_a = 0.9$；f_w 为运转状态系数，无冲击时取 1～1.2，一般情况取 1.2～1.5，有冲击振动时取 1.5～2.5。

如果滚珠丝杠是在低速（$n \leqslant 10$r/min）情况下工作，若最大接触应力超过材料的弹性极限就要产生塑性变形，塑性变形超过一定的限度就要破坏滚珠丝杠副的正常工作。一般允许其塑性变形量不超过钢球直径 D_w 的 1/10000，产生这样大的负载称为额定静载荷 C_{oa}。低速运转的滚珠丝杠以额定静载荷 C_{oa} 作为标准。

（4）滚珠丝杠副设计选用的步骤和方法。

一般情况下，设计选用滚珠丝杠时必须知道下列条件：最大工作载荷 F_{max}（或平均工作载荷 F_m）作用下的使用寿命 T、丝杠的工作长度（或螺母的有效行程）、丝杠的转速 n（或平均转速 n_m）、滚道的硬度 HRC 值及丝杠的运转情况，然后按下列步骤进行设计。

①由公式 $C_m = F_m \sqrt[3]{L} f_w / f_a$ 计算出作用在滚珠丝杠上的当量动载荷 C_m 的数值。

②从滚珠丝杠系列表（或产品样本）中找出额定动载荷 C_a 大于当量动载荷 C_m，并与其相近值，同时考虑刚度要求，初选滚珠丝杠副的型号和有关参数。

③根据具体工作类型（定位或传动型）、循环方式、预紧方法及结构特征等方面的要求，从初选的几个型号中再挑选出具有比较合适的公称直径 d_0、导程 L_0 及负荷钢球圈数的某一型号。

④根据所选出的型号，算出其主要参数的数值，验算其刚度及稳定性等是否满足要求，若不满足要求，则需另选其他型号，再作上述的计算和验算，直至满足要求为止。

⑤对于低速运转（$n \leqslant 10$r/min）的滚珠丝杠，无需计算其当量动载荷 C_m 值，而只考虑其额定静载荷 C_{oa} 是否完全超过了最大工作负载 F_{max}，一般取 $C_{oa}/F_{max} = 2 \sim 3$。

例 2-6　试计算一数控铣床工作台进给用滚动螺旋传动。已知平均工作载荷 $F_m = 3800$N，螺杆工作长度 $L = 1.2$m，平均转速 $n_m = 100$r/min，要求使用寿命 $T = 15000$h 左右，螺杆材料为 CrWMn 钢，滚道硬度 58～62HRC。

解　（1）求出滚珠丝杠上的当量动载荷 C_m 的数值。由平均载荷 $F_m = 3800$N，使用寿命 $T = 15000$h，可得工作寿命为

$$L = 60n_m T / 10^6 = 60 \times 100 \times 15000 / 10^6 = 90$$

取 $f_a = 1$，$f_w = 1.3$，则滚珠丝杠当量动载荷为

$$C_m = F_m \sqrt[3]{L} f_w / f_a = 3800 \times \sqrt[3]{90} \times 1.3 / 1 = 22138.1 (\text{N})$$

（2）从滚珠丝杠系列表中找出其相近值。可选的规格有：

①$D_0 = 50\text{mm}$（公称直径）；$d_0 = 3.969\text{mm}$（滚珠直径）；

　$L_0 = 6\text{mm}$（螺距）；$\lambda = 2°11'$（螺旋升角）；$C_a = 24000\text{N}$（额定动载荷）；

　圈数×列数$= 1×3$。

②$D_0 = 40\text{mm}$；$d_0 = 3.969\text{mm}$；$L_0 = 6\text{mm}$；$\lambda = 2°44'$；

　圈数×列数$= 1×4$；$C_a = 26450\text{N}$。

③$D_0 = 32\text{mm}$；$d_0 = 3.969\text{mm}$；$L_0 = 6\text{mm}$；$\lambda = 3°25'$；

　圈数×列数$= 1×4$；$C_a = 24000\text{N}$。

④$D_0 = 63\text{mm}$；$d_0 = 4.763\text{mm}$；$L_0 = 6\text{mm}$；$\lambda = 2°19'$；

　圈数×列数$= 1×2$；$C_a = 25650\text{N}$。

（3）考虑各种因素选用①。滚道半径 R 为

$$R = 0.52d_0 = 0.52×3.969 = 2.064(\text{mm})$$

偏心距为

$$e = 0.07\left(R - \frac{d_0}{2}\right) = 0.07\left(2.064 - \frac{3.969}{2}\right) = 5.6×10^{-3}(\text{mm})$$

螺杆内径为

$$d_1 = D_0 + 2e - 2R = 50 + 0.112 - 4.128 = 45.88(\text{mm})$$

（4）稳定性计算。因螺杆较长，所以稳定性验算应以下式求临界载荷

$$F_{cr} = \frac{\pi^2 E I_a}{(\mu l)^2}$$

式中，E 为螺杆材料的弹性模量，对于钢，$E = 206\text{GPa}$；I_a 为螺杆危险截面的轴惯性矩，其值为

$$I_a = \frac{\pi d^4}{64} = \frac{\pi×(0.046)^4}{64} = 2.19×10^{-7}(\text{m}^4)$$

式中，μ 为长度系数，两端用铰接时，$\mu = 1$。因此当 $l = 1.2\text{m}$ 时，有

$$F_{cr} = \frac{(3.14)^2×206×10^9×2.19×10^{-7}}{(1×1.2)^2} = 3.09×10^5(\text{N})$$

$$\frac{F_{cr}}{F_m} = \frac{3.09×10^5}{3.8×10^3} = 81.3 > 2.5\sim4$$

因此是安全的。

（5）刚度验算。按最不利情况考虑，螺纹螺距因受轴向力引起的弹性变形与受转矩引起弹性变形方向是一致的。故有

$$\delta_s = \frac{16T_1 s^2}{\pi^2 G d_1^4} + \frac{4Fs}{\pi E d_1^2}$$

式中，

$$T_1 = F_m \frac{D_0}{2} \tan(\lambda + \rho_1) = 3800 \times \frac{5 \times 10^{-2}}{2} \tan(2°11' + 8'40'') = 3.8 (\mathrm{N \cdot m})$$

式中,摩擦系数 μ 按 0.0025 计; $\rho_1 = 8'40''$; $L_0 = s = 6\mathrm{mm}$; $d_1 = 46\mathrm{mm}$; $G = 83.3\mathrm{GPa}$; $E = 2.1 \times 10^{11}\mathrm{Pa}$。因此有

$$\delta_s = \frac{16 \times 3.8 \times (6 \times 10^{-3})^2 \times 10^6}{3.14^2 \times 8.33 \times 10^{10} \times (4.6 \times 10^{-2})^4} + \frac{4 \times 3.8 \times 10^3 \times 6 \times 10^{-3} \times 10^6}{3.14 \times 2.1 \times 10^{11} \times (4.6 \times 10^{-2})^2}$$
$$= 6.5958 \times 10^{-2} (\mu m)$$

每米螺纹长度上的螺纹距离的弹性变形为

$$\frac{\delta_s}{s} = \frac{6.5958 \times 10^{-2}}{6 \times 10^{-3}} = 10.993 (\mu m/m)$$

滚动螺旋 $(\delta_s/s)_p$ 可按滑动螺旋(同精度等级)的一半定,根据有关表得出 $(\delta_s/s)_p = 15\mu m/m$,所以有

$$\frac{\delta_s}{s} < \left(\frac{\delta_s}{s}\right)_p$$

(6)效率验算。

$$\eta = \frac{\tan\lambda}{\tan(\lambda + \rho_1)}$$

式中, $\tan\rho_1 = f = 0.0025$; $\rho_1 = 8'40''$; $\lambda = 2°11'$,所以

$$\eta = \frac{\tan 2°11'}{\tan(2°11' + 8'40'')} = 0.939$$

2.2.6　其他传动机构

1.同步带传动

(1)同步带传动的特点与应用。同步带传动是利用齿形带的齿形和带轮的轮齿依次相啮合来传递运动或动力(如图 2-32 所示)。它与平带传动、V 带传动相比较具有传动比准确、传动效率较高、能吸振、噪音低、传动平稳、能高速传动、维护保养方便等优点,但是安装精度要求较高、中心距要求严格,具有一定的蠕变性。

同步带传动在数控机床、机电一体化产品上得到了广泛的应用。图 2-33 表示打印机上的字车机构。打印头可安装在字车 6 上。整个部件由字车导轴 17 支撑,字车固定在同步带 10 上。当伺服电机 4 驱动同步带时,字

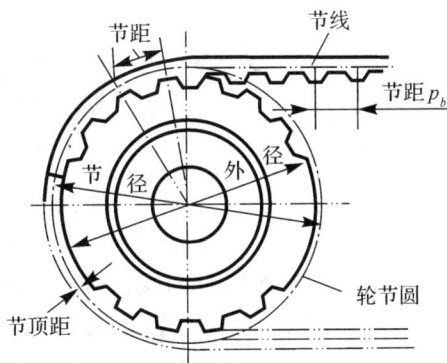

图 2-32　同步带传动

车就随之移动。打印是通过打印机构和字车机构的协同工作来实现的。

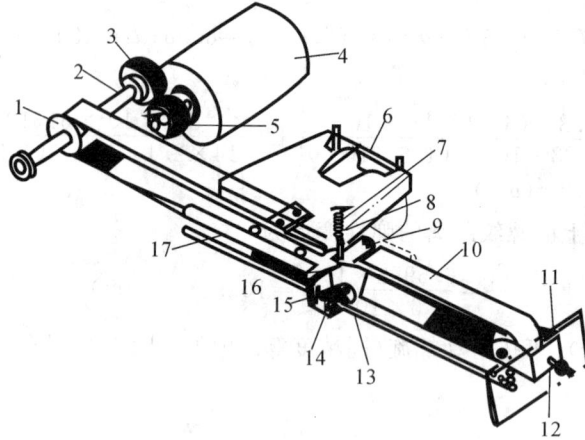

图 2-33 打印机中同步带传动系统

1,2—驱动轴 3—从动轮 4—伺服电动机 5—电动机齿轮 6—字车 7—色带驱动手柄
8—销 9—联接环 10—字车驱动同步带 11—支架 12—带张力调节螺杆 13—色带驱动带
14—压带轮 15—色带驱动轮 16—色带驱动轴 17—导杆

（2）同步带的结构、主要参数和规格。

①结构和材料。同步齿形带一般由带背、承载绳、带齿组成。在以氯丁橡胶为基体的同步带上，其齿面还覆盖了一层尼龙包布，梯形齿同步带结构如图 2-34 所示。

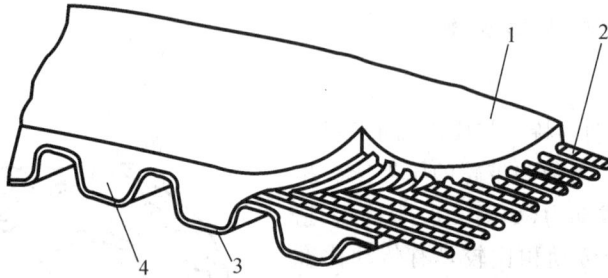

图 2-34 梯形齿同步带构造

1—带背 2—承载绳 3—包布层 4—带齿

承载绳传递动力，同时保证带的节距不变。因此承载绳应有较高的硬度和较小的伸长率。目前常用的材料有钢丝、玻璃纤维、芳香族聚酰胺纤维（简称芳纶）。

带齿是直接与钢制带轮啮合并传递扭矩的，因此不仅要求有高的抗剪强度和耐磨性，而且要求有高的耐油性和耐热性。用于连接、包覆承载绳的带背，在运转过程中要承受弯曲应力，因此要求带背有良好的韧性和耐弯曲疲劳的能力，以及与承载绳有良好的粘结性能。带背和带齿一般采用相同材料制成，常用的有聚氨脂橡胶和氯丁橡胶两种材料。

　　包布层仅用于以氯丁橡胶为基体的同步带,它可以增加带齿的耐磨性,提高带的抗拉强度,一般用尼龙或锦纶织成。

　　②主要参数和规格。同步带的主要参数是带齿的节距 p_b,如前图 2-32 所示。由于承载绳在工作时长度不变,因此承载绳的中心线被规定为同步带的节线,并以节线长度 L_p 作为其公称长度。同步带上相邻两齿对应点沿节线度量的距离称为带的节距 p_b。

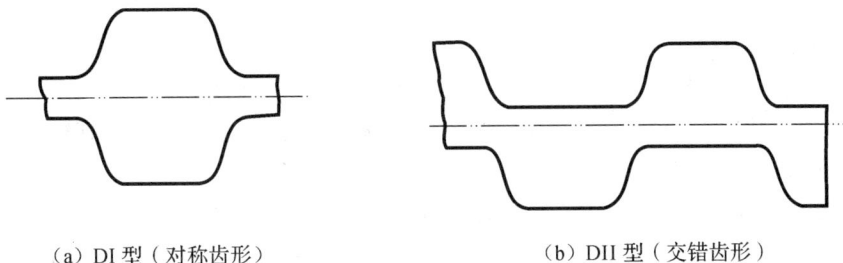

（a）DＩ型（对称齿形）　　　　　　（b）DＩＩ型（交错齿形）

图 2-35　双面齿类型

　　国家标准 GB11616－1989,对同步带型号、尺寸作了规定。同步带有单面齿(仅一面有齿)和双面齿(两面都有齿)两种形式。双面齿又按齿排列的不同分为 DＩ型(对称齿形)和 DＩＩ型(交错齿形),如图 2-35 所示。两种形式的同步带均按节距不同分为七种规格,见表 2-8。

表 2-8　同步带的型号和节距

型　号	MXL	XXL	XL	L	H	XH	XXH
节距 p_b/mm	2.032	3.175	5.080	9.525	12.700	22.225	31.75

　　③同步带的标记。带的标记包括长度代号、型号、宽度代号。双面齿同步带还应再加上符号 DＩ或 DＩＩ。

　　例 2-7　试说明同步带标记为“800　DＩ　H　300”的意义。

　　解　此项参数中 800 为长度代号,其节线长度为 2032mm,双面对称齿,节距为 12.7 mm,宽度代号即带宽为 76.2mm。

　　(3)同步带轮。

　　①带轮的结构、材料。带轮结构如图 2-36 所示,为防止工作带脱落,一般在小带轮两侧装有挡圈。

　　带轮材料一般采用铸铁或钢。高速、小功率时可采用塑料或轻合金。

　　②带轮的参数及尺寸规格。

　　(a)齿形。与梯形齿同步带相匹配的带轮,其齿形有直线形和渐开线形两种。直线齿形在啮合过程中,与带齿工作侧面有较大的接触面积,齿侧载荷分布较均匀,从而提高了带的承载能力和使用寿命。渐开线齿形,其齿槽形状随带轮齿数而变化。齿数多时,齿廓近似于直线。这种齿形优点是有利于带齿的啮入,缺点是齿形角变化较大,在齿数少时,易影响带齿的正常啮合。

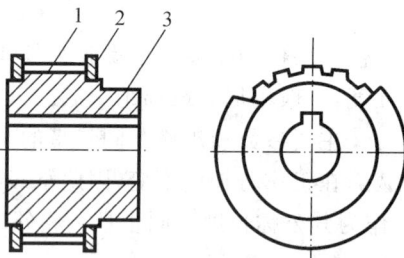

图 2-36 同步带轮
1—齿圈 2—挡圈 3—轮毂

(b)齿数 z。在传动比一定的情况下,带轮齿数越少,传动结构越紧凑,但齿数过少,使工作时同时啮合的齿数减少,易造成带齿承载过大而被剪断。此外,还会因带轮直径减小,使与之啮合的带产生弯曲疲劳破坏。国标 GB11361—1989 规定了小带轮最少齿数。

(c)带轮的标记。国家标准 GB11361—1989 同步带轮标准与 GB11616—1989 同步带标准相配套,对带轮的尺寸及规格等作了规定。与带一样,带轮规格有 MXL,XXL,XL,L,H,XH,XXH 七种。

带轮的标记由带轮齿数、带的型号和轮宽代号表示。

例 2-8 试说明带轮标记为"30 L 075"的意义。

解 此标记表示的带轮齿数为 30,节距为 9.525mm,带宽为 19.05mm。

2. 谐波齿轮减速器

谐波齿轮传动是一种新型传动结构,它是依靠柔性齿轮所产生的可控制的弹性变形波,引起齿间的相对位移来传递动力和运动的。

(1)基本组成、特点和应用。谐波传动机构主要由刚轮1、柔轮2和波发生器3组成(见图 2-37)。柔轮是一个具有外齿的弹性薄壁零件,刚轮是一个刚性的内齿圈,波发生器是一个椭圆凸轮及压配在凸轮上的薄壁轴承。假设刚轮固定,波发生器轴转动时,柔轮在波发生器径向力作用下产生变形,刚轮与柔轮的轮齿啮合情况不断在发生变化。在椭圆凸轮长轴方向,刚轮和柔轮的轮齿完成啮合,而短轴方向,刚轮和柔轮的轮齿完全脱离。由于刚轮齿数和柔轮齿数相差甚少,这样波发生器的高速转动输入 ω_3 变成柔轮轴的低速转动输出 ω_2(刚轮固定)或刚轮1的低速转动 ω_1 输出(柔轮固定)。

谐波传动的特点:①传动比大。单级谐波齿轮传动比为 50～500。多级或复式传动比更大,可达 30000 以上。②承载能力大。在传输额定输出转矩时,谐波齿轮传动同时啮合的齿对数可达总齿对数的 30%～40%。③传动精度高。在同样的制造精度条件下,谐波齿轮的传动精度比一般齿轮的传动精度至少要高一级。④齿侧间隙小。通过调整齿侧间隙可减到最小,以减少传动回差。⑤传动平稳。基本上无冲击振动。⑥结构简单、体积小、重量轻。在传动比和承载能力相同的条件下,谐波齿轮减速器比一般齿轮减速器的体积和质量均减少约 1/2～1/3。

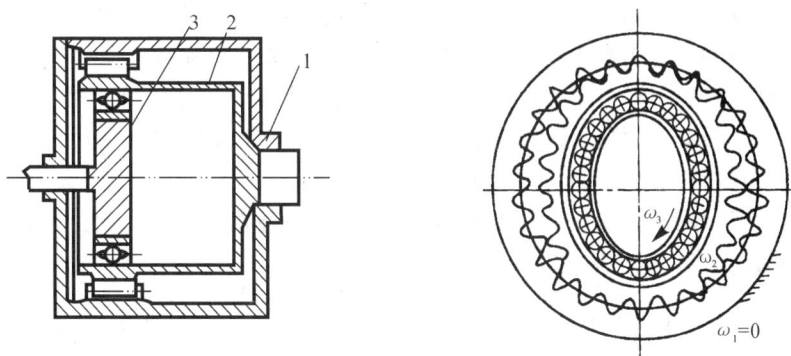

图 2-37　谐波传动

1—刚轮　2—柔轮　3—波发生器

谐波传动已广泛用于航空、航天、工业机器人、机床通信设备、印刷机械、食品、医疗机械等领域。

(2)速比计算。谐波传动速比计算与行星传动速比计算相同。

①波发生器输入 ω_i,刚轮固定,柔轮输出 ω_0(见图 2-38(a))。传动比为

$$i=\omega_i/\omega_0=-Z_R/(Z_G-Z_R)\ (负号表示\ \omega_0\ 与\ \omega_i\ 反向)$$

式中,Z_R 为柔轮外齿数;Z_G 为刚轮内齿数。

②波发生器输入 ω_i,柔轮固定,刚轮输出 ω_0(见图 2-38(b))。传动比为

$$i=\omega_i/\omega_0=Z_G/(Z_G-Z_R)$$

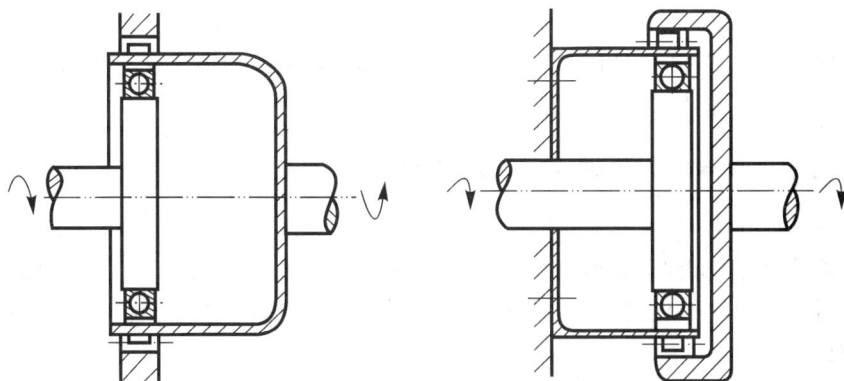

(a) 发生器输入，刚轮固定，柔轮输出　　　(b) 发生器输入，柔轮固定，刚轮输出

图 2-38　谐波传动的传动比计算

3.滚珠花键

滚珠花键结构如图 2-39 所示。花键轴的外圆上均布三条凸起轨道,配有六条负荷滚珠列,相对应有六条退出滚珠列。轨道横截面为近似滚珠的凹圆形,以减少接触应力。

承受载荷转矩时,三条负荷滚珠列自动定心。反转时,另三条负载列自动定心。这种结构使切向间隙(角冲量)减小,必要时还可用一个花键螺母的旋转方向施加预紧力后再锁紧,刚度高,定位准确。外筒上开键槽,以备联接其他传动件。保持架使滚珠互不摩擦,且拆卸时不会脱落。用橡胶密封垫防尘,以提高使用寿命,通过油孔润滑以减少磨损。

外筒与花键轴之间既可以轴带筒或以筒带轴作回转运动,又可以作灵活、轻便的相对直线运动,所以滚珠花键既是一种传动装置,又是一种直线运动支承。可用于机器人、机床、自动搬运车等各种机械。

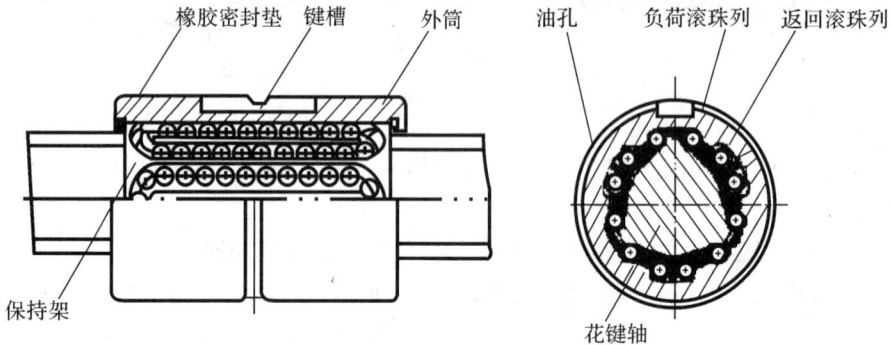

图 2-39　滚珠花键副

2.3　导向及支承结构

导向及支承部件的作用是支承和限制运动部件按给定的运动要求和规定的运动方向运动。这样的部件称为导轨副,简称导轨。

2.3.1　导轨的分类和基本要求

1.导轨的分类

一副导轨主要由两部分组成,在工作时一部分不动,称为支承导轨(或导轨);另一部分相对支承导轨作直线或回转运动,称为动导轨(或滑座)。根据导轨副之间的摩擦情况,导轨分为:

(1)滑动导轨。两导轨工作面的摩擦性质为滑动摩擦。其结构如图 2-40 所示,其中图(a)为普通导轨,图(b)为液体静压导轨。滑动导轨结构简单,制造方便,刚度好,抗振性高,是机械产品中应用最广泛的导轨形式。为减少磨损,提高定位精度,改善摩擦特性,通常选用合适的导轨材料,采用适当的热处理方法,如采用优质铸铁、合金耐磨铸铁或镶淬火钢导轨,采用导轨表面滚轧强化、表面淬硬、镀铬、镀钼等方法提高导轨的耐磨性。另外,采用新型工程塑料可满足导轨低摩擦、耐磨、无爬行的要求。

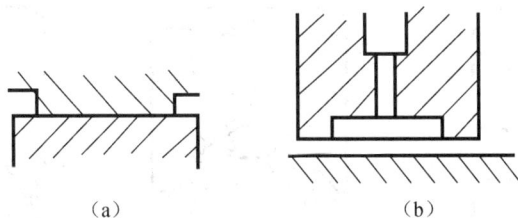

（a）　　　　　　　　　　　　（b）

图 2-40　滑动导轨结构示意图

（2）滚动导轨。两导轨表面之间为滚动摩擦,导轨面之间放置滚珠、滚柱或滚针等滚动体来实现两导轨无滑动地相对运动。这种导轨磨损小,寿命长,定位精度高,灵敏度高,运动平稳可靠;但结构复杂,几何精度要求高,抗振性较差,防护要求高,制造困难,成本高。它适用于工作部件要求移动均匀、动作灵敏以及定位精度高的场合,因此,在高精度的机电一体化设备中应用广泛。

2. 对导轨的要求

（1）导向精度高。导向精度主要是指导轨沿支承导轨运动的直线度或圆度,是动导轨按给定方向作直线运动的准确程度。导向精度的高低主要取决于导轨的结构类型。导轨的几何精度和接触精度、导轨的配合间隙、油膜厚度和油膜刚度、导轨和基础性的刚度和热变形等。

（2）精度的保持性好。它主要由导轨的耐磨性决定,而耐磨性是指导轨在长期使用过程中能否保持一定的导向精度。提高导轨的精度保持性必须进行正确的润滑与防护。

（3）刚度好。导轨的刚度就是抵抗载荷的能力,可采用加大导轨尺寸、合理布置筋和筋板或添加辅助导轨方法以提高刚度。

（4）低速运动平稳性好。低速运动时,作为运动部件的动导轨易产生爬行现象。低速运动的平稳性与导轨的结构和润滑,动、静摩擦系数的差值以及导轨的刚度有关,可采用滚动导轨、静压导轨、贴塑导轨等方法提高低速运动平稳性。

（5）结构工艺好。导轨要做到结构简单,工艺性和经济性好,制造、调整和维修方便。

2.3.2　滚动导轨

1. 滚动导轨的分类和特点

滚动导轨就是在导轨工作面之间安排滚动体,使导轨面之间为滚动摩擦。滚动导轨的滚动体可以是滚珠、滚柱和滚针（见图 2-41）。滚珠导轨的承载能力小,刚度低,适用于运动部件重量不大、切削力和颠覆力矩都很小的机床。滚柱导轨的承载能力和刚度都比滚珠导轨大,适用于载荷较大的机床。滚针导轨的特点是滚针尺寸小,结构紧凑,适用于导轨尺寸受到限制的机床。

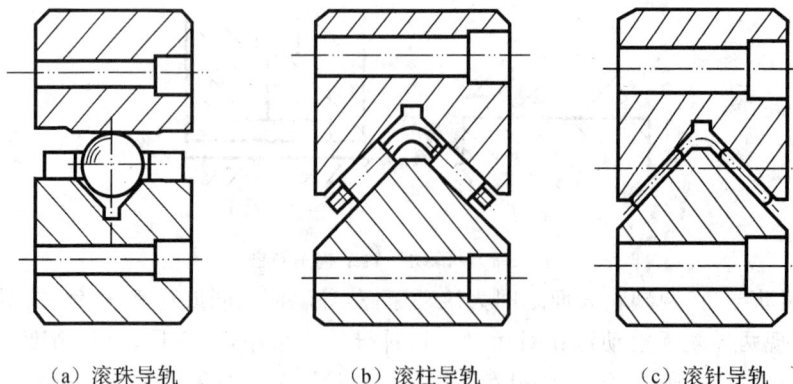

（a）滚珠导轨　　　　　　　（b）滚柱导轨　　　　　　（c）滚针导轨

图 2-41　滚动导轨结构形式

滚动导轨也可分为开式和闭式两种。开式用于加工过程中载荷变化较小、颠覆力矩较小的场合。当颠覆力矩较大、载荷变化较大时，可用闭式导轨。

2.滚动导轨的结构及配置

在用于直线运动的滚动支承中，有滚动体不作循环运动的直线滚动导轨（图 2-42（a））和滚动体作循环运动的直线滚动导轨（图 2-42(b)）。后者叫做直线滚动导轨副（块）组件。

直线滚动导轨副包括导轨条和滑块两部分。导轨通常分为两根，装在支承件上，见图 2-43。每根导轨条上有两个滑块，固定在移动件上。如移动件较长，也可在一根导轨条上装三个或三个以上滑块。如移动件较宽也可以用三根或三根以上的导轨条。如果移动件的刚度较高，则少装为好。在两条导轨条中，一条为基准导轨，上有基准面 A，滑块上有基准面 B；另一条为从动导轨。

3.滚动导轨预紧

预紧可以提高导轨的刚度。但预紧力应选择适当，若预紧过大则易使滚子转动困难，难以保持与导轨面之间的纯滚状态。直线滚动导轨分为整体型直线滚动导轨副（图 2-42）和分离型直线滚动导轨副（图 2-44）。整体型直线滚动导轨副由制造厂用选配不同直线钢球的办法来决定间隙或预紧。可根据要求的预紧订货，不需自己调整。分离型直线滚动导轨副应由用户根据需要，按规定的间隙进行调整或预紧（图 2-44）。

滚动导轨副的选用和计算与滚动轴承相仿，主要考虑其额定动、静载荷与额定寿命。具体计算及选用参见有关手册和产品样本。

(a)

(b)

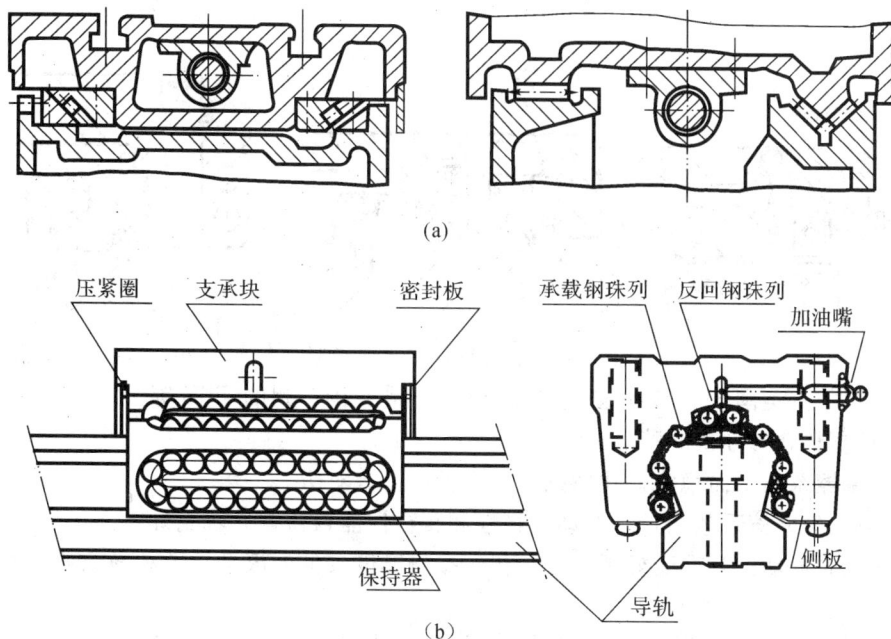

图 2-42　直线滚动导轨

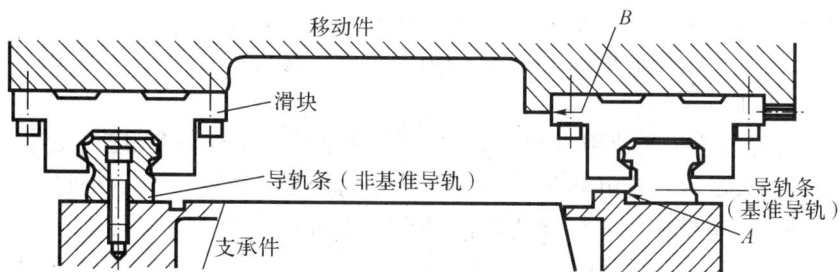

图 2-43　直线滚动导轨副的配置与固定

2.3.3　塑料导轨

塑料导轨是在滑动导轨上镶装塑料而成的,其摩擦系数小,且动、静摩擦系数差很小,能防止低速爬行现象;耐磨性好,抗撕伤能力强,加工性和化学稳定性好,工艺简单,成本低,并有良好的自润滑性和抗震性。塑料导轨多与铸铁导轨相配使用。下面介绍几种在国内外应用广泛的塑料导轨及其使用方法。

1. 塑料导轨软带

塑料导轨软带中最成功、性能最好的一种是聚四氟乙烯导轨软带。它是以聚四氟乙烯为基体,加入青铜粉、二硫化钼和石墨等填充剂混合烧结,并做成软带状。目前同类产

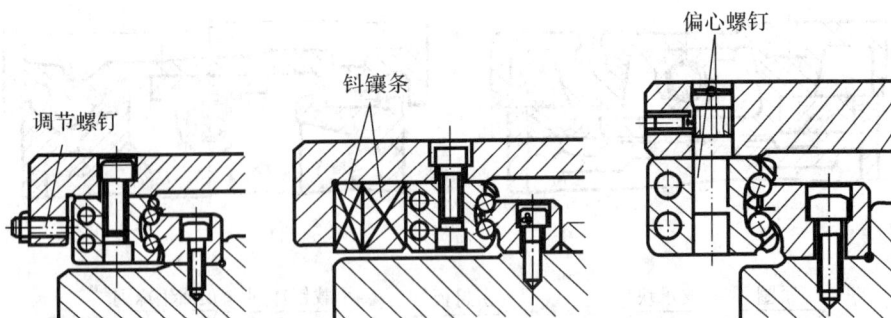

图 2-44　滚动导轨副的预紧

品中常用的有美国 Shamban 公司的 Turcite-B 和我国广州的 TSF 等。

（1）塑料软带导轨的特点。

①摩擦系数低而稳定。比铸铁导轨副低一个数量级。

②动、静摩擦系数相近。运动平稳性和爬行性能较铸铁导轨副好。

③吸收振动。具有良好阻尼性。优于接触刚度较低的滚动导轨和易漂浮的静压导轨。

④耐磨性好。有自身润滑作用，无润滑油也能工作。灰尘磨粒的嵌入性好。

⑤化学稳定性好。耐磨、耐低温、耐强酸、强碱、强氧化剂及各种有机溶剂。

⑥维护修理方便。软带耐磨，损坏后更换容易。

⑦经济性好。结构简单，成本低。约为滚珠导轨成本的 1/20，为三层复合材料 DU 导轨成本的 1/4。

（2）塑料导轨软带的使用。图 2-45 所示为某加工中心工作台和滑座。工作台 2 与床身 1 之间采用双矩形导轨组合导向。导轨采用聚四氟乙烯塑料—铸铁导轨副，在工作台各导轨面都粘贴有聚四氟乙烯导轨软带，在下压板和调整镶条等的受载面上也粘贴了导轨软带。

塑料导轨通常用粘结材料将软带贴在所需处作为导轨表面，如图 2-46 所示。

软带的粘结操作如下：

①切制软带。按导轨面的几何尺寸放出适当余量切制。

②清洗软带。用汽油或丙酮等清洁剂将软带清洗干净。

③软带表面处理。软带材料一般具有不可粘性，要用生产厂指定的表面处理溶液浸泡软带使其表面产生可粘性，然后再清洗、干燥。

④被粘表面的准备。把被粘的金属表面粗糙度加工到 R_a 为 $3.2\sim1.6\mu m$ 和相应的表面精度，且清洗干净。

⑤软带粘贴。用生产厂家指定的配套胶粘剂以一定厚度均匀涂在软带和导轨的粘贴表面，然后将软带粘上。要求胶层与软带间无气泡。

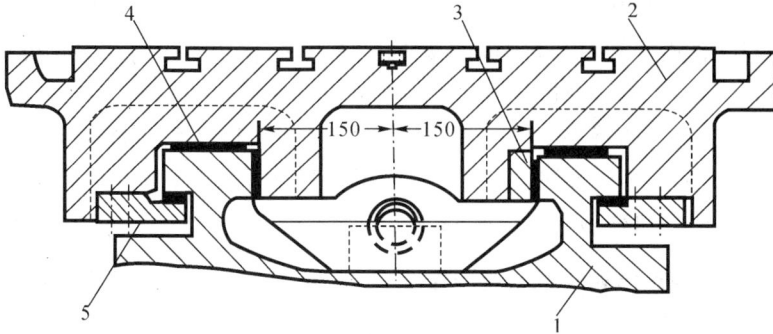

图 2-45　工作台和滑座

1—床身　2—工作台　3—粘有导轨软带的镶条　4—导轨软带　5—下压板

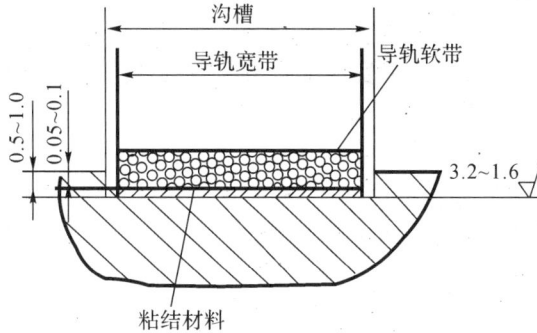

图 2-46　塑料导轨软带的粘接

⑥加压固化。在压力 0.1～0.15MPa,温度 10℃～30℃下经 24h 固化。

⑦检查粘接质量。观察表面是否合乎要求。用小木锤轻敲整个软带表面,若敲打的声响音调一致,表明粘接质量良好。

⑧配合表面加工及精度要求。根据设计要求可在软带上开出油槽,油槽一般不开穿软带,宽度 5mm 左右。

目前贴塑导轨有逐渐取代滚动导轨的趋势,它不仅适用于数控机床,而且还适用于其他各种类型机床导轨。特别是在旧机床修理和数控化改装中采用塑料软带导轨可以减少机床结构的修改,因而更加扩大了塑料导轨的应用领域。

2. 金属塑料复合导轨板

如图 2-47 所示,该导轨板分为三层,内层为钢背,以保证导轨板的机械强度和承载能力,钢背上镀铜并烧结球形青铜粉或用钢丝网形成多孔中间

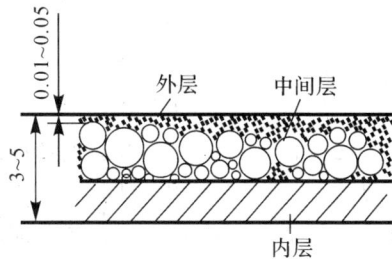

图 2-47　金属塑料复合导轨板

层,以提高导轨板的导热性,然后用真空浸渍的方法使塑料进入孔或网中。当青铜与配合面摩擦发热时,由于塑料的热膨胀系数远大于金属,因而塑料将从多孔层的孔隙中挤出,向摩擦表面转移补充,形成厚约 0.01～0.05mm 的表面自润滑塑料外层。

金属塑料导轨板的特点是摩擦特性优良,耐磨损。这种复合导轨板以英国 Glacier 公司的 DU 和 DX 最有代表性。我国北京机床研究所研制的 FQ-1 复合导轨板与江苏、浙江、辽宁生产的导轨板与国外产品类似。

2.3.4　回转运动支承结构

回转运动支承主要指滚动轴承、动压和静压轴承、磁轴承等各种轴承。它的作用是支承作回转运动的轴或丝杠。它是精密机械中关键零部件之一,其质量好坏、结构形式选择是否合理,对产品的工作精度、灵敏度、传动效率、成本、可靠性、维修性均有很大的影响。

对支承的基本要求是:置中精度和定向精度高;运转灵活;工作表面耐磨性好,对温度变化的稳定性好,承载能力强。

1. 标准滚动轴承

标准滚动轴承的尺寸规格已标准化、系列化,由专门生产厂大量生产。使用时主要根据刚度和转速来选择。如有其他设计要求,则还应考虑其他诸如承载能力、抗振性和噪音等诸因素。近年来有不少新型轴承用于机电一体化系统。下面介绍空心圆锥滚子轴承(Gamet 轴承)。

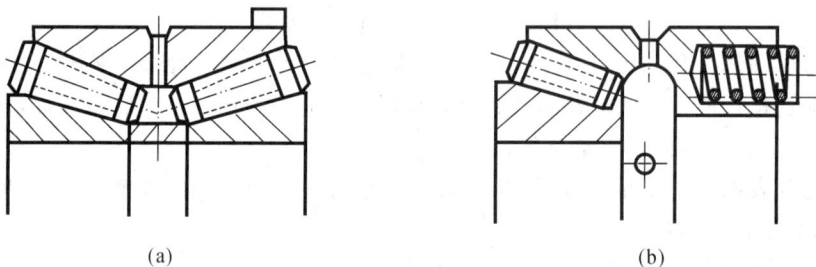

(a)　　　　　　　　　　　　(b)

图 2-48　空心圆锥滚子轴承

如图 2-48 所示是双列和单列空心圆锥滚子轴承。一般将双列(图 2-48(a))用于前支承,单列(图 2-48(b))用于后支承,配套使用。

这种轴承与一般圆锥滚子轴承的不同之处在于:滚子是中空的,保持架则是整体加工的,它与滚子之间没有间隙,工作时润滑油的大部分将被迫通过滚子中间的小孔,以便冷却最不易散热的滚子。润滑油的另一部分则在滚子与滚道之间通过,起润滑作用。中空的滚子还具有一定的弹性变形能力,可吸收一部分振动。双列轴承的两列滚子数目相差一个,使两列的刚度变化频率不同,以抑制振动。单列轴承外圈上的弹簧用作预紧。

这两种轴承的外圈较宽,因此与箱体孔的配合可以松一些。箱体孔的圆度和圆柱度误差对外圈滚道的影响较小。这种轴承用油润滑,故常用于卧式主轴,如图 2-49 所示,其中螺母 2 用于调整轴承间隙。

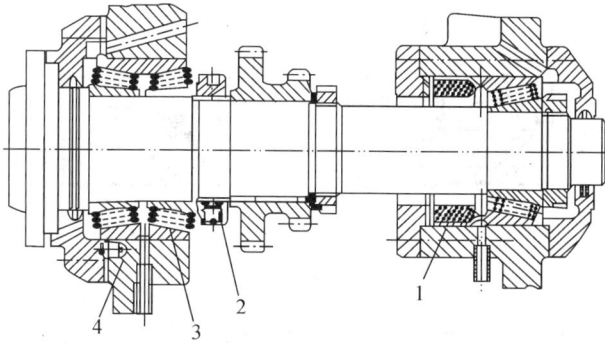

图 2-49　空心圆锥滚子轴承的主轴系统
1—弹簧　2—螺母　3—滚子　4—外圈

2. 非标准滚动轴承

机电一体化设备的精密机械中,当由于结构尺寸的限制不能用标准滚动轴承时,可采用非标准滚动轴承。这种轴承可以没有保持架、内座圈和外座圈,钢球的滚道就在轴颈和轴承座上。构成滚道面的零件材料通常为 T8,T10,GCr15,淬火硬度 HRC55～60,表面粗糙度 R_a 为 0.4～0.05μm,高硬度、低粗糙度可以减小摩擦和降低磨损,低粗糙度还可以提高抗腐蚀性。

(1)微型滚动轴承。如图 2-50 所示的微型向心推力轴承具有杯形外圈,尺寸 $D \geqslant$ 1.1mm,没有内环,锥形轴颈直接与滚珠接触,由弹簧或螺母调整轴承间隙。

当尺寸 $D > 4$mm 时,可有内环,如图 2-51(a)所示,采用碟形垫圈来消除轴承间隙。图 2-51(b)所示的轴承内环可以与轴一起从外环和滚珠中取出,装拆比较方便。

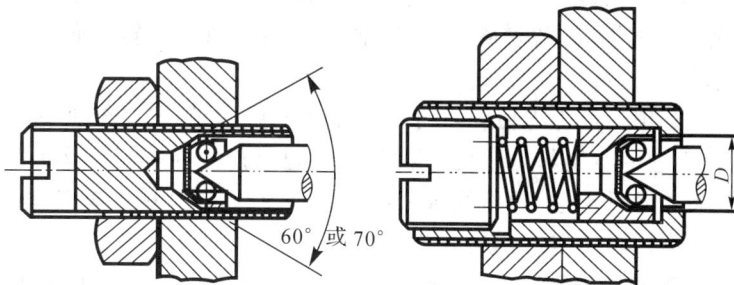

图 2-50　微型滚动轴承

(2)密珠轴承。密珠轴承是一种新型的滚动摩擦支承。它由内、外圈和密集于二者间并具有过盈配合的钢珠组成。它有两种形式:图 2-52(a)所示的径向轴承和图 2-52

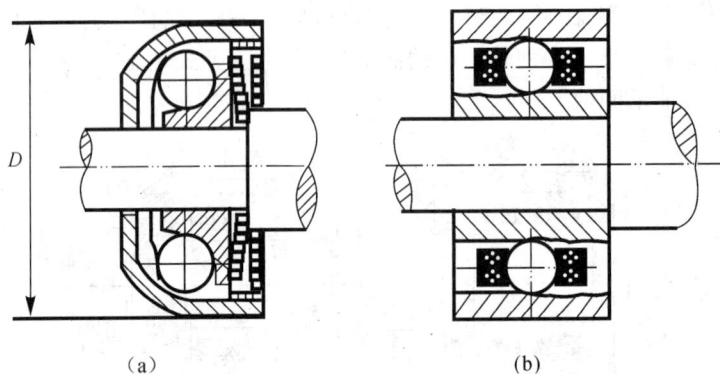

图 2-51　微型滚动轴承

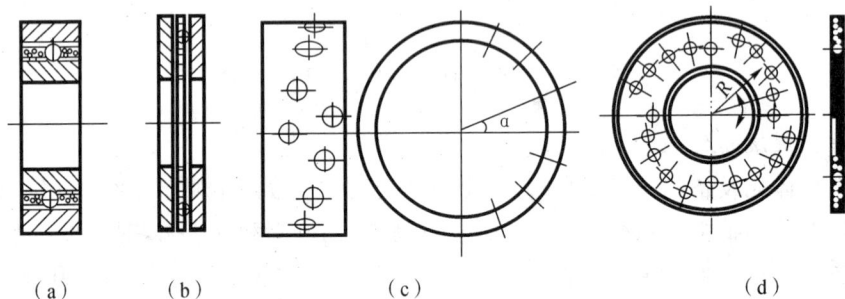

图 2-52　密珠轴承

(b)所示的推力轴承。密珠轴承的内、外滚道和止推面分别是形状简单的外圆柱面、内圆柱面和平面,在滚道间密集地安装有滚珠。滚珠在其尼龙保持架的空隙中以近似于多头螺旋线的形式排列,如图 2-52(c),(d)所示。每个滚珠公转时均沿着自己的滚道滚动而互不干扰,以减少滚道的磨损。滚珠的密集还有助于减少滚珠几何误差对主轴轴线位置的影响,具有误差平均效应,有利于提高主轴精度。滚珠的内、外圈之间保持有 0.005～0.012mm 的预加过盈量,以消除间隙,增加刚度,提高轴的回转精度。

3. 磁力支承

磁力支承是利用磁场力将轴悬浮的一种新型支承。早在 1842 年就有物理学家开始对它进行研究,但它的应用却是近几十年的事。它已被应用在航天工业如人造卫星的惯性轮和陀螺仪飞轮及低温透平泵,机床工业如大直径磨床、高精度车床,轻工业如 X 射线管、离心机、小型低温压缩机等众多设备中。

磁力支承的工作原理如图 2-53 所示。径向磁力支承由转子 4 和定子 6 两部分组成。定子 6 上装电磁体,使转子悬浮在磁场中。转子转动时,由位移传感器 5 检测转子的偏心,并通过反馈与基准信号 1(转子的理想位置)进行比较。调节器 2 根据偏差信号进行调节,并把调节信号送到功率放大器 3 以改变电磁铁的电流,从而改变对转子的吸引力,使转子恢复到理想位置。

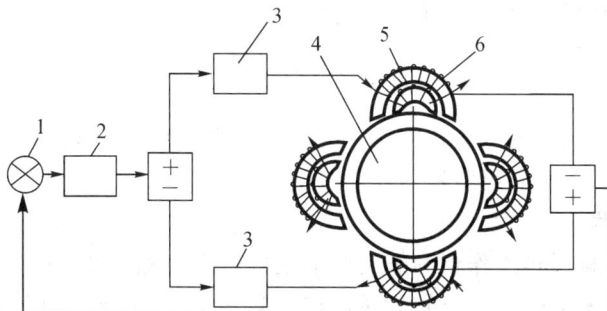

图 2-53 磁力支承工作原理图

1—比较元件 2—调节器 3—功率放大器 4—转子 5—位移传感器 6—电磁铁

径向磁力的转轴一般要配备辅助轴承,工作时辅助轴承不与转轴接触,当断电或磁悬浮失控时托住高速旋转的转轴,起保护作用。辅助轴承与转子的间隙一般等于转子与电磁体气隙的一半。

磁力支承的承载能力取决于铁磁材料性能、转子直径和磁场强度,气隙依转子直径而定,通常为 0.3～1mm。由于气隙比较大,所以对轴颈、轴承制造精度要求不高,但对与传感器对应的基准环有精度要求。磁力支承悬浮精度主要取决于该基准环的圆度。磁力支承允许转速高,圆周速度可高达 200m/s,功率消耗很小,效率高。转子与定子工作时不接触,不会磨损,可靠性好。

2.4 机械执行机构

在机电一体化系统中,为实现不同的功能,需要采用不同形式的执行机构,主要有机械式、电子式、激光电动的执行机构等。执行机构是机电一体化产品主要功能的一个重要环节,它要能够保证按时、准确地完成预期动作,并且要求具有动态特性好、精度高、响应速度快、、灵敏度高等特点。

2.4.1 微动机构

微动机构是一种能在一定范围内精确、微量地移动到给定位置或实现特定的进给运动的机构。在机电一体化产品中,它一般用于精确、微量地调节某些部件的相对位置。如在仪器的读数系统中,利用微动机构调整刻度尺的零位,在磨床中用螺旋微动机构调整砂轮架的微量进给,在医学领域中各种微型手术器械也采用了微动机构。

微动机构的性能好坏在一定程度上影响系统的精确性。因而要求它应满足如下基本要求:

①灵敏度高,最小移动量达到使用要求。

②传动灵活、平稳,无空程与爬行,制动后能保持稳定的位置。

③抗干扰能力强,快速响应好。

④良好的结构工艺性。

微动机构按执行件的原理不同分为机械式、电气—机械式、弹性变形式、热变形式、磁致伸缩式、压电式等多种形式,下面介绍两种形式。

1.手动机械式螺旋微动机构

如图 2-54 所示为万能工具显微镜工作台的螺旋微动装置。它由螺母 2、调节螺母 3、微动手轮 4、螺杆 5 和钢珠 6 等组成。整个装置固定在测微套 1 上,旋转微动手轮 4 时,螺杆 5 顶动工作台,实现工作台的微动。螺旋微动机构的最小微动量 $S_{\min}$ (mm) 为

$$S_{\min}=P \cdot \frac{\Delta \varphi}{360}$$

式中,P 为螺杆 5 的螺距(mm);$\Delta \varphi$ 为人手的灵敏度,即人手轻微旋转手轮一下,手轮的最小转角。

为了提高螺旋微动装置的灵敏度,可增大手轮或减小螺距。但若手轮太大,不仅使微动装置的空间体积增大,而且由于操作不灵便,反而使灵敏度降低;若螺距太小则加工困难,使用时易磨损。

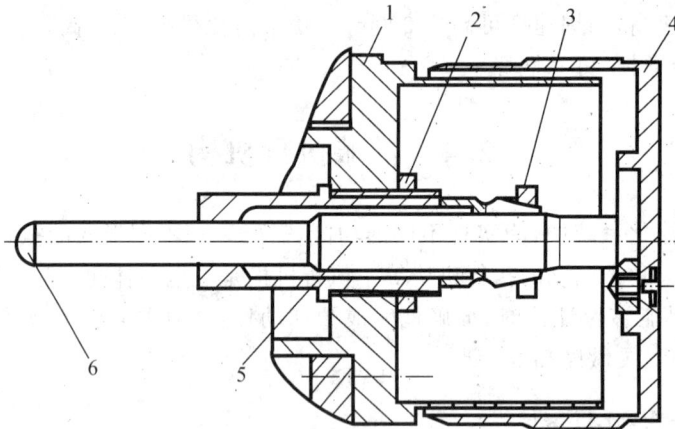

图 2-54　万能工具显微镜螺旋微动装置

1—测微套　2—紧定螺母　3—调节螺母　4—微动手轮　5—螺杆　6—钢珠

2.热变形式微动装置

此装置利用电热元件作为动力源,靠电热元件通电后产生的热变形实现微小位移。其工作原理见图 2-55。传动杆 1 的一端固定在导轨移动的运动件 3 上。当电阻丝 2 通电加热时,传动杆 1 受热伸长,其伸长量 ΔL (mm) 为

$$\Delta L = \alpha L(t_1 - t_0) = \alpha L \Delta t$$

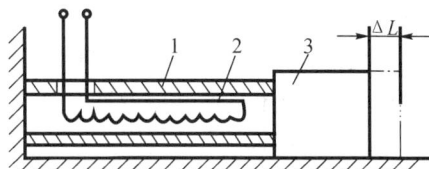

式中，α 为传动杆材料的线膨胀系数（mm/℃）；L 为传动杆长度（mm）；t_1 为加热时的温度（℃）；t_0 为加热前的温度（℃）。

图 2-55　热变形微动机构原理
1—传动杆　2—电阻丝　3—运动件

当传动杆 1 由于伸长而产生的力大于导轨副中的静摩擦力时，运动件 3 就开始移动。理想情况为运动件的移动量等于传动杆的伸长量。但由于导轨副的摩擦力、位移速度、运动件的质量以及系统阻尼的影响，实现运动件的移动量与传动件的伸长量有一定差值，称之为运动误差 Δs（mm）。

$$\Delta s = \pm \frac{CL}{EA}$$

式中，C 为考虑摩擦阻力、位移速度和阻尼的系数；E 为传动杆材料的弹性模量（Pa）；A 为传动杆的截面积（m²）。所以位移的相对误差为

$$\frac{\Delta s}{\Delta L} = \pm \frac{C}{EA\alpha \Delta t}$$

为减少微量位移的相对误差，应加大传动杆的弹性模量、线膨胀系数 α 和截面积 A。因此作为传动杆的材料，其线膨胀系数和弹性模量要高。

热变形微动装置可利用变压器、变阻器来调节传动杆的加热速度，以实现对位移速度和微进给量的控制。为了使传动杆恢复到原来的位置（或使运动件复位），可利用压缩空气或乳化液流经传动杆的内腔使之冷却。

图 2-56 所示为机床的热变形微动机构，传动杆与托架 4,8 联接，托架 4 固定在运动件 5 上，托架 8 固定在机座上。传动杆内装有加热件 3 和高频感应线圈，套筒 1 与传

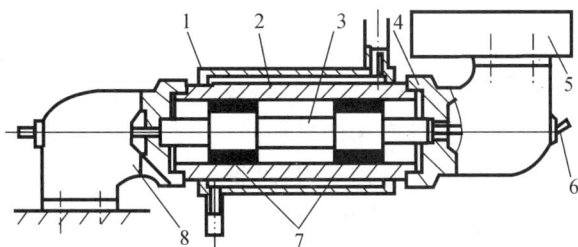

图 2-56　热变形微动机构
1—套筒　2—传动杆　3—加热件　4,8—托架　5—运动件　6—导线　7—绝缘体

动杆 2 之间形成一个空腔，供冷却液流过。传动杆 2 和加热件 3 之间有绝缘体 7 隔离。当高频电流经导线 6 通入线圈后，加热件 3 被加热，传动杆因此受热伸长，经托架 4 使运动件 5 产生微量位移。该机构可根据所需的位移量严格控制所需的加热量，当运动件 5 达到预定位置后，通入冷却液或压缩空气，使传动杆冷却而恢复到原来的位置。该机

构可保证微米级的位移精度。

热变形微动装置具有高刚度和无间隙的优点,并可通过控制加热电流来得到所需微量位移,但由于热惯性以及冷却速度难以精确控制等原因,这种微动装置只适用于行程较短、工作频率不高的场合。

2.4.2　数控机床中自动回转刀架

自动回转刀架是在一定空间范围内,能使刀架执行自动松开、转位、精密定位等一系列动作的一种机构。

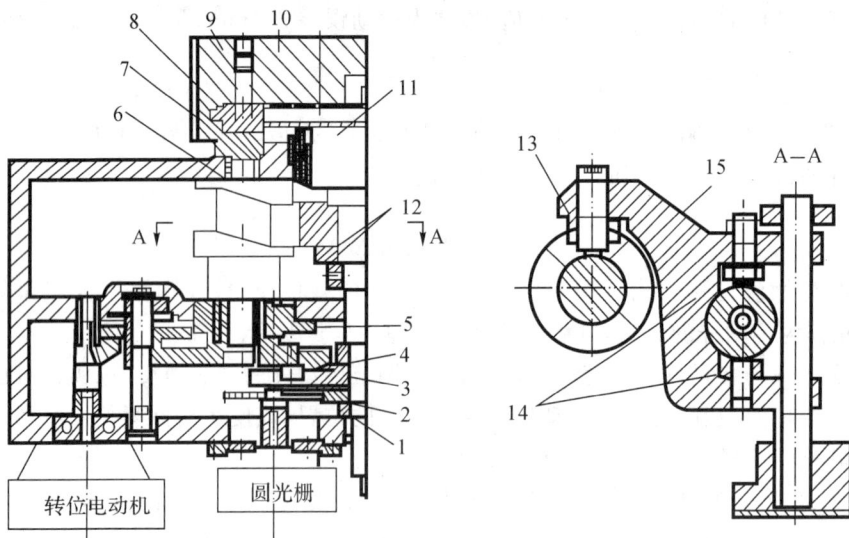

图 2-57　自动回转刀架

1,2—齿轮　3—槽盘　4—滚子　5—凸轮轴　6—凸轮　7,8—端面齿盘　9—圆柱销
10—转塔盘　11—转塔轴　12—碟形弹簧　13,14—滚子　15—杠杆

图 2-57 所示为 TND360 数控车床的自动回转刀架(又称转塔刀架),它可实现加工过程中的自动换刀。它为八角形,径向装刀,可将八组刀具安装在刀架溜板上。转塔轴与机床主轴平行,采用马氏机构转位,端面齿盘定位,相邻刀位隔 45°,分度误差为±3′。其工作原理为:

转位电动机经传动比为 14/65,14/96 的齿轮副驱动凸轮轴 5。轴 5 前端有圆柱凸轮 6,经滚子 13、杠杆 15、滚子 14 抬起转塔轴 11 连同转塔盘 10 转过 45°,与此同时,转塔轴上的齿轮 1 经齿轮 2 使圆光栅也转过 45°,滚子 4 离开键盘 3,转位结束。之后,凸轮 6 使滚子 13 向下,经滚子 14、碟形弹簧 12 压转塔轴 11,使端面齿盘啮合,实现定位而由弹簧 12 控制齿盘的压紧力。该机构由马氏槽盘提供分度运动,由端面齿盘保证定位精度。

转塔刀架有保险机构:圆柱销 9 在安装完毕,转塔盘 10 与端面齿盘 8 用螺钉固定后拔出,留后备用。当刀具受力过大或出现故障而使转塔盘受到大的扭矩时,由于圆柱销 9 已拔去,螺钉与螺钉孔之间有空隙,转塔盘 10 可稍微转动,经齿轮 1,2 使圆光栅也稍作转动,发出脉冲信号,使机床停车。这样就不致损坏齿盘,并保证零件加工的安全。停车后,检查现场,恢复原位(只需松开螺钉,插入圆柱销 9 即可),便可重新启动。

复习思考题

1. 对传动机构的基本要求主要有哪些方面?

2. 各传动轴上的转动惯量能否直接相加?

3. 为什么装在电机轴上的小齿轮的惯量不用折算,而大齿轮惯量需要折算?

4. 写出两对齿轮减速、滚珠丝杠及移动工作台传动系统的等效转动惯量计算公式。

5. 已知进给系统如图 2-58 所示。已知参数见表 2-9,工作台总质量 $m_A = 360\text{kg}$,丝杠导程 $L_0 = 5\text{mm}$。计算工作台的移动速度 v_j 和转化到电动机轴上的负载转动惯量。

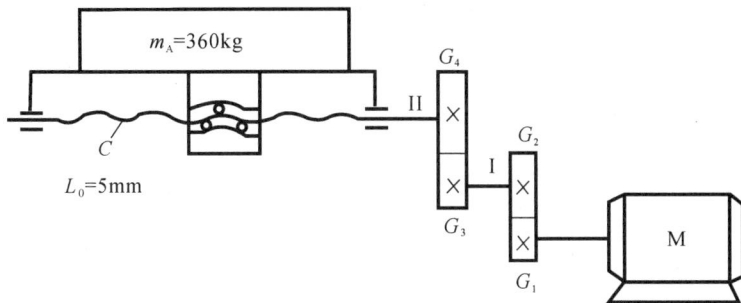

图 2-58　进给系统示意图

表 2-9　进给系统已知参数

名称	齿轮				轴		丝杠	电动机
系数	G1	G2	G3	G4	I	II	C	M
$n/(\text{r} \cdot \text{min}^{-1})$	720	360	360	180	360	180	180	720
$J/(\text{kg} \cdot \text{m}^2)$	0.01	0.16	0.02	0.32	0.004	0.004	0.012	0.224

6. 某大功率机械传动装置,(1)设传动级数 $n=2$,$i=50$,试按质量最小原则求出各级传动比;(2)已知总传动比 $i=100$,传动级数 $n=3$,试按最小等效转动惯量原则分配各级传动比。

7. 你认为哪种齿轮消隙方法比较简单?提出一个锥齿轮传动消隙的方法。

8. 进给传动齿轮为什么要消除齿侧间隙?消除齿侧间隙的措施有哪些?各有何优、

缺点？

9. 现有一双螺母齿差调整预紧式滚珠丝杠，其基本导程 $L_0=6mm$，一端齿轮齿数为 100、另一端齿轮齿数为 98，当其一端外齿轮相对另一端外齿轮转过 2 个齿时，试问：两个螺母之间相对移动了多大距离？

10. 滚珠丝杠副有何特点？其滚珠循环方式及常用结构形式有哪些？

11. 滚珠丝杠的回珠方式是指什么？滚珠循环闭路的列和圈有何区别？预载有何好处？

12. 说出滚珠丝杠副代号 G14008 左—2—P4 的意义。

13. 试述滚珠丝杠副轴向间隙调整和预紧的基本原理。常用有哪几种结构形式？

14. 滚珠丝杠副在机床上的支承方式有几种？各有何优、缺点？

15. 同步带传动为什么在机电传动系统中得到良好高效的应用？

16. 谐波传动由哪几大件组成？特点是什么？速比如何计算？

17. 什么叫滚动导轨副、导轨条和滑块？怎样安装使用？怎样预紧、调整？

18. 塑料导轨的摩擦力比金属导轨的摩擦力大，对吗？为什么？

19. 滚珠导轨有何特点？其结构类型有哪些？

20. 什么是塑料导轨？有何特点？通常是如何使用？

第3章

机电一体化中微型计算机控制系统及接口设计

3.1 控制系统的一般设计思路

3.1.1 专用与通用、硬件与软件的权衡与抉择

控制系统的设计是综合运用各种知识的过程。不同产品所需要的控制功能、控制形式和动作控制方式也不尽相同。由于采用微机作为机电一体化系统或产品的控制器,因此,其控制系统的设计就是要解决选用微机、设计接口、选用控制形式和动作控制方式等问题。这不仅需要微机控制理论、数字电路、软件设计等方面的知识,也需要一定的生活和生产工艺知识。通常由机电一体化设计人员首先提出总的设计要求,然后由各专业人员通力协作。在设计中,首先会遇到的问题有以下几种。

1. 专用与通用的抉择

专用控制系统适合于大批量生产的机电一体化产品。在开发新产品时,如果要求具有机械与电子有机结合的紧凑结构,也只有专用控制系统才能做到。专用控制系统的设计问题,实际上就是选用适当的通用 IC 芯片来组成控制系统,以便与执行元件和检测传感器相匹配,或重新设计制作专用集成电路,把整个控制系统集成在一块或几块芯片上。对于多品种、中小批量生产的机电一体化产品来说,由于还在不断改进,结构还不十分稳定,特别是对现有设备进行改造时,采用通用控制系统比较合理。通用控制系统的设计,主要是合理选择主控制微机机型,设计与其执行元件和检测传感器之间的接口,并在此基础上编制应用软件的问题。这实质上就是通过接口设计和软件编制来使通用微机专用化的问题。

2.硬件与软件的权衡

无论是采用通用控制系统还是专用控制系统,都存在硬件和软件的权衡问题。有些功能,例如运算与判断处理等,适宜用软件来实现。而在其余大多数情况下,对于某种功能来说,既可用硬件来实现,又可用软件来实现。因此,控制系统中硬件和软件的合理组成,通常要根据经济性和可靠性的要求权衡决定。在必须用分立元件组成硬件的情况下,不如采用软件。如果能用通用的 LSI 芯片(大规模集成电路)来组成所需的电路,则最好采用硬件。这是因为与采用分立元件组成的电路相比,采用软件不需要焊接,并且易于修改,所以采用软件有利。而在利用 LSI 芯片组成电路时,不仅价廉,而且可靠性高,处理速度快,因而采用硬件有利。

控制系统是一种电子装置,比起机械装置来,它的环境适应能力较差,并且存在电噪声干扰问题,例如在一般车间现场条件下使用就容易出故障。而且,电子装置的维修需要专门的技术工具,一般机械操作人员不易掌握。因此在设计控制系统时,对于提高包括环境适应性和抗干扰能力在内的可靠性时,必须特别注意采取必要的措施。

3.1.2　控制系统的一般设计思路

由于控制要求的不同,控制系统的设计方法和步骤也不相同,必须根据具体情况而定。就微机控制系统而言,其一般设计步骤为:确定系统整体控制方案;确定控制算法;选用微型计算机;系统总体设计;软件设计等。

1.确定系统整体控制方案

(1)应了解被控对象的控制要求,构思控制系统的整体方案。通常,先从系统构成上考虑是采用开环控制还是闭环控制。当采用闭环控制时,应考虑采用何种检测传感元件,检测精度要求如何。

(2)考虑执行元件采用何种方式。执行元件采用电动、气动还是液动,比较其答案的优缺点,择优而选。

(3)考虑是否有特殊控制要求,对于具有高可靠性、高精度和快速性要求的系统,应采取哪些措施。

(4)考虑微机在整个控制系统中的作用,是设定计算、直接控制还是数据处理,微机应承担哪些任务,为完成这些任务微机应具备哪些功能,需要哪些输入/输出通道,配备哪些外围设备。

(5)应初步估算其成本。通过整体方案考虑,最后画出系统组成的初步框图,附以说明,以此作为下一步设计的基础和依据。

2.确定控制算法

在进行任何一个具体控制系统的分析、综合或设计时,首先应建立该系统的数学模型,确定其控制算法。所谓数学模型就是系统动态特性的数学表达式。它反映了系统输入、内部状态和输出之间的数量和逻辑关系。这些关系式为计算机进行运算处理提供了依据,即由数学模型推出控制算法。所谓计算机控制,就是按照规定的控制算法进行控制,因此,控制算法的正确与否直接影响控制系统的品质,甚至决定整个系统的成败。

每个控制系统都有一个特定的控制规律,因此,每个控制系统都有一套与此控制规律相对应的控制算法。由于控制系统种类繁多,控制算法也是很多的,随着控制理论和计算机控制技术的不断发展,控制算法更是越来越多。例如,机床控制中常用的逐点比较法和数字积分法;直接数字控制系统中常用的 PID 调节控制算法;位置数字伺服系统中常用的最少拍控制算法;另外,还有各种最优控制算法、随机控制和自适应控制算法。在系统设计时,根据所设计的具体控制对象的控制性能指标要求及所选用的微型机处理能力选定一种控制算法。应注意控制算法对系统的性能指标的直接影响,因此,应考虑所选定的算法是否能满足控制速度、控制精度和系统稳定性的要求。就是说,应根据不同的控制对象、不同的控制指标要求选择不同的控制算法。例如,要求快速跟随的系统可选用达到最少拍的直接控制算法;对于具有纯滞后的系统最好选用达林算法或施密斯补偿算法;对于随机控制系统应选用随机控制算法。

各种控制算法提供了一套通用的计算公式,但具体到一个控制对象上,必须有分析地选用,在某些情况下可能还要进行某些修改与补充。例如,对某一控制对象选用 PID 调节规律数字化的方法设计数字控制器。在某些情况下,应对其作适当改进,以使系统得到更好的快速性。

当控制系统比较复杂时,控制算法也比较复杂,整个控制系统的实现就比较困难,为了设计、调试方便,可将控制算法作某些合理的简化,忽略某些因素的影响(如非线性、小延时、小惯性等),在取得初步控制成果后,再逐步将控制算法完善,直到获得最好的控制效果。

3. 选择微型计算机

对于给定的任务,选择微型机的方案不是惟一的。从控制的角度出发,微型机应能满足具有较完善的中断系统、足够的存储容量、完善的 I/O 通道和实时时钟等要求。

(1)较完善的中断系统。微型计算机控制系统必须具有实时控制性能。实时控制包含两个意思:一是系统正常运行时的实时控制能力;二是在发生故障时紧急处理的能力。系统运行时往往需要修改某些参数、改变某个工作程序或在输入/输出有异常或出现紧急情况时应报警和处理,此时一般都采用中断控制方式。CPU 应及时接收中断请求,暂停原来执行的程序,转而执行相应的中断服务程序,待中断处理完毕,再返回原程序继续执行。因此,要求微型机的 CPU 具有较完善的中断系统,选用的接口芯片也应有中断工作方式,保证控制系统能满足生产中提出的各种控制要求。

(2)足够的存储容量。由于微型计算机内存的容量有限,当内存容量不足以存放程序和数据时,应扩充内存,有时还应配备适当的外存储器。微型计算机系统通常有 32~

64K 以上的内存,一般配备磁盘(硬盘或软盘)作为外存储器,系统程序与应用程序可保存在磁盘内,运行时由操作系统随时从磁盘调入内存。系统机可扩充 2~8K 以上的只读存储器,将调试成功的应用程序写入只读存储器内,这样使用方便、可靠性高。

(3)完备的输入/输出通道和实时时钟。输入/输出通道是外部过程和主机交换信息的通道。根据控制系统不同,有的要求有开关量输入/输出通道;有的要求有模拟量输入/输出通道;有的则同时要求有开关量输入/输出通道和模拟量输入/输出通道。对于需要实现外部设备和内存之间快速、批量交换信息的,还应有直接数据通道 DMA。

实时时钟在过程控制中给出时间参数,记下某事件发生的时刻,同时使系统能按规定的时间顺序完成各种操作。

选择微型计算机除应满足上述几点要求外,从不同的被控制对象角度而言,还应考虑几个特殊要求。

① 字长。微处理器的字长定义为并行数据总线的线数。字长直接影响数据的精度、寻址的能力、指令的数目和执行操作的时间。对于通常的顺序控制和程序控制可选用一位微处理器。对于计算量小、计算精度和速度要求不高的系统(如计算器、家用电器及简单控制等)可选用 4 位机。对于计算精度要求较高、处理速度较快的系统(如线切割机床等普通机床的控制、温度控制等)可选用 8 位机。对于计算精度高、处理速度快的系统(如控制算法复杂的生产过程控制、要求高速运行的机床控制、特别是大量的数据处理等)可选用 16 位机。

② 速度。速度的选择与字长的选择可一并考虑。对于同一算法、同一精度要求,当机器的字长短时,就要采用多字节运算,完成计算和控制的时间就会增长。为保证实时控制,就必须选用执行速度快的处理器。同理,当处理器的字长足够保证精度要求时,不必用多字节运算,完成计算和控制所需的时间短,就可选用执行速度较慢的处理器。

通常,微处理器的速度选择可根据不同的被控对象而定。例如,对于反应缓慢的化工生产过程的控制,可选用慢速的微处理器。对于高速运行的加工机床、连轧轧机的实时控制等,必须选用高速的微处理机。

③ 指令。一般说来,指令条数越多,针对特定操作的指令就多,这样会使程序量减少,处理速度加快。对于控制系统来说,尤其要求较丰富的逻辑判断指令和外围设备控制指令,通常 8 位微处理器都具有足够的指令种类和数量,一般能够满足控制要求。

选择微型机时,还应考虑成本高低、程序编制难易以及扩充输入/输出接口是否方便等因素,从而确定是选用单片机还是选用微型计算机系统。

单片机是在一个双列直插式集成电路中包括了数字计算机的四个基本组成部分(CPU,EPROM,RAM 和 I/O 接口)。它具有价格低、体积小等特点,可满足很多场合的应用需要。缺点是需要开发系统对其软硬件进行开发。

微型计算机系统有丰富的系统软件,可用高级语言、汇编语言编程,程序编制和调试都很方便。系统机内存容量大且有软(硬)磁盘等大容量的外存储器。通常都有数据通道,可实现内外存储器之间的快速批量信息交换。缺点是成本较高,当用来控制一个小系统时,往往不能充分利用系统机的全部功能,抗干扰能力差。

4.系统总体设计

系统总体设计主要是对系统控制方案进行具体实施步骤的设计,其主要依据是上述的整体方案框图、设计要求及所选用的微机类型。通过设计要画出系统的具体构成框图。一个正在运行的完整的微型计算机控制系统,需要在微型机、被控对象和操作者之间适时地、不断地交换数据信息和控制信息。在总体设计时,要综合考虑硬件和软件措施,解决三者之间可靠的、适时进行信息交换的通路和分时控制的时序安排问题,保证系统能正常地运行。设计中主要考虑硬件与软件功能的分配与协调、接口设计、通道设计、操作控制台设计、可靠性设计等问题。其中硬件与软件功能的分配与协调要根据经济性和可靠性标准进行权衡,可靠性问题主要是制定可靠性设计方案,采取可行的可靠性措施。

(1)接口设计。通常选用的微型计算机都已配备有相当数量的可编程输入/输出通用接口电路,如并行接口(8255A)、串行接口(8251A)以及计数器/定时器(8253/8254)等。在进行接口设计时,首先要合理地使用这些接口,当通用接口不够时,应进行接口的扩展。扩展接口的方案较多,要根据控制要求及能够得到何种元件和扩展接口的方便程度来确定。通常有下述三种方法可供选用。

① 选用功能接口板。在功能接口板上,有多组并(串)行数字量输入/输出通道,或多组模拟量输入/输出通道。采用选配功能插板扩展接口方案的最大优点是硬件工作量小,可靠性高,但功能插板价格较贵,一般只用来组成较大的系统。

② 选用通用接口电路。在组成一个较小的控制系统时,有时采用通用接口电路来扩展接口。由于通用接口电路是标准化的,只要了解其外部特性与 CPU 的连接方法、编程控制方法就可进行任意扩展。

③ 用集成电路自行设计接口电路。在某些情况下,不采用通用接口电路,而采用其他中小规模集成电路扩充接口更方便、价廉。例如,一个控制系统需要输入多组数据或开关量,可用 74LS138(译码器)和 74LS244(三态缓冲器)等组成输入接口。也可用 74LS138 和 74LS373(锁存器)等组成输出多组数据的输出接口。

接口设计包括两个方面的内容:一是扩展接口;二是安排通过各接口电路输入/输出端的输入/输出信号,选定各信号输入/输出时采用何种控制方式。如果要采用程序中断方式,就要考虑中断申请输入、中断优先级排队等问题。若要采用直接存储器存取方式,则要增加直接存储器存取(DMA)控制器。

(2)通道设计。输入/输出通道是计算机与被控对象相互交换信息的部件。每个控制系统都要有输入/输出通道。一个系统中可能要有开关量的输入/输出通道、数字量的输入/输出通道或模拟量的输入/输出通道。在总体设计中就应确定本系统应设置什么通道,每个通道由几部分组成,各部分选用什么元器件等。

开关量、数字量的输入/输出比较简单。开关量输入要解决电平转换、去抖动及抗干扰等问题。开关量输出要解决功率驱动问题等。开关量和数字量的输入/输出都要通过前面设计的接口电路。

模拟量输入/输出通道比较复杂。模拟量输入通道主要由信号处理装置(标度变换、滤波、隔离、电平转换、线性化处理等)、采样单元、采样保持器、放大器、A/D变换器等组成。模拟量输出通道主要由D/A转换、放大器等组成。

(3)操作控制台设计。微型计算机控制系统必须便于人机联系。通常都要设计一个现场操作人员使用的控制台。这个控制台一般都不能用微机所带的键盘代替,因为现场操作人员不了解计算机的硬件和软件,假若操作失误可能发生事故。所以,一般要单独设计一个操作员控制台。操作员控制台一般应有下列功能。

① 有一组或几组数据输入键(数字键或拨码开关等),用于输入或更新给定值、修改控制器参数或其他必要的数据。

② 有一组或几组功能键或转换开关,用于转换工作方式,起动、停止或完成某种指定的功能。

③ 有一个数字显示装置或显示屏,用于显示各状态参数及故障指示等。

④ 控制板上应有一个"急停"按钮,用于在出现事故时停止系统运行,转入故障处理。

应当指出,控制台上每一数字信号或控制信号都与系统的工作息息相关,设计时必须明确这些转换开关、按钮、键盘、数字显示器和状态、故障指示灯等的作用和意义,仔细设计控制台的硬件及其相应的控制台管理程序,使设计的操作员控制台既方便操作又安全可靠,即使操作失误也不会引起严重后果。

对于比较小的控制系统,也可不另外设计操作员控制台,而将原单片机所带的输入键盘改成方便于操作员输入数据和发出各种操作命令的键盘,但要重新设计一个键盘管理程序,按照便于输入数据、修改系统参数和发出各操作命令的要求,将各键赋予新的功能。在原有键盘监控程序运行时,该键盘可供程序员用来输入和调试程序,在新编键盘管理程序运行时,此键盘则可供操作员输入、修改有关参数和数据并发出各种操作命令。

单独设计一台操作员控制台,成本较高,且要占用输入/输出接口,但实用性和可靠性好,操作方便。

5.软件设计

微机控制系统的软件主要分两大类:系统软件和应用软件。系统软件包括操作系统、诊断系统、开发系统和信息处理系统,通常这些软件一般不需用户设计,对用户来说,基本上只需了解其大致原理和使用方法就行了。而应用软件都要由用户自行编写,所以软件设计主要是应用软件设计。

控制系统对应用软件的要求是实时性、针对性、灵活性和通用性。对于工业控制系统来说,由于是实时控制系统,所以要求应用软件能够在对象允许的时间间隔内进行控制、运算和处理。应用软件的最大特点是具有较强的针对性,即每个应用程序都是根据一个具体系统的要求设计的,如对控制算法的选用,必须具有针对性,这样才能保证系统具有较好的调节品质。灵活性和通用性是指不但针对性要强也要具有一定的通用性,这样可以适应不同系统的要求,为此,应采用模块式结构,尽量把共用的程序编写成具有不同功能的子程序,如算术和逻辑运算程序、A/D 和 D/A 转换程序、PID 算法程序等。设计者的任务主要是把这些具有一定功能的子程序进行排列组合,使其成为一个完成特定功能的应用程序,这样可大大简化设计步骤和时间。

应用软件的设计方法有两种:模块化程序设计和结构化程序设计。

(1)程序模块化设计方法。在微机控制系统中,大体上可以分为数据处理和过程控制两大基本类型。数据处理主要是数据的采集、数字滤波、标度变换以及数值计算等,过程控制程序主要是使微机按照一定的方法(如 PID 或直接数字控制)进行计算,然后再输出,以便控制生产过程。为了完成上述任务,在进行软件设计时,通常把整个程序分成若干部分,每一部分叫做一个模块。所谓"模块",实质上就是能完成一定功能,相对独立的程序段。这种程序设计方法就叫作模块程序设计法。

(2)程序结构化设计方法。结构化程序设计方法给程序设计施加了一定的约束。它限定采用规定的结构类型和操作顺序,因此能编写出操作顺序分明,便于查找错误和纠正错误的程序。常用的结构有直线顺序结构、条件结构、循环结构和选择结构。其特点是程序本身易于用程序框图描述,易于构成模块,操作顺序易于跟踪,便于查找错误和便于测试。

(3)系统调试。微机控制系统设计完成以后,要对整个系统进行调试。调试步骤为硬件调试→软件调试→系统调试。

硬件调试包括对元件的筛选、老化、印刷电路板制作、元器件的焊接及试验,安装完毕后要经过连续考机运行;软件调试主要是指在微机上把各模块分别进行调试,使其正确无误,然后固化在 EPROM 中;系统调试主要是指把硬件与软件组合起来,进行模拟实验,正确无误后进行现场试验,直至正常运行为止。

3.2 机电一体化中的微型计算机系统

3.2.1 微型计算机的基本构成

人们常用"微机"这个术语。该术语是三个概念的统称，即微处理机（微处理器）、微型计算机、微型计算机系统的统称。

微处理机（Microprocessor）简称 μP 或 CPU。它是一个大规模集成电路（LSI）器件，或超大规模集成电路（VLSI）器件，器件中有数据通道、多个寄存器、控制逻辑和运算逻辑部件，有的器件还含有时钟电路，为器件的工作提供定时信号。控制逻辑可以是组合逻辑，也可以是微程序的存储逻辑，可以执行机器语言描述的系统指令，是完成计算机对信息的处理与控制等的中央处理功能的器件，并非是完整的计算机。

微型计算机（Microcomputer）简称 μC 或 MC。它是以微处理机（CPU）为中心，加上只读存储器（ROM）、读写存储器（RAM）、输入/输出接口电路、系统总线及其他支持逻辑电路组成的计算机。

上述微处理机、微型计算机都是从硬件角度定义的，而计算机的使用离不开软件支持。一般将配有系统软件、外围设备、系统总线接口的微型计算机称为微型计算机系统（Microcomputer System），简称 MCS。图 3-1 为微处理机、微型计算机、微型计算机系统的相互关系。

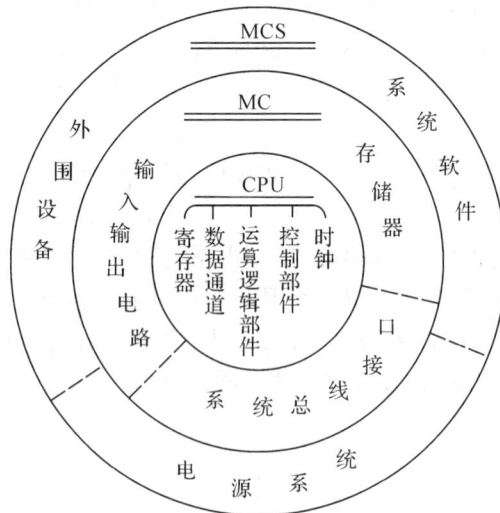

图 3-1 CPU,MC 与 MCS 的关系

微型计算机的基本硬件构成如图 3-2 所示，各组成部分由数据总线、地址总线和控

制总线相联。主存储器又叫内部存储器,目前这些存储器均是大规模集成电路(LSI),主要有 RAM(Random Access Memory)和 ROM(Read Only Memory),通常 ROM 存储固定程序和数据,而输入/输出数据和作业领域的数据由 RAM 存储。输入/输出装置主要执行数据和程序的输入/输出,以及用于控制时输入检测传感元件的信息和输出控制执行元件的信息。辅助存储装置可作为存储器使用,操作面板或键盘也属于输入装置。图 3-2 所示的构成,在实际使用时,多根据与机械有机结合的需要,取其最低限度的构成予以应用。输入/输出装置和辅助存储装置等统称为计算机的外围设备。随着微型计算机的普及和机电一体化的需要,许多廉价、适用的外围设备均有出售。特别是输入/输出装置,当微机用于控制机械设备时,输入信息的传感器和输出信息的执行元件都可以认为是广义的输入/输出装置。此时一定要考虑与此相联系的 A/D,D/A 变换器。

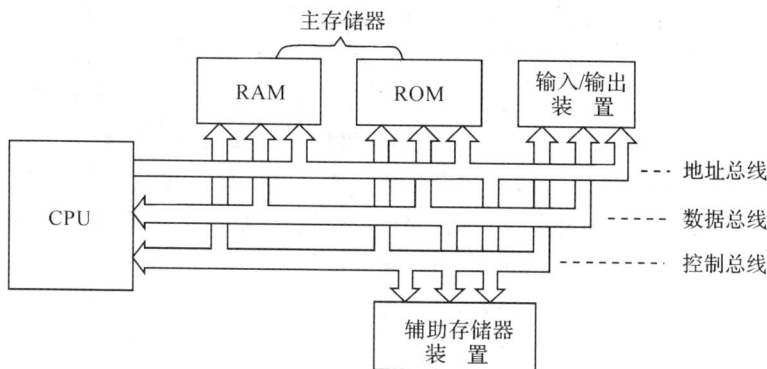

图 3-2 微型计算机的基本构成

3.2.2 微型计算机的分类

微型计算机可以按组装形式、微处理机位数、微处理机的制造工艺或封装芯片数以及用途范围进行分类。

1. 按组装形式分类

按组装形式可将微型计算机分为单片机和微机系统等。

(1)单片机。在一块集成电路芯片(LSI)上装有 CPU,ROM,RAM 以及输入/输出端口电路,该芯片就被称为单片微型计算机(Single-Chip Microcomputer, SCM),简称单片机,例如 Intel 公司的 MCS-48 系列、MCS-51 系列、MCS-96 系列等。其外观如图 3-3 所示。这样的单片机具有一般微型计算机的基本功能。除此之外,为了增强实时控制能力,绝大多数单片机的芯片上还集成有定时器/计数器,部分单片机还集成有 A/D,D/A 转换器和 PWM 等功能部件。由于单片机的集成度高、功能强、通用性好,特别是体积小、重量轻、能耗低、价格便宜,而且可靠性高、抗干扰能力强和使用方便等独特优点很容易使各种机电、家电产品智能化、小型化、过程控制自动化,从而在不显著增加机电一体化系统(或产品)的体积、能耗及成本的情况下,大大增加其功能,提高其性能,收到极为显著的经济效果。

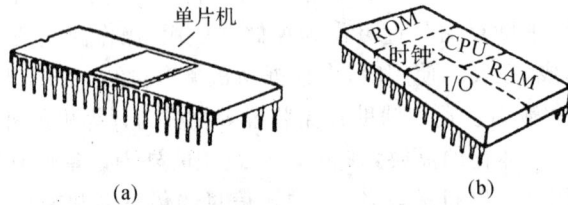

图 3-3　单片机

　　单片机的设计充分考虑了机械的控制需要,它独有的硬件结构、指令系统和输入/输出(I/O)能力,提供了有效的控制功能,故又被称为微控制器(Microcontroller)。同时,它与通用微处理器一样,具有很强的运算功能,因而它不但是一种高效能的过程控制机,同时也是有效的数据处理机。随着单片机性能的提高和功能的增强,使单片机的应用打破了原来认为只能用于简单的小系统的概念。目前,单片机已广泛应用于家用电器、机电产品、仪器仪表、办公室自动化产品、机械设备、机器人等的机电一体化。上至航天器、下至儿童玩具,均是单片机的应用领域。

　　(2)微型计算机系统。根据需要,将微型计算机,ROM,RAM,I/O 接口电路、电源等组装在不同的印刷电路板上,然后组装在一个机箱内,再配上键盘、CRT 显示器、打印机、硬盘、软盘驱动器等多种外围设备和足够的系统软件,就构成了一个完整的微机系统。如目前国内使用较多的 IBM-PC(如 IBM-PC XT,286,386,486,586 等)、CROMEMCO 公司的 System Ⅰ、Ⅱ、Ⅲ 等都是多板微型计算机系统,如图 3-4 所示。

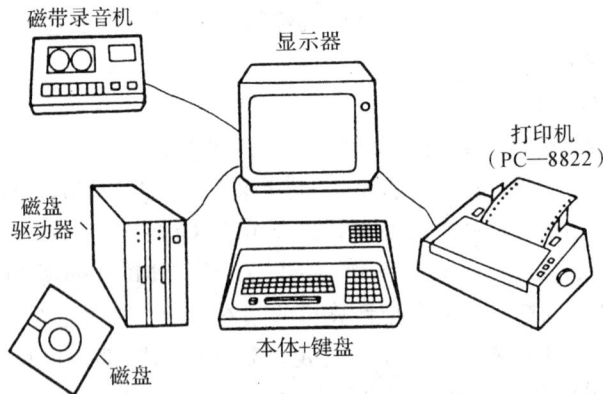

图 3-4　微机系统

2.按微处理机位数分类

按微处理机位数可将微型计算机分为一位、四位、八位、十六位、三十二位和六十四位等几种。所谓位数是指微处理机并行处理的数据位数,即可同时传送数据的总线宽度。

4 位机目前多做成单片机,即把微处理机 1~2K 字节的 ROM、64~128K 字节的 RAM,I/O 接口做在一个芯片上,主要用于单机控制、仪器仪表、家用电器、游戏机等。

8 位机有单片和多片之分,主要用于控制和计算。16 位机功能更强、性能更好,用于比较复杂的控制系统。它可以使小型机微型化。

32 位和 64 位机是比小型机更有竞争力的产品。人们把这些产品称之为超级微型机。它具有面向高级语言的系统结构,有支持高级调度、调试以及开发系统用的专用指令,大大提高了软件的生产效率。

3.按用途分类

按用途分类可以将微型计算机分为控制用和数据处理用微型计算机。对单片机来说即为通用型和专用型。

通用型单片机,即通常所说的各种系列的单片机。它可把开发的资源(如 ROM,I/O接口等)全部提供给用户,用户可根据自己应用上的需要来设计接口和编制程序,因此通用型单片机可作为系统或产品的微控制器,适用于各种应用领域。

专用单片机或称专用微控制器,是专门为某一应用领域或某一特定产品而开发的一类单片机。为满足某一领域应用的特殊要求而开发的单片机,其内部系统结构或指令系统都是特殊设计的(甚至内部已固化好程序)。

3.2.3　程序设计语言与微机软件

软件是比程序意义更广的一个概念,内含极其丰富,现将其主要内容概述如下。

1.程序设计语言

程序设计语言是编写计算机程序所使用的语言,是人机对话的工具。

目前使用的程序设计语言大致有三大类:"机器语言"(Machine Language)、"汇编语言"(Assembly Language)、"高级语言"(High Level Language)。

机器语言是设计计算机时所定义的、能够直接解释与执行的指令体系,其指令用"0"、"1"符号所组成的代码表示。一般的微型计算机有数十种到数百种指令,这些指令是程序员向计算机发指示、并让计算机产生动作的最小单位。机器语言与计算机硬件密切相关,随硬件的不同而不同,不同机种之间一般没有互换件。又因为它是用"0"、"1"符号构成的代码,所以极不容易掌握。

汇编语言比机器语言容易掌握和使用。但是,这种语言基本上是与机器语言一一对应的。虽然远比机器语言编程容易,出错也少,但还是不易掌握,必须在某种程度上掌握了计算机硬件知识的基础上才可使用,同样没有互换性。

高级语言比汇编语言更容易掌握和使用,即使不了解计算机硬件知识的人,仅凭日常知识也可以进行编程。高级语言虽容易理解、掌握和使用,具有一定的通用性,但用高级语言或汇编语言编制的程序,计算机不能直接执行,必须先由计算机厂家提供的编译程序将它们变换成机器语言之后,计算机才可以执行。通常,将用高级语言或汇编语言编制的源程序变换成计算机可执行的机器语言表示的目标程序的变换叫语言处理,一般的计算机均具有这种处理功能。

另外,用高级语言比用汇编语言编制程序省时、省工,但编译后的目标程序占用的容量大、执行速度慢。而且,有时某些机械操作和控制的微动作过程仅用高级语言不能进行描述,所以。目前常将高级语言与汇编语言在机械的微机控制中混合使用。

2.操作系统

所谓操作系统(Operating System,OS),就是计算机系统的管理程序库。它是用于提高计算机利用率、方便用户使用计算机及提高计算机响应速度而配备的一种软件。操作系统可以看成是用户与计算机的接口,用户通过它而使用计算机。它属于在数据处理监控程序控制之下工作的一组基本程序,或者是用于计算机管理程序操作及处理操作的一组服务程序集合。微型计算机的磁盘操作系统(DOS)的主要功能有管理中央处理机(CPU)、控制作业运行、调度、调试、输入/输出控制、汇编、编译、存储器分配、数据处理、中断服务等。典型的磁盘操作系统还具有扩充文件管理、程序链接、页面装配及处理不同计算机语言的混合程序等功能。典型的磁盘操作系统包括软盘控制器、驱动系统和软件系统。软件系统是指存储在磁盘上的汇编程序和实用程序,BASIC,FORTRAN,PASCAL,C等高级语言的解释程序或编译程序、宏汇编程序以及文本编辑程序等系统程序。操作人员通过磁盘驱动器将所需要的DOS程序调入内存,就可以通过键盘编辑源程序并存入磁盘。也可以将磁盘上的实用源程序调入内存,短时间内即可实现程序编译并进入运行。

3.程序库

计算机的可用程序和子程序的集合就是程序库(或软件包)。目前,微型计算机积累的程序非常丰富,而且可以通用。而在机械控制领域,由于被控对象(产品)的特殊性较强,其程序库的形成较难。但是,随着微型计算机的普及与应用,其应用程序将不断丰富,也将会形成各式各样的程序库。

3.2.4　微型计算机在机电一体化中的地位

计算机性能的大幅度提高,其高速、大内存、强功能,使之能够适应不同对象的应用要求,具有解决各种复杂的信息处理和适时控制问题的能力。大型计算机的小型化、微型化,使得计算机走出实验室、机房,得以应用于各种生产、办公、生活现场。大规模集成电路的批量生产和技术进步,使得计算机的成本大幅度下降,其价格已为一般用户和家庭所能接受,从而大大拓宽了计算机的应用范围。

微型化、低价、高功能,计算机技术的巨大进步,促进了工厂自动化、办公室自动化、家庭自动化进程,导致了制造工业机电的一体化变革,机电一体化技术已从早期的机械电子化转变为机械微电子化和机械计算机化。在机电一体化系统中,微型计算机收集和分析处理信息,发出各种指令去指挥和控制系统的运行,还提供多种人—机接口,以便观测结果,监视运行状态和实现人对系统的控制和调整。微型计算机成为整个机电一体化系统的核心。

微型计算机在机电一体化系统中的功用,大致归纳有如下几个方面:

(1)对机械工业生产过程的直接控制。其中包括顺序控制、数字程序控制、直接数字控制。

(2)对机械生产过程的监督和控制。如根据生产过程的状态、原料和环境因素,按照预定的生产过程数学模型,计算出最优参数,作为给定值,以指导生产的进行。或直接将给定值送给模拟调节器,自动地进行调整,传送至下一级计算机进行直接数字控制。

(3)在机械工业生产的过程中,对各物理参数进行周期性或随机性的自动测量,并显示、打印和记录其结果以供操作人员观测,对间接测量的参数或指标进行计算、存储、分析判断和处理,并将信息反馈到控制中心,制定新的对策。

在具体的生产过程中对加工零件的尺寸、刀具磨损情况进行测量,并对刀具补偿量进行修正,以保证加工的精度要求。

(4)对车间或全厂自动生产线的生产过程进行调度和管理。

(5)直接渗透到产品中形成带有智能性的机电一体化新产品,如机器人、智能仪器等。

机电一体化系统的微型化、多功能化、柔性化、智能化、安全、可靠、低价、易于操作的特性都是采用微型计算机技术的结果,微型计算机技术是机电一体化中最活跃、影响最大的关键技术。

3.2.5　微机应用领域、选用要点及注意事项

微型计算机的基本特点是小型化、超小型化,具有一般计算机的信息处理、检测、控制和记忆功能,价格低廉,且可靠性高、耗电少,故用微机构成机电一体化系统(或产品)具有以下效果:①小型化。应用 LSI 技术减少了元件数量,简化了装配、缩小了体积。②多功能化。利用了微机以信息处理能力、控制能力为代表的智能。③通用性增大。容易用软件更改和扩展设计。④提高了可靠性。用 LSI 技术减少了元件、焊点及接线点的数量,增加了用软件进行检测的功能。⑤提高了设计效率。将硬件标准化,用软件适应产品规格的变化,能大大缩短产品开发周期。⑥经济效果好。降低了零件费、装配成本、电

源能耗,通过硬件标准化易于实现大量生产、进一步降低成本。⑦产品(或系统)标准化。硬件易于标准化。⑧提高了维修保养性能。产品的标准化使维修保养人员易于掌握维修保养规则,易于运用故障自诊断功能。

因此,微机的应用领域越来越广。特别是超小型单片机,在逻辑控制和运算处理方面具有很强的能力,具有优异的性能/价格比,因而获得极其广泛的应用。

1. 微机的应用领域

微机的应用范围十分广泛,下面仅列举一些典型应用领域。

(1)工业控制和机电产品的机电一体化。生产系统自动化、机床自动化、数控与数显、测温及控温、可编程逻辑控制器(PLC)、缝纫机、编织机、升降机、纺织机械、电机控制、工业机器人、智能传感器、智能定时器等。

(2)交通与能源设备的机电一体化。汽车发动机点火控制、汽车变速器控制、交通灯控制、炉温控制等。

(3)家用电器的机电一体化。洗衣机、电冰箱、微波炉、录像机、摄像机、电饭锅、电风扇、照相机、电视机、立体声音响设备等。

(4)商用产品机电一体化。电子秤、自动售货(票)机、电子收款机、银行自动化系统等。

(5)仪器、仪表机电一体化。三坐标测量仪、医疗电子设备、测长仪、测温仪、测速仪、机电测试设备等。

(6)办公自动化设备的机电一体化。复印机、打印机、传真机、绘图仪、印刷机等。

(7)信息处理自动化设备。语音处理、语音识别、语音分析、语言合成设备;图像分析识别设备;气象资料分析处理、地震波分析处理设备。

(8)导航与控制。导弹控制、鱼雷制导、航空航天系统、智能武器装置等。

2. 微机的选用要点

不同领域可选用不同品种、不同档次的微机。生产系统自动化、机床自动化、数控机床一般应用八位或十六位微机系统,特别是控制系统与被控对象分离时,可使用单板机、多板机微机系统。像家用电器、商用产品,计算机一般装在产品内,故应采用单片机或微处理器。然而,这类产品处理速度不高、处理数据量不大、处理过程又不太复杂,故主要采用四位或八位微机。在要求很高的实时控制及复杂的过程控制、高速运算及大量数据处理等场合,如智能机器人、导航系统、信号处理系统应主要使用十六位与三十二位微机。对一般的工业控制设备及机电产品、汽车机电一体化控制、智能仪表、计算机外设控制、磅秤自动化、交通与能源管理等,多采用八位机。换句话说,四位机常用于较简单、规模较小的系统(或产品),十六位与三十二位机及六十四位机主要用于较复杂的大系统,八位机则用于中等规模的系统。由于单片机的迅速发展,它的功能更强、性能更完善,逐渐满足各种应用领域的要求,应用范围不断扩大,不仅用于简单小系统,而且不断被复杂大系统所采用。

3. 机电一体化中使用微机的注意事项

当前影响计算机发展与应用的主要问题有以下三个方面：

（1）计算机系统的存储器和通信部件性能/价格比的发展跟不上处理器的发展，其结果是快速的运算系统与慢速的外部设备的矛盾。

（2）人—机接口已成为计算机技术应用的主要问题，开发图形窗口软件的人—机接口技术是当前计算机软件发展的重要趋势。

（3）软件的开发仍然是计算机应用的巨大工作量所在。软件工程与计算机辅助软件工程（CASE）旨在解决软件开发的工程问题。

在机电一体化技术的推广中，如何选择计算机，如何进行硬件系统的设计，如何组织软件的开发，如何维护和使用已有的计算机系统，这些都要求机电一体化技术人员对计算机技术有比较正确的认识。例如，对上述三个方面来讲，选择计算机时不能单纯追求微处理器的速度，而应根据具体的应用环境和用途来选择整个计算机系统的性能和指标，在编制应用程序时，设计一个好的人—机接口界面应该在软件设计的初期就加以考虑并作为一项重要的技术指标来考核，大型软件的开发必须按照软件工程的规范进行，这是提高软件编制的质量、效率的主要保障，也是软件开发后期和使用期中测试、维护的标准和手段。目前国际和国内都在探讨软件设计的标准问题。

3.2.6　未来计算机的发展对机电一体化技术的影响

计算机世界正在进入第六代计算机——神经网络与光电子技术结合的计算机时代。未来的第六代计算机是能够处理不完整信息的自适应信息处理技术系统，是可进行并行处理的神经网络与光计算机。它的研制是计算机领域发展的热点，目前已有较大突破。其中光电子技术作为当代信息技术的最前沿、最活跃的重要组成部分，为超高速、大容量、高密度的信息传输、处理与存储开拓了一条新的发展道路。

集成电路的集成度的进一步提高是受物理极限的限制的，它无法达到人脑这样精巧的思维机器的程度，因此在 20 世纪 80 年代，人们开始采用生物微电子学和分子微电子学技术，进行第七代计算机的理论和实验研究。

20 世纪 90 年代后计算机的重要发展方向是 RISC 和 UNIX 操作系统。开放系统将是计算机工业发展的大趋势，这种开放系统要求具有互易操作性、可移植性、可伸缩性以及可用性。有三项技术影响 20 世纪 90 年代后计算机应用的发展：局域网系统（LAN）、便携式计算机和图形用户接口（GUI）。

微型计算机在它近 30 多年的发展中，目前已形成了两个方向的发展趋势：一是向功能近似大型主机但价格低廉的工作站发展；另一个是向工业控制机发展。进入 20 世纪 90 年代后微型计算机由台式向便携式发展极为迅速，便携式计算机、膝上型计算机、掌上型计算机和笔记本式计算机竞相问世。

　　未来计算机技术与微型计算机技术的发展都将对机电一体化技术的发展产生着影响。这些影响有些是现在已经认识到的,而有些现在还无法预见。

　　随着社会需求的不断增长,机电产品或机电一体化产品呈现出更多、更强的功能。微处理器和微型计算机是使机电一体化产品产生结构上、原理上变革的主要动力因素。未来计算机技术发展必将引导机电一体化进一步向信息化、智能化方向迈进。

3.3　单片机控制系统设计

3.3.1　单片机控制系统的组成形式

　　单片机控制系统结构紧凑,硬件设计简单灵活,特别是 MCS-51 系列单片机以其构成系统的成本低及不需要特殊的开发手段等优点,在机电一体化系统中得到广泛应用。单片机的控制系统构成如图 3-5 所示。单片机控制系统分为两种基本形式:一种称为最小应用系统,另一种称为扩展应用系统。

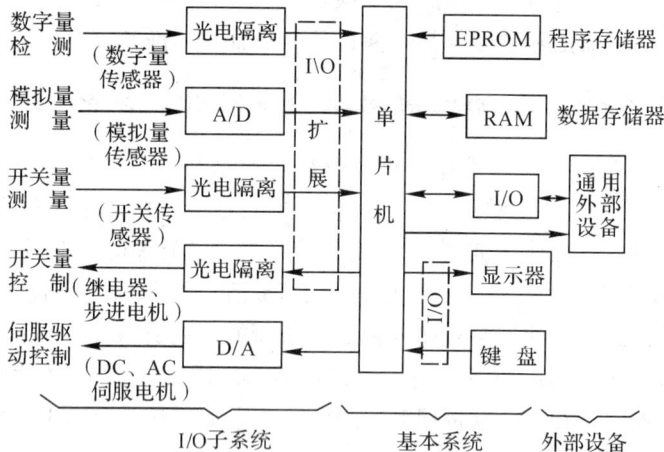

图 3-5　单片机控制系统构成

1. 最小应用系统

　　最小应用系统是指用一片单片机,加上晶振电路、复位电路、电源与外设驱动电路组配成的控制系统。这种系统往往使用片内自带 ROM 或 EPROM 作程序存储器的单片机。图 3-6 所示为注塑机单片控制系统。

　　该系统是由 8751 单片机组成的最小系统。系统按表 3-1 的顺序要求控制相应的电磁继电器动作,当电源掉电时,单片机将保护现场状态,当电源恢复时,注塑机能从掉电

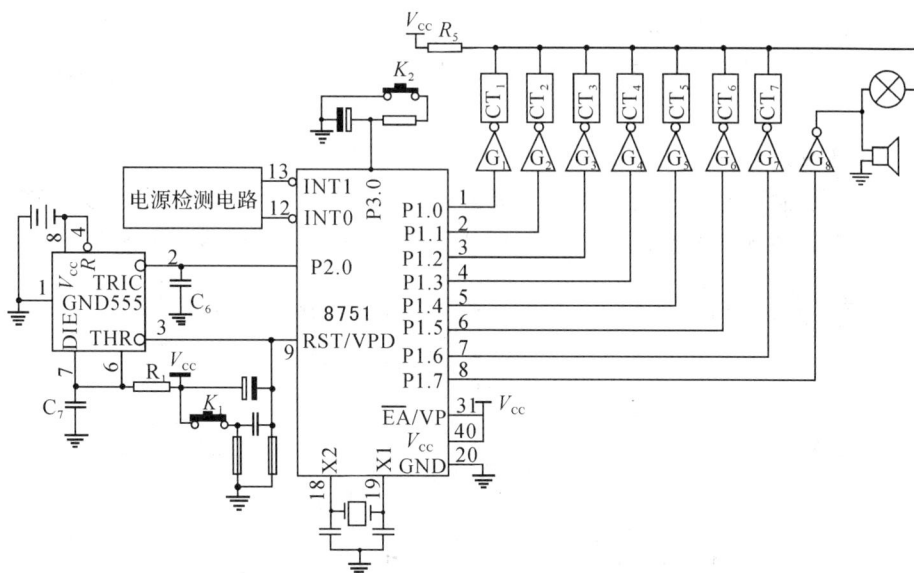

图 3-6　注塑机单片控制系统

时的工序位置开始动作。

表 3-1　注塑机顺序控制表

顺序	1	2	3	4	5	6	7
动作	合模	送料进	送料退	加热	开模	卸工件	退回
时间/s	1.5	4.5	2	5	1	3.5	1

图 3-6 中 $CT_1 \sim CT_7$ 为控制注塑动作的电磁继电器组，$G_1 \sim G_8$ 为驱动器，R_5 为限流电阻，K_1 为复位按钮，K_2 作启动按钮。单片机的 P1.0～P1.7 作为输出控制口，分别与 $G_1 \sim G_8$ 相连，P1.7 用作声光报警输出。

555 脉冲发生器接成一个输出脉冲取于 R_1 及 V_{CC} 存在的单稳态触发电路。其输出端(脚 3)与单片机复位端脚(RST/VPD)相连，假如电源检测电路检测到电源故障信号并引起 INT0 中断请求，CPU 即进入中断服务程序，将现场的有关数据存入内部 RAM，然后由 P2.0 输出低电平触发 555 翻转；如果 555 定时结束，V_{CC} 仍旧存在，则表明刚才检测到的掉电信号是伪信号，CPU 将从复位开始操作；如果在 555 定时结束，V_{CC} 确实低于工作允许电压，则 555 在停止期间将保持复位引脚上的电压，直到 V_{CC} 恢复后，在由 R_1，C_7 所决定的一段时间内，还一直保持 RST/VPD 上的高电平，使 CPU 获得可靠的上电复位。

由图 3-6 可以看出，该微机系统提供了注塑机的顺序控制，掉电时的断点保护功能。硬件由单片机和辅助电路组成,程序固化在单片机片内 EPROM 中,数据存在单片机的内部 RAM 中,这种组配可使控制系统的硬件结构十分简单,而且价格低、可靠性高。

2.扩展应用系统

在有些控制系统中,因单片机本身硬件资源的限制而需要对它进行扩展,经扩展后的单片机控制系统称为扩展应用系统,图 3-7 所示是扩展系统的综合框图。

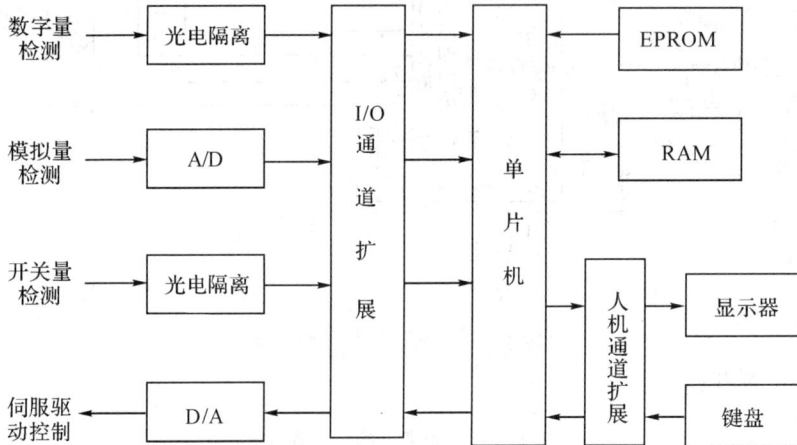

图 3-7　扩展系统综合框图

由图 3-7 看出,系统扩展分为以下几个部分:

(1)基本系统扩展。指对片外 EPROM,RAM 的扩展。有的单片机内部不带 EPROM,有的单片机内部虽带 EPROM,但由于控制系统的程序庞大,占用程序空间多,这时就要在单片机片外增设 EPROM 芯片。单片机内部 RAM 的空间也很少,当控制系统需要存储大容量的过程控制数据时,就需要在片外增设 RAM 芯片。

(2)人—机对话通道扩展。控制系统一般需要操作者对系统的工作状态进行干预,控制系统还需向操作者报告系统工作状态与运行结果,而单片机本身并不提供这种人—机对话功能,这就需要对系统进行扩展。最常用的是键盘和显示器,其中显示器的种类主要有发光二极管数码显示器(LED)、液晶数码显示器(LCD)、阴极射线管(CRT)图像显示器及 LCD 图像显示器。

(3)前向通道扩展。在单片机系统中,对被控对象进行数据采集或现场参数监视的信息通道称为前向通道。在前向通道设计中会遇到两个问题:第一,被测参数(如位置、位移、速度、加速度、压力、温度等)被传感器检测转换成电量后,还需要将其转换成数字量,才能被单片机接受;有的虽已被转换成数字量,如开关信号、频率信号等,但与单片机的数字电平不匹配,需进一步转换成单片机能接受的 TTL 数字信号。第二,被测参数较多时,单片机 I/O 口在数量上有时不够用。因此,前向通道的扩展包括:输入信号通道数目的扩展和信号转换两个技术处理问题。

(4)后向通道扩展。在单片机系统中,对控制对象输出控制信息的通道称为后向通道。在后向通道设计中,必须解决单片机与执行机构(如电磁铁、步进电动机、伺服电功机、直流电动机等)功率驱动模块的接口问题,这时也会遇到信号转换、隔离及输出通道数的扩展等技术问题。

实际的机电一体化系统有时并不需要微机系统具有如图 3-8 所示的完整性,而是应根据需要作合理的扩展。上述三个通道的扩展在设计上包含两个方面的内容:一是单片机 I/O 数目的扩展,即扩展设计;二是外部 I/O 信号与单片机 I/O 信号的转换,即接口设计。

3.3.2　单片机控制系统设计要点

单片机控制系统的设计内容主要包括:硬件设计、应用软件设计和系统仿真调试三个部分。其设计步骤可按图 3-8 所示进行。

1.硬件设计

单片机控制系统的硬件设计包括:单片机选型、基本系统扩展设计、I/O 口扩展设计、人—机通道设计、前向通道接口设计和后向通道接口设计等。在扩展和通道接口设计中应遵循如下原则:

(1)尽可能选择典型电路,并且要符合常规用法。单片机控制系统的硬件结构具有三种模式:专用模式、总线模式和单板机模式。设计者可参照这三种模式的特点和规模进行系统设计。

(2)系统扩展、I/O 口扩展要留有一定的余量,以备样机调试时修改和二次开发。

(3)硬件结构应结合应用软件方案一并考虑。在设计中应坚持硬件软件化原则,即软件能实现的功能尽可能由软件来实现,以简化电路结构,提高可靠性和抗干扰能力。但必须注意,由软件来实现硬件的功能,是以占用 CPU 时间为代价的,此时应考虑控制系统的实时性。

(4)单片机片外电路应与单片机的电气性能参数及工作时序匹配。例如选用的晶振频率较高时,应该选择有较高存取速度的存储芯片。当选择 CMOS 单片机构成低功耗系统时,系统中所有芯片都应该选用低功耗器件。

(5)重视可靠性及抗干扰设计。机电一体化系统都是在单片机的控制下运行的,一旦发生软件"跑飞"或硬件故障,会造成整个系统瘫痪。因此,单片机系统本身不能发生故障,或者故障发生时,控制系统能及时报警,并能快速排除故障。提高可靠性的方法有多种,如选择可靠性高的元器件、合理分配可靠度、采用通道隔离、电路板合理布局及去耦滤波、设计自诊断功能等等。

技术论证

系统硬件开发　　确定功能技术指标　　系统软件开发

完成功能技术指标的软、硬件分工

系统扩展电路方案选择　　　　　　　　按功能确定软件模块

系统外设、接口电路方案选择　　　　　　软件结构设计

系统硬件电路设计　　　　　　　　　　　模块化软件编制
　　　　　　　　　　　　　　　　　　手工编制　交叉汇编

硬件电路制作

硬件电路检查　　　　　　　　　　　　目标程序

系统仿真调试

与开发装置　　　硬件系统诊断　　　→　测试软件
仿真头联结

N　　　硬件系统合格?

Y

模块化软件调试

模块化软件合格?　　N　软件修改

Y

程序转储及文本打印

所有模块化软件均调完?　　N

Y

所有模块化软件连接

运行调试

合　格?　　N　软件修改

Y

程序转储及文本打印

程序固化在EPROM中

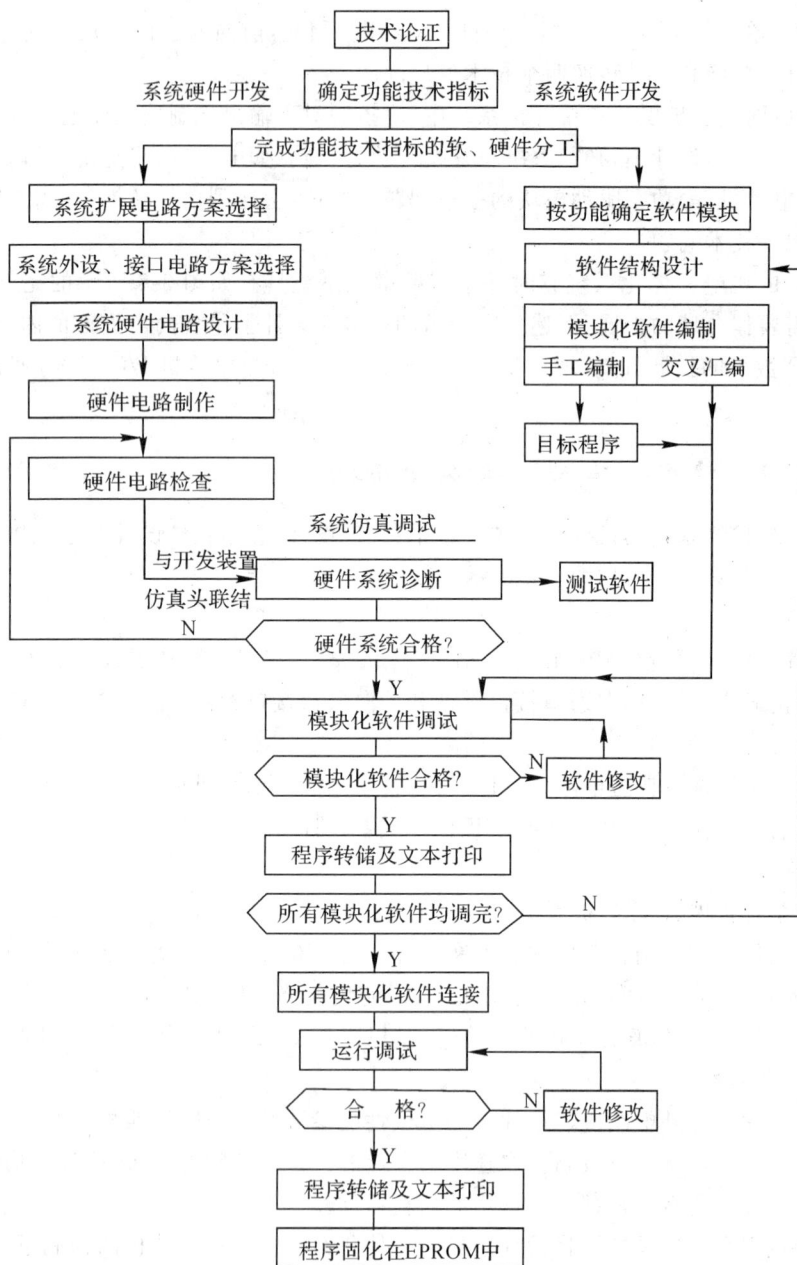

图 3-8　单片机控制系统设计流程图

（6）单片机外接电路较多时，必须考虑其负载驱动能力。在总线驱动能力不足时应增设总线驱动器或者选用低功耗芯片。

2.软件设计

在软件设计上,程序流程、变量选用及控制算法等都存在最佳设计的问题,一个优良的控制软件应具备以下特点:

(1)软件结构清晰、简捷、流程合理。

(2)各功能程序应采用模块化编程,这样既便于调试、链接,又便于移植。

(3)程序存储区、数据存储区规划合理,尽可能减少存储器空间的占用。

(4)运行状态实现标志化管理。各功能程序模块调用时的运行状态、运行结果以及运行要求都应设置状态标志(位或字节),以便主程序查询,程序的转移、运行或控制都可通过状态标志条件来进行。

(5)软件抗干扰设计。软件抗干扰是微机系统提高可靠性的有力措施。

(6)为了提高系统的可靠性,在控制软件中应设计自诊断程序。系统在工作运行前先运行自诊断程序,检查各硬件的特征状态参数是否正常。

3.3.3　单片机芯片选择

1.正确选择单片机芯片的重要性

单片机控制系统的核心器件是单片机芯片,它提供的功能和资源对整个应用系统所需要的支持电路、接口硬件设计以及软件程序设计起着关键性的作用。

单片机硬件资源极大地影响着整个应用系统的成本和复杂程度。资源丰富的单片机可以大大地减少硬件外围接口芯片与存储器扩展芯片的数量,使成本降低、结构简单,目前单片机的价格与外围接口芯片的价格已相差无几。比如,选择片内带 EPROM 的单片机可以减少外部扩展 EPROM 的芯片及电路面积。

不同的系统,要选用不同的单片机。有些场合,如控制系统中需要进行断电数据的保存、智能仪表、野外设备等,就需要单片机具有最小的功耗。此时,应选用低功耗 CHMOS 单片机,这种单片机具有保护和冻结两种特殊的运行方式,目的就是为了降低单片机的功耗。

又如,在很简单的特定控制应用中(如全自动洗衣机)若不选用功能和结构简单的 4 位或 8 位单片机,而选择高性能的 16 位单片机,就会使后者有许多功能无用武之地,造成资源浪费。反过来,在比较复杂的控制应用中,不选用 16 位单片机而采用 4 位或 8 位单片机,结果增加了支持电路和硬件的复杂性,整个系统的性能价格比反而下降。

2.选择单片机芯片的注意事项

(1)要尽可能选择设计者较为熟悉、曾经接触过的单片机系列。单片机发展至今已有二三十余年的历史,形成约 50 个系列四百余种机型。设计者不可能对每一种芯片都熟悉,因此,在选择芯片时切勿为了追赶时髦而使用从未接触过的新芯片。如果本来就非常熟悉 MC6800 指令系统,那么选择 MC6801/05 对你就有利,因为 MC6801/05 单片机片内 CPU 是一个增强的 MC6800,指令与 MC6800 兼容。再比如,如果你对 MCS-51 系列的应用已积累了丰富的经验,选择 8031、8051、8751 可能会使你的开发时间大大缩短,因为它们的结构相当,而且指令系统相近。

当然,随着单片机技术的发展,单片机性能不断提高,新的芯片层出不穷,所以,设计者在从事设计过程中,还需要学习新推出的芯片,通过实验,变陌生为熟悉,再将其设计到自己的应用系统中。

(2)要选择有丰富的应用软件、开发工具及成熟的辅助电路支持的单片机系列。设计者应尽量利用已有的软硬件成果,这样可将自己的产品推向新台阶,同时加快开发速度。单片机本身无监控程序,不具备自开发能力,因此,选择单片机芯片时,还应考虑手头上的开发工具,如在线仿真器、交叉汇编程序及动态仿真程序包等。

(3)根据系统性能要求选择合适的单片机。各种单片机性能差异很大,要根据系统对硬件资源的需要确定是否需要片内 A/D、D/A、串行口、EPROM,是否要选用具有加密位的单片机。要根据需要选择单片机的数据处理能力(4 位、8 位、16 位)、寻址方式及指令系统。

目前单片机的产量占全部微机产量的 70% 以上,其中 8 位单片机产量占整个单片机的 60% 以上,而 Intel 公司的 MCS-48 和 MCS-51 在 8 位单片机市场所占的份额最大,达 50% 左右。除 Intel 公司的 MCS-48、MCS-51、MCS-96 系列单片机外,目前被采用的还有 Motorola 公司的 6801/05 系列,Zilog 公司的 Z8 系列,Fairchild(仙童)公司的 F8 系列,TI 公司(Texas Instrument Inc)的 TMS70××,GI 公司的 PIC 系列,NS(美同国家半导体公司)的 NS8070,ROCKWELL 公司的 R6500/1,NEC 公司的 UPD78××系列等。

3.3.4 单片机系统扩展方法

对单片机的资源扩展(如 EPROM、RAM、I/O 口、中断源、定时/计数器等)应解决三个问题:①选择何种芯片进行扩展;②扩展芯片的片选信号线如何获得;③单片机能否驱动扩展芯片。

1. 系统扩展芯片分类

根据单片机控制系统扩展的内容,扩展芯片可分为存储器扩展芯片与 I/O 扩展芯片两类。

(1)存储器扩展芯片。

存储器扩展芯片又分为两类:一类是程序存储器芯片;另一类是数据存储器芯片。程序存储器芯片一般选用 EPROM,即紫外线可擦除只读存储器,EPROM 芯片一般为双列直插式封装(DIP)形式,其引脚说明如图 3-9 所示。数据存储器主要用于存放过程控制参数、采样数据及数字控制中的工艺数据等。数据存储器一般采用 MOS 型 RAM

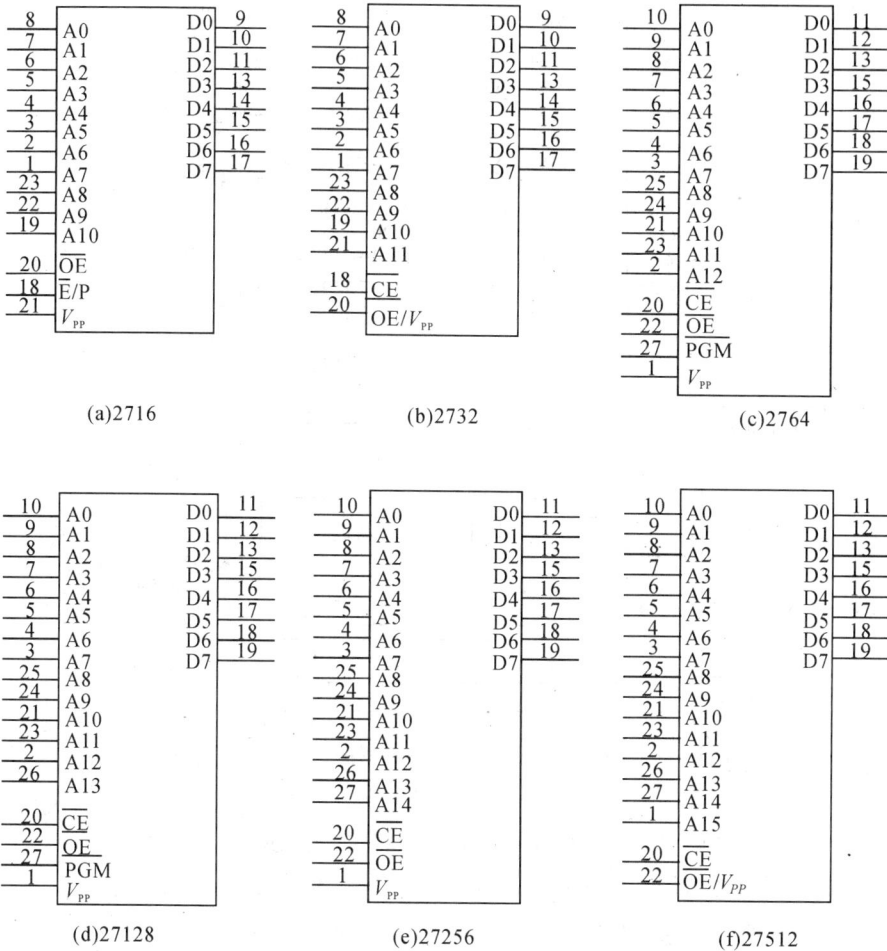

图 3-9　常用 EPROM 芯片引脚图

（速度要求特别高的系统要采用双极型 RAM）。MOS 型 RAM 分为静态 RAM 和动态 RAM。在单片机系统中一般采用静态 RAM，目前静态 RAM 的容量不断扩大，功耗和价格也越来越低。单片机扩展常用的静态 RAM 芯片引脚如图 3-10 所示。图 3-11 为 8031 同时扩展外 ROM 和外 RAM 典型连接电路。有关 EPROM，RAM 操作时序及编程方法，可参阅有关微机原理与应用的资料，这里不再赘述。

（2）可编程 I/O 扩展芯片。

Intel 公司生产的 CPU 外围接口电路芯片一般都可以作为 Intel 单片机 I/O 扩展芯片。常用的器件有：

①8255 可编程通用并行接口电路，可扩展 3×8 位并行 I/O 口。

6116

引脚	信号	信号	引脚
1	A7	Vcc	24
2	A6	A8	23
3	A5	A9	22
4	A4	$\overline{WE}$	21
5	A3	$\overline{OE}$	20
6	A2	A10	19
7	A1	$\overline{CE}$	18
8	A0	I/O7	17
9	I/O0	I/O6	16
10	I/O1	I/O5	15
11	I/O2	I/O4	14
12	GND	I/O3	13

6264

引脚	信号	信号	引脚
1	NC	Vcc	28
2	A12	$\overline{WE}$	27
3	A7	CE2	26
4	A6	A8	25
5	A5	A9	24
6	A4	A11	23
7	A3	$\overline{OE}$	22
8	A2	A10	21
9	A1	$\overline{CE1}$	20
10	A0	I/O7	19
11	I/O0	I/O6	18
12	I/O1	I/O5	17
13	I/O2	I/O4	16
14	GND	I/O3	15

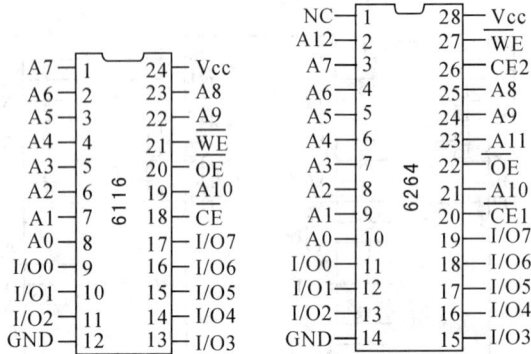

图 3-10　静态 RAM 芯片引脚图

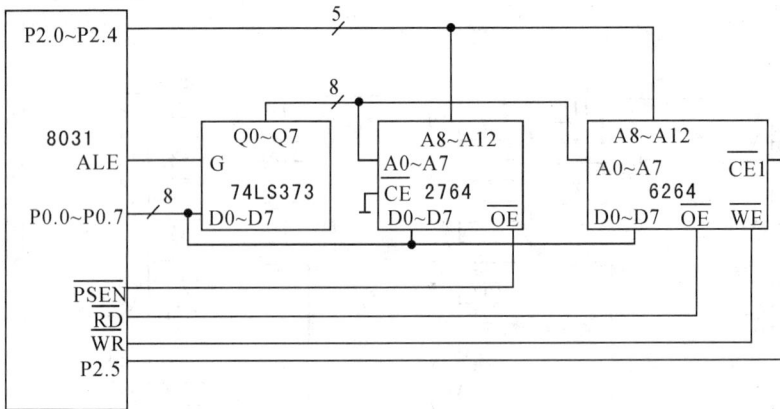

图 3-11　8031 同时扩展外 ROM 和外 RAM 典型连接电路

②8243 可编程通用并行接口电路,可扩展 4×4 位并行 I/O 口。

③8155 编程 RAM/IO 扩展电路,可扩展 2×8 位并行口、6 位并行口、256×8 位静态 RAM 和 14 位定时/计数器。

④8755 可编程 EPROM/IO 扩展电路,可扩展 2×8 位并行 I/O 口和 2K×8 位 EPROM。

⑤8253 可编程定时/计数器,可扩展 3 个 16 位定时/计数器。

⑥8251 可编程串行口电路。

⑦8279 可编程键盘、显示器接口电路,可扩展 64 个键(或开关点)和 16 位七段数码显示器。

图 3-12 为上述芯片的引脚图,它们均为双列直插式封装,有关这类 I/O 扩展芯片的工作原理可参阅 Intel 微机手册。

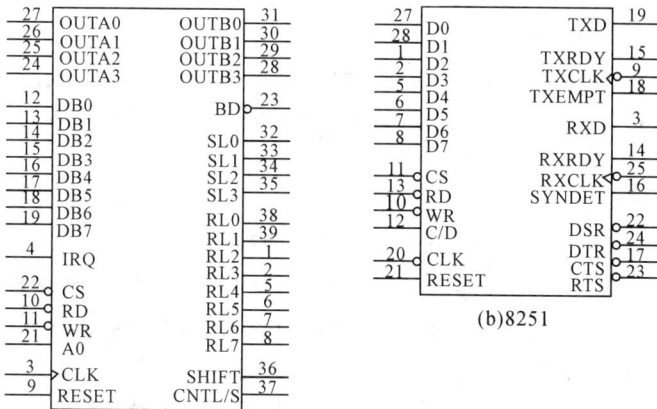

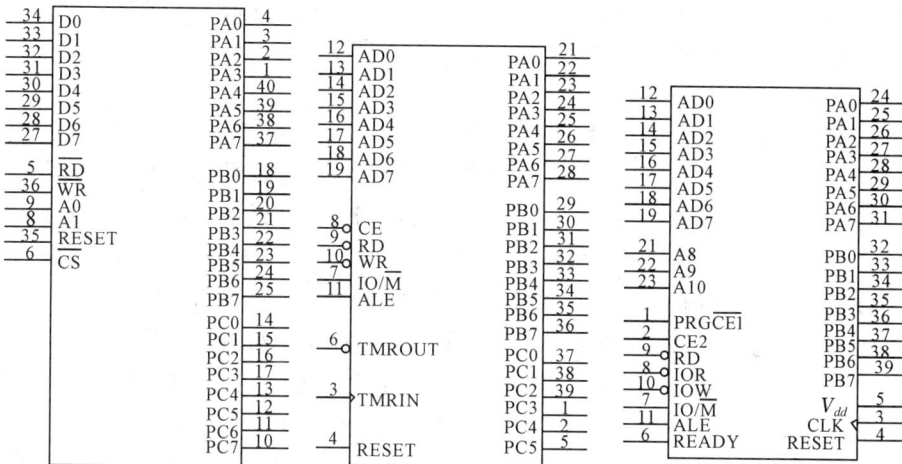

图 3-12　Intel 公司可编程 I/O 扩展芯片管脚图

2. 单片机系统扩展地址译码

在单片机系统扩展中,所有扩展芯片都是通过总线与单片机相连,单片机数据总线分时地与外围各芯片进行数据传输,即某一个时刻一般只与一片扩展芯片进行数据传递。所以,需要对扩展芯片进行片选控制。片内有多个地址单元时(如 RAM 芯片、8155等),还要进行片内地址选择。地址译码就是将地址总线进行编排或逻辑处理以产生片选信号。

(1)单片机扩展系统地址译码规则。

①单片机一般采用哈佛(Haward)结构,它把程序存储器与数据存储器的地址空间

完全分开,采用不同的寻址方式。例如 MCS-51 系列,PC 指针总是指向程序存储器的单元,而用 DPTR 指针指向数据存储器单元。

②外围芯片与数据存储器统一编址,而且必须使用读、写控制线。

③8 位单片机的地址总线宽度为 16 位,也就是说片外程序存储器和数据存储器均可直接寻址 64K 字节。

(2)地址译码方法。

地址译码的方法有线选法和全地址译码法两种。

①线选法。把地址线直接接到外围扩展芯片的片选端上,只要该地址线为低电平,相应的芯片就被选中。未用到的地址线均设成"1"状态,将它们推向高位。这种译码方法的优点是硬件电路简单,但由于片选所用的地址线均为高位地址线,它们的权值较大,地址空间没有得到充分的利用,芯片之间的地址也不连续。

②全地址译码。当扩展芯片所需的片选线要比可提供的地址线多时,要采用全地址译码方式产生片选信号。这种方法将低位地址线作为扩展芯片的片内地址线,而用译码电路对高位地址线进行译码。译码电路一般用 LSTTL。

3. 总线驱动与总线负载

当系统扩展所用的外围芯片较多时,就需要在单片机相应的总线上设计总线驱动器,使单片机的总线与外围扩展芯片通过驱动器连接起来,而不是直接相连,因为单片机总线的驱动能力总是有限的,如 MCS-51 作为数据总线和低 8 位地址总线的 P0 口只能驱动 8 个 74LSTTL 系列的门电路,而其他 I/O 口仅能驱动 4 个 74LSTTL 电路。另一方面,外围芯片工作时有一个输入电流,不工作时也有漏电流存在,因此,过多的外围芯片可能会加重总线负载,致使系统因驱动能力不足而不能可靠地工作。

采用总线驱动器后,不管驱动器后面接多少个集成电路芯片,对单片机来讲,相当于每条线只带动一个 LSTTL 门电路的负载,而驱动器在高电平时能驱动 100 多个 74LSTTL 门电路,这就提高了单片机总线的驱动能力。图 3-13 为单片机总线驱动扩展原理图。

4. 编程 I/O 扩展芯片的应用方法

I/O 口扩展可以用许多种芯片来实现,实际应用中究竟选用何种芯片,根据具体需要而定,但它们在设计应用上有许多相似之处。

以下归纳出通用可编 I/O 扩展芯片的应用方法。

(1)在选用 I/O 扩展芯片时,必须对该芯片提供的资源及各引脚的含义正确地理解,如 8155 提供了 256 字节 RAM、3 个并行 I/O 口及 1 个定时/计数器资源。

(2)可编程 I/O 芯片各资源都有地址编码,这些地址编码一般采用单片机低 8 位地址,如 8155 中 PA,PB,PC,计数器及 RAM 均有地址定义。对于有复合功能的芯片,其功能选择引脚也需进行地址编码,如 8155 的 IO/$\overline{\text{M}}$ 引脚。

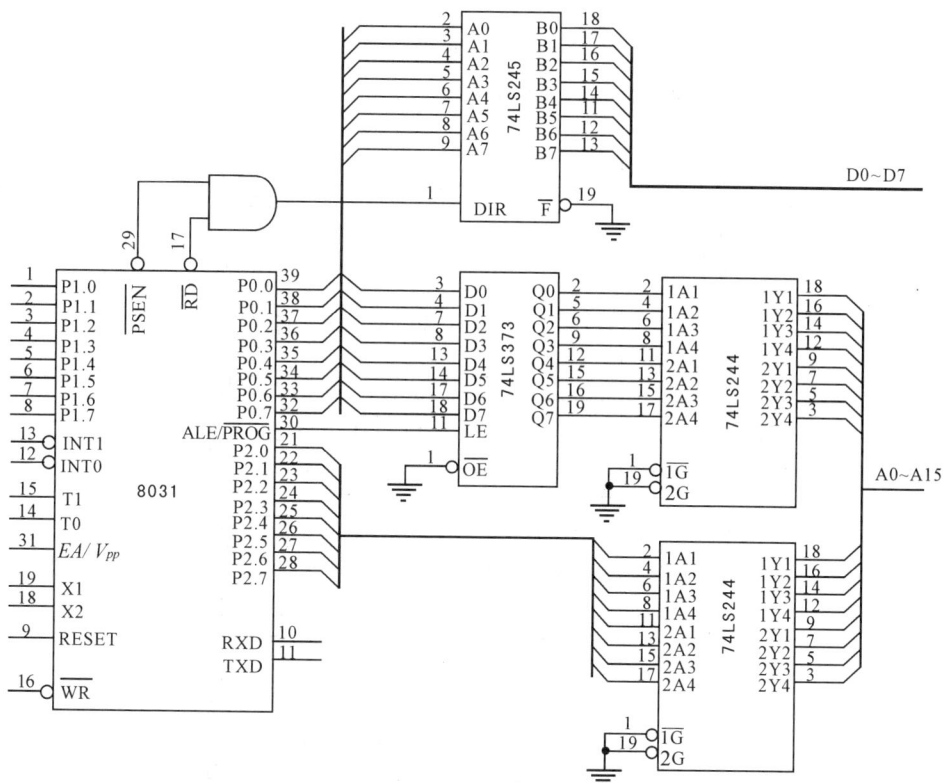

图 3-13　为单片机总线驱动扩展原理图

（3）各资源均有若干工作方式，如 8155 并行口有两种工作方式，定时/计数器有 4种工作方式，并行口还需定义数据输入/输出的方向等。各资源在某一时刻只能有一种工作方式，并行口的数据只有一种流向。各口的工作方式及数据流向在进行输入/输出前，必须事先通过对命令寄存器写入"命令字"进行定义，命令寄存器也占用一个地址单元。

（4）在应用定时/计数器时，既要向其写入定时/计数常数，又要定义工作方式，然后，再通过命令寄存器启动定时/计数。

尽管各扩展芯片功能各异，但硬件的实现和软件编程一般都有上述的规律，至于各芯片的电参数，需参阅有关产品手册。

3.3.5　前向通道接口设计

将传感器测量的被测对象信号输入到单片机数据总线的通道为前向通道。单片机控制系统常用的前向通道结构类型如图 3-14 所示。前向通道在单片机一侧有三种类型：数据总线、并行 I/O 口和定时/计数器口。具体应用系统采用何种类型的数据通道，取决于被测对象的环境、传感器输出信号的类型和数量。

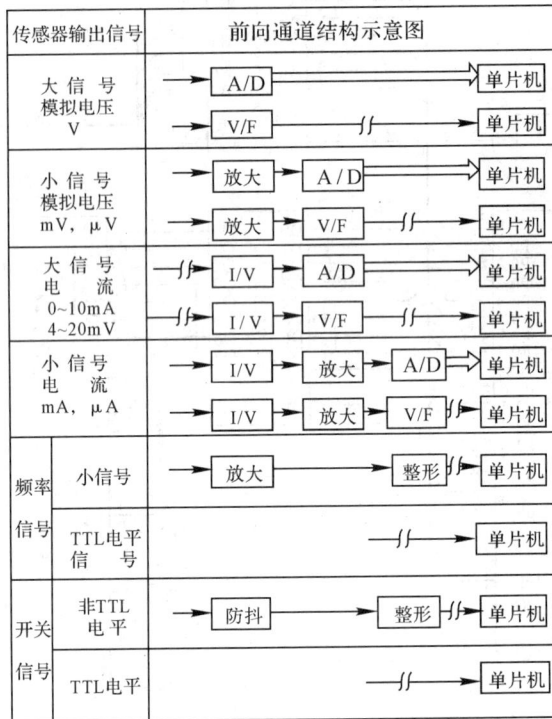

传感器输出信号		前向通道结构示意图
大信号 模拟电压 V		→ A/D → 单片机 → V/F ─//→ 单片机
小信号 模拟电压 mV，μV		→ 放大 → A/D → 单片机 → 放大 → V/F ─//→ 单片机
大信号 电流 0~10mA 4~20mV		─//→ I/V → A/D → 单片机 ─//→ I/V → V/F ─//→ 单片机
小信号 电流 mA，μA		→ I/V → 放大 → A/D → 单片机 → I/V → 放大 → V/F ─//→ 单片机
频率 信号	小信号	→ 放大 → 整形 → 单片机
	TTL电平 信号	─//→ 单片机
开关 信号	非TTL 电平	→ 防抖 → 整形 → 单片机
	TTL电平	─//→ 单片机

图 3-14　前向通道结构示意图

1.A/D 转换接口技术

根据 A/D 转换芯片与单片机连接方式以及控制系统的要求,A/D 转换采样的方式主要有以下三种:中断方式、程序查询方式、定时采样方式。

(1)中断方式。以 8031 与 ICL7109 接口电路为例。ICL7109 是一种双积分式 A/D 转换器,它以总线方式与单片机相连,而且转换输出的数据为二进制码,因此接口简单,使用方便,图 3-15 所示为该芯片与 8031 的接口电路。图 3-15(a)中,由于 RUN/$\overline{\text{HOLD}}$ 接高电平,故 ICL7109 进行连续转换。如果需要对 A/D 转换的切入点控制,可采用图中 3-15(b),(c)的接法。

－5V 电源由集成芯片 ICL 7660 供给。该芯片能将＋5V 变换成－5V,以提供对称电源。基准电压由 ICL7109 本身提供,将它通过电位计与＋5V 相连,以提供差分基准电压。

将 MODE 接地,选择为直接输出方式。RUN/$\overline{\text{HOLD}}$接＋5V,ICL 7109 进行连续转换,STATUS 端与 8031 的 $\overline{\text{INT0}}$ 相连。这样,每完成一次转换便向 8031 发出一次中断请求。ICL7109 每完成一次所需的转换时间为 8192 个时钟周期。STATUS 下降沿对

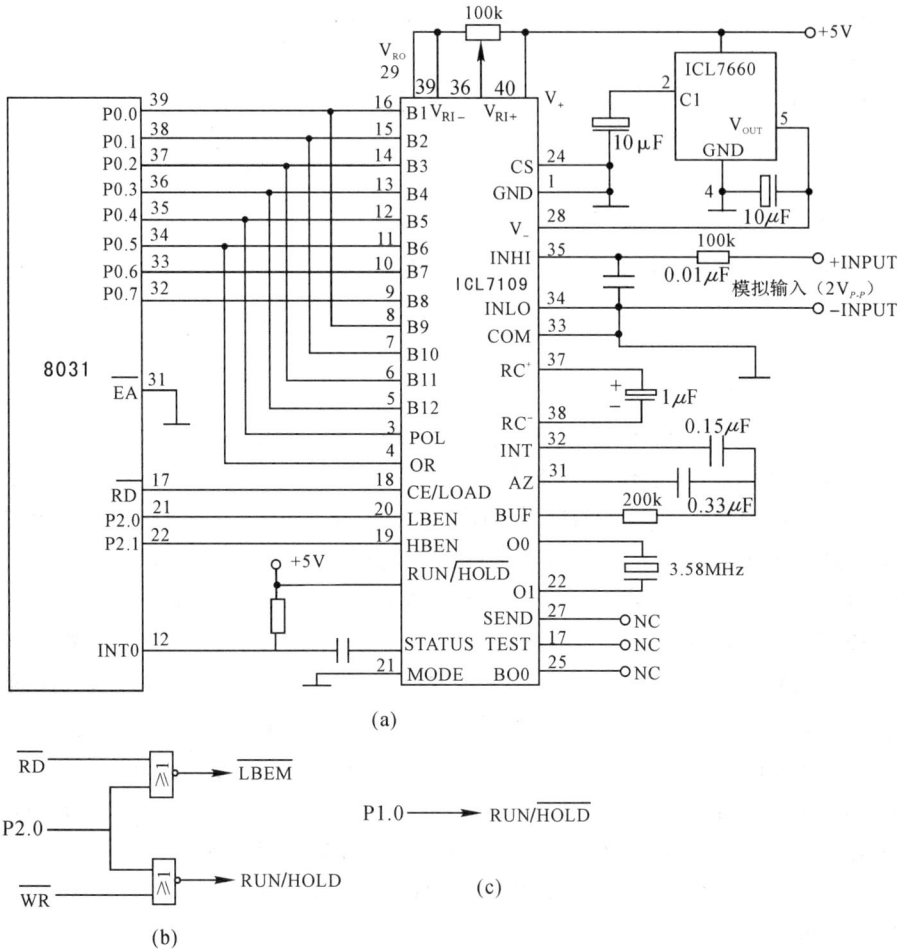

图 3-15　ICL7109 与 8031 的接口电路

8031 发出中断请求,在中断服务程序中只要控制高/低字节使能端 HBEN/LBEN,就能在 P0 口上读出相应的转换结果数据(B1～B12)和数据的极性、溢出标志。

ICL7109 连续转换时的转换程序：

```
ORG      0003H
LJMP     INT0
ORG      ××××H        ;主程序
  ⋮
SETB     IE.0           ;置允许外部中断 0
SETB     IE.7           ;开中断
  ⋮
```

```
INT0:MOV      R0,#20H            ;缓冲器首址
    MOV       DPTR,#0200H        ;P2.0=0,P2.1=1
    MOVX      A,@DPTR            ;读低字节
    MOV       @R0,A
    INC       R0
    MOV       DPTR,#0100H        ;P2.0=1,P2.1=0
    MOVX      A,@DPTR            ;读高字节
    CLR       IE.0
    CLR       IE.7
    RETI
```

(2)程序查询方式。以 8031 与 0816 接口电路为例,如图 3-16 所示。0816 芯片为逐次比较式 A/D 转换器。它有 16 个模拟输入通道,其时钟直接取自 8031ALE 信号。因它的时钟频率范围为 10～1200kHz,典型值为 640kHz。用 P2.7 来控制 A/D 转换启动与转换结果的读取。0816 的地址锁存端(ALE)与启动端(START)相连,利用 P2.7 和 $\overline{WR}$ 提供的信号将由 P0.0～P0.3 提供的 4 位地址送入 0816 中进行锁存、译码。当转换结束时 EOC 输出高电平,可作为转换结束的中断或查询信号。工作在 8031 外部中断信号时,应经反相器送入 $\overline{INT0}/\overline{INT1}$;工作在查询方式时,0816 EOC 端可不一定通过反相器送入 $\overline{INT0}/\overline{INT1}$,直接与 P1 或 P3 中的任意一端线相连都可,本例仍设为 P3.3。

设在该接口电路中,要求在 P1.0 同步脉冲控制下,对 16 路模拟输入量依次采样 256 个点,存放在外部 RAM 的 B000H～BFFFH 单元中。B000H～B0FFH 为 IN0 通道的采样数据缓冲区,B100H～B1FFH 为通道 IN1 采样数据缓冲区,依此类推。按图中接线,输入通道地址依 IN0～IN15 顺序为 7FF0H～7FFFH。

程序清单如下:

```
START:MOV     R0,#00H            ;RAM 缓冲区地址置初值
    MOV       R2,#0AFH
    MOV       R7,#00H            ;循环计数器置初值(256 个点)
    MOV       R5,#00H
    MOV       R6,#10H            ;通道计数器置初值(16 个通道)
    MOV       DPTR,#7FF0H        ;通路地址寄存器置初值
WXT:  JB       P1.0,WXT          ;等待选通脉冲(负)出现
ML0:  MOVX     @DPTR,A           ;启动 0816 转换
    MOV       30H,#0AH           ;延迟
DL:   DJNZ     30H,DL
WEND: JB       P3.3,WEND         ;等待 A/D 结束
```

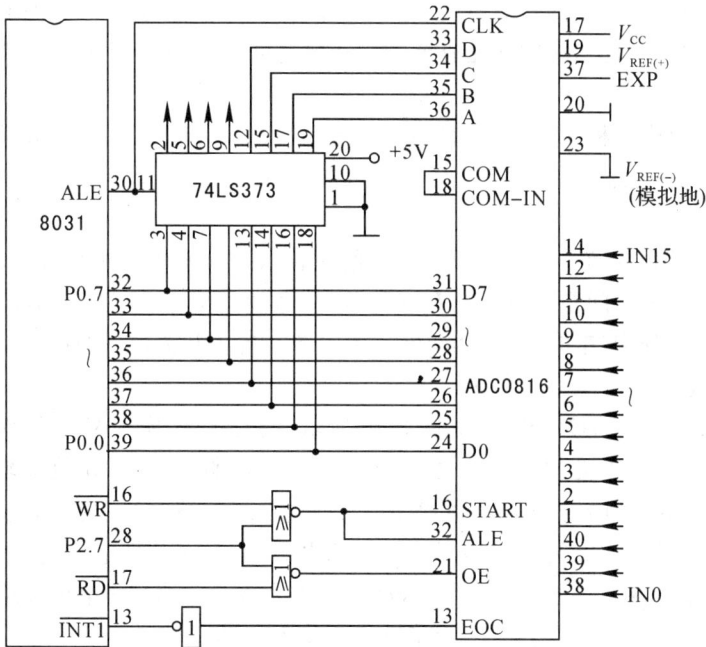

图 3-16　8031 与 0816 接口电路

MOVX	A,@DPTR	;读取结果
INC	R2	
MOV	P2,R2	;指向数据缓冲区地址
MOVX	@R0,A	;送入 B000H
INC	DPTR	;指向下一通道
DJNZ	R6,ML0	;判通道计数器减为"0"否?
DJNZ	R7,ML1	;判循环计数器减为"0"否?
ACALL	PDATA	;调用数据处理程序
AJMP	START	
ML1: INC	R5	;返回 IN0 通道缓冲区
MOV	R2,#0AFH	
MOV	A,R5	;16 个通道再循环一遍
MOV	R0,A	
MOV	R6,#10H	
AJMP	ML0	

（3）定时采样方式。以 8031 与 0809 接口电路为例,向 A/D 发出启动脉冲信号后, 先进行软件延时,延时时间取决于 A/D 芯片的转换时间（例如 0809 为 $100\mu s/64\mu s$）,延

时结束后直接从 A/D 口读入转换结果。为了保证 A/D 转换的完成,延时时间往往比芯片要求的时间长,因此这种方式比查询方式转换速度更慢,故应用较少。

2.开关信号及频率信号的接口技术

在前向通道中除模拟量外,还有一部分是离散数字量信号,主要有开关信号和频率信号两种,有的传感器接口电路采用 V/F 转换技术,将模拟量转换成频率信号后再输入单片机中。

开关信号及频率信号的接口设计主要解决输入信号与单片机端脚的电平匹配、信号整形及电气隔离等问题。对于频率信号还要根据采样内容(频率或周期)进行单片机硬件资源的合理分配(定时/计数器与外部中断源)。有关开关信号的接口将在本节后续部分介绍,这里介绍频率信号的接口。

8031 与 LM331 的接口电路,如图 3-17 所示,用 LM331 实现 V/F 转换的基本电路与 MCS-51 系列单片机的联接方法非常简单,只须接入定时/计数器输入端即可。LM331 的输入端管脚 7 上增加了由 R_1,C_1 组成的低通滤波电路;在 C_L,R_L 原接地端增加了偏移调节电路;在 2 脚上增加了一个可调电阻,用来对基准电流进行调节,以校正输出频率;在输出端 3 脚上接有一个上拉电阻,因为该输出端是集电极开路输出。

在较恶劣环境中的前向通道,为了减少通道及电压干扰,LM331 的频率输出可采用光电隔离方法,使 V/F 转换器与计算机电路无直接联系。

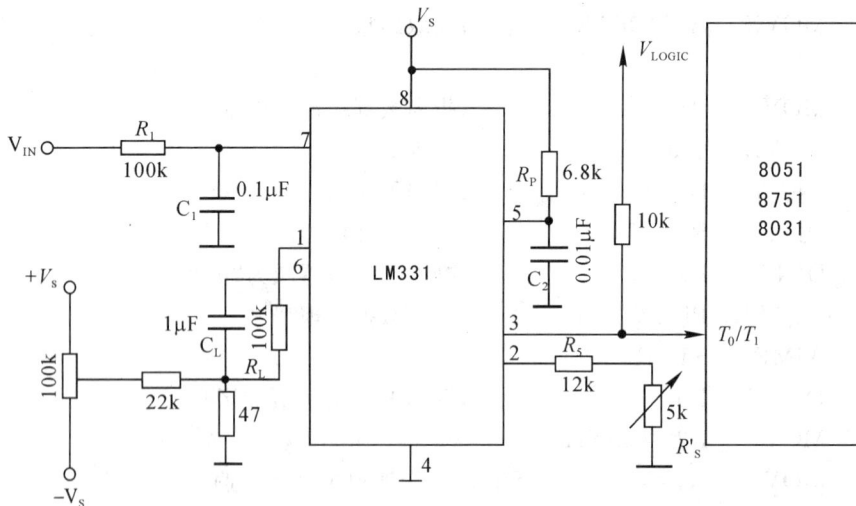

图 3-17 LM331 基本应用电路

3.3.6 后向通道接口设计

后向通道在单片机一侧主要有两种类型:数据总线及并行 I/O 口。信号形式主要有数字量、开关量和频率量三种,它们分别用于不同的被控对象,图 3-18 所示为后向通道的综合示意图。

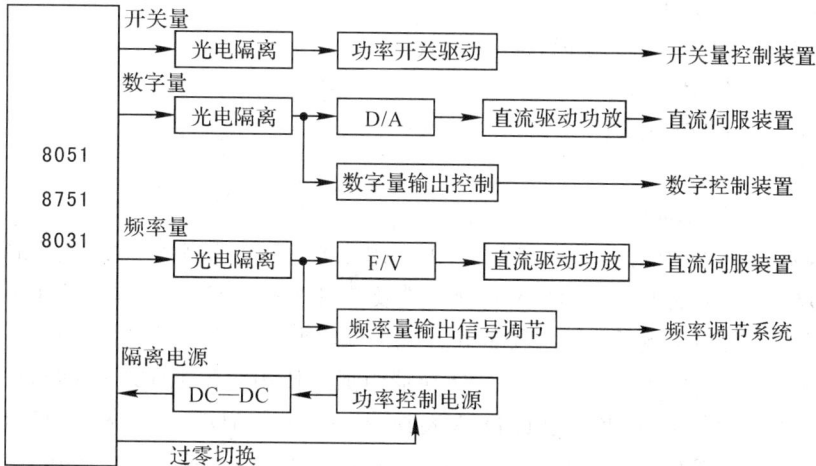

图 3-18　后向通道综合示意图

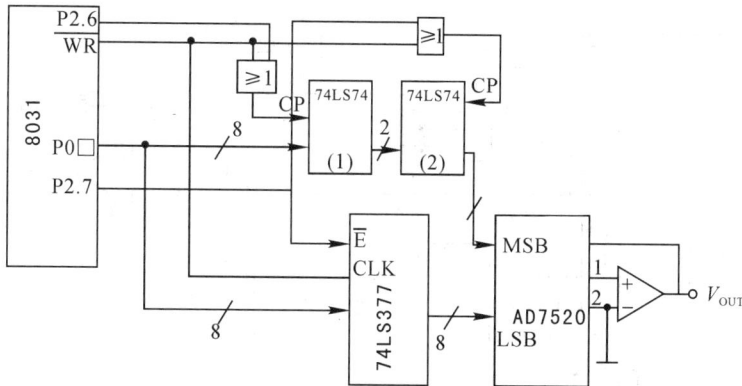

图 3-19　AD7520 与 8031P0 口的双缓冲器接口方法

1. 8031 与 AD7520 接口电路

图 3-19 为采用双缓冲器的接口方法,因为 AD7520 是一个 10 位的 D/A 转换器,若采用单缓冲器输入方式,则会由于高 2 位与低 8 位数据不是同时输出到 AD7520 而出现电压"毛刺"现象,采用该种方法可以消除这一现象。图 3-19 中 74LS74(1) 的口地址为 BFFFH,74LS377 的口地址均为 7FFFH。8031 也是分两次操作,在将高 2 位数据输出到 74LS74(1) 后,接着将低 8 位送到 74LS377 的同时,则把 74LS74(1) 的内容送到 74LS74(2) 上,因此 10 位数据是同时到达 AD7520 的数据输入端上的。

D/A 转换的子程序如下:

```
MOV     DPTR,#BFFFH;高 8 位数据→74LS74(1)
MOV     A,#dataH
MOVX    @DPTR,A
MOV     DPTR,#7FFFH;低 8 位数据→74LS377,74LS74(1)→74LS74(2)
MOV     A,#dataL
MOVX    @DPTR,A
RET
```

2. 8031 与 AD7542 接口电路

在控制系统中,有时为了提高精度,需要用比 8 位、10 位高的 D/A 转换芯片,这里仅以 AD7542 为例说明 12 位 D/A 转换原理及接口技术。AD7542 是精密的 CMOS 乘法 D/A 转换器,为电流输出型,内部由三个 4 位数据缓冲寄存器,12 位 D/A 寄存器,地址译码逻辑电路由 12 位乘法 D/A 转换器组成。使用时先把 12 位数据分三次送入 D/A 寄存器,在写信号控制下进行 D/A 转换。图 3-20 为 AD7542 与 8031 接口电路,图中用 P2.7,P2.1,P2.0 分别接线选 $\overline{CS}$,A1,A0,以选择高、中、低 4 位数据送入数据缓冲寄存器。

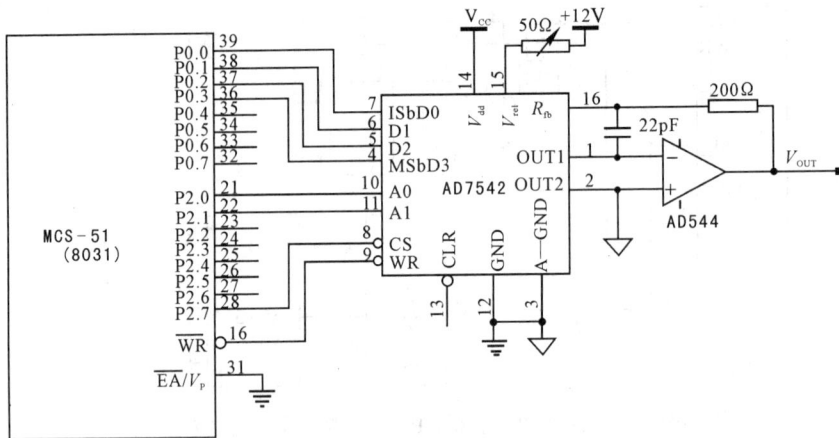

图 3-20　为 AD7542 与 8031 接口电路

例 3-1　要转换 12 位数据低 8 位存在片内 RAM 的 50H 单元中,高 4 位数据存放在 51H 中,试编写 D/A 转换程序。

解　D/A 转换程序如下:

```
MOV     A,50H          ;取低 8 位数据
MOV     DPTR,#7CFFH    ;指向低四位寄存器地址
MOVX    @DPTR,A        ;写低 4 位数据
SWAP    A              ;中 4 位数据移送至低 4 位
```

```
MOV     DPTR,#7DFFH      ;指向中 4 位寄存器地址
MOVX    @DPTR,A          ;写中 4 位数据
MOV     A,51H            ;取高 4 位数据
MOV     DPTR,#7EFFH      ;指向 4 位数据寄存器
MOVX    @DPTR,A
MOV     DPTR,#7FFFH      ;指向 12 位 D/A 寄存器地址
MOVX    @DPTR,A          ;启动 AD7542 转换
RET
```

3.3.7　光电隔离输入/输出控制

1. 光电隔离输入/输出电路

在机电一体化系统中,机械开关信号一般为强电信号,需要把强电部分与弱电的微机系统在电气上隔离开来,最常用的方法是使用光电耦合。图 3-21 所示为开关量输入、输出信号的光电隔离电路。为了避免外部设备的电源干扰,防止被控对象电路的强电反窜,通常采取将微机的前后向通道与被连模块在电气上隔离的方法,称为光电隔离。过去常用隔离变压器或中间继电器来实现,而目前已广泛被性能高、价格低的光电耦合器代替。光电耦合器是把发光元件与受光元件封装在一起,以光作为媒介来传输信息的。其封装形式有管形、双列直插式、光导纤维连接等。发光器件一般为砷化镓红外发光二极管。

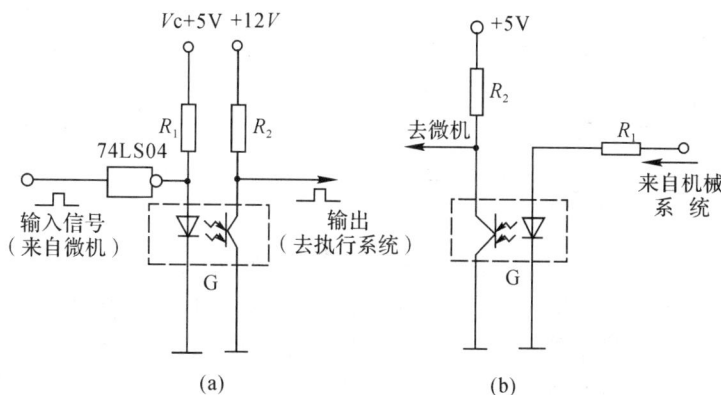

图 3-21　光电隔离电路

如图 3-21(a)所示可知,微机输出的控制信号经非门 74LS04 反相后,加到光电耦合器 G 的发光二极管正端。当控制信号为高电平时,经反相后,加到发光二极管正端的电平为低电平,因此,发光二极管不导通,没有光发出。这时光敏三极管截止,输出信号几乎等于加在光敏三极管集电极上的电源电压。当控制信号为低电平时,发光二极管导

通并发光,光敏三极管接收发光二极管发出的光而导通,于是输出端的电平几乎等于零。同样的道理,可将光电耦合器用于信息的输入,如图 3-21(b)所示。当然,光电耦合器还有其他联接方式,以实现不同要求的电平或极性转换。

光电耦合器具有如下特点:

(1)信号采取光—电形式耦合,发光部分与受光部分无电气回路,绝缘电阻高达 $10^{10} \sim 10^{12}$ 欧姆,绝缘电压为 1000~5000V,因而具有极高的电气隔离性能,避免输出端与输入端之间可能产生的反馈和干扰。

(2)由于发光二极管是电流驱动器件,动态电阻很小,对系统内外的噪声干扰信号形成低阻抗旁路,因此抗干扰能力强,共模抑制比高,不受磁场影响,特别是用于长线传输时作为终端负载,可以大大地提高信噪比。

(3)光电耦合器可以耦合零到数千赫的信号,且响应速度快(一般为几毫秒,甚至少于 10ns),可以用于高速信号的传输。

如图 3-22 所示为几种主要光电耦合器类型。图 3-22(a)采用硅光电二极管作受光元件,其特点是电流传输比(受光器件电流与发光管电流之比,简称 CTR)较小,约为

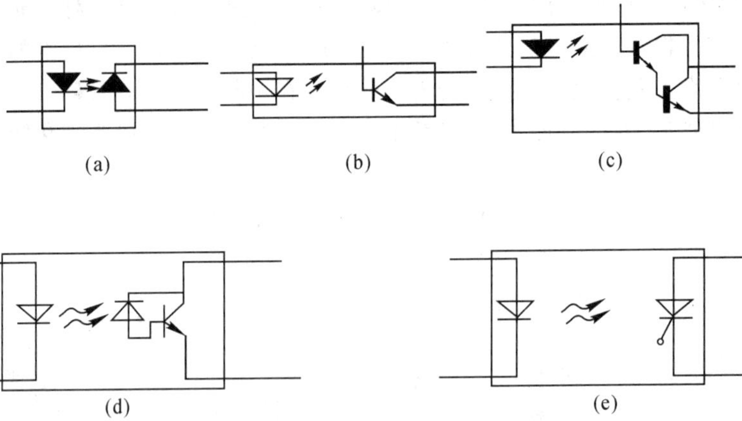

图 3-22　几种光电耦合器示意图

0.5%～3%,但响应速度快,脉冲上升和下降时间不超过 1.5μs,适用于开关电路。图 3-22(b)用硅光电晶体管作受光元件。其 CTR 为 10%～100%,一般用在 100kHz 以下的频率信号,脉冲上升和下降时间小于 5μs,输出电路饱和压降小(0.2～0.3V),电路构成简单,是目前应用较多的一种,主要用于驱动 TTL 电路、传输线隔离、脉冲放大等。这种器件如果光敏三极管的基极有引出线则可用于温度补偿、检测等。图 3-22(c)用一个硅光晶体管与一个普通硅晶体管接成达林顿型光电耦合器。其持点是 CTR 大,约为 100%～500%,但响应速度仅 25～10kHz,而且 I_{CEO} 较大,饱和压降大。适用于对 CTR 要求大,开关速度不高的场合,如作固态继电器使用。图 3-22(d)输出边用光敏二极管

作受光元件,再用晶体管把光电流进行放大。其特点是响应速度快,可达到 1MHz 以上,CTR 可提高到 $100\% \sim 400\%$。这种器件可适应信号高速传输的需要。图 3-22(e)所示为可控硅输出型光电耦合器件。输出部分为光控晶闸管,光控晶闸管有单向、双向两种形式。这种光电耦合器常用在大功率的隔离驱动场合。

除上述五种类型外,还有发光二极管交流输入—晶体管输出,发光二极管-集成电路型(如逻辑电路型、线性放大型等)。尤其是集成电路型近年来发展很快,其输出边由光电管及其他单元构成各种形式的集成电路,以适应信号变换、放大、耦合、传输等各种需要。

2.光电隔离输入/输出电路示例

采用光电耦合器可以将微机与前向、后向通道以及其他相关部分切断与电路的联系,从而有效地防止干扰信号进入微机,其基本配置如图 3-23 所示。

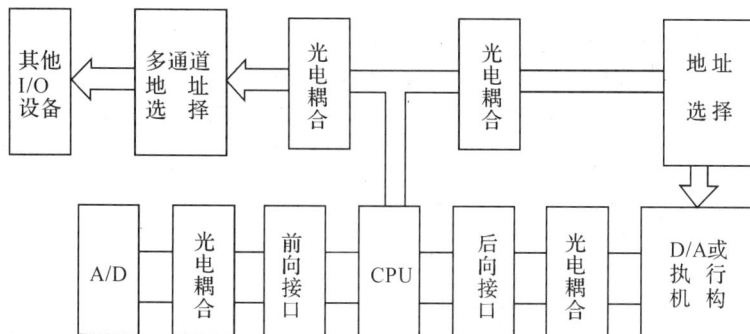

图 3-23　光电耦合器基本配置

(1)光电耦合输入接口。在微机应用系统中,由于端口的性质不同,接口电路也有所不同。如 8031 的 P1 口及 P3 口为准双向口,作为输入时拉成高电平,可由任何 TTL 或 MOS 电路所驱动。当外部输入信号为高电平时,P1 口或 P3 口被拉成低电平,它与光电耦合器的连接如图 3-24 所示。对于扩展的 8255 或 8155 的通用接口芯片的系统,当作为输入端口使用时,其端口为高阻抗输入,与光电耦合器的连接与 P1 口相同。

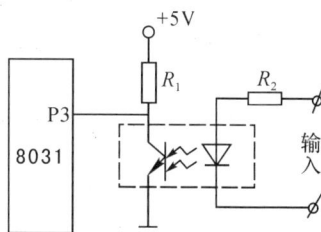

图 3-24　光电耦合输入接口

当检测传感元件距离控制机较远时,由检测传感元件送来的数字或脉冲信号可采用图 3-25 所示电路,图中只画出一路。来自检测传感元件的信号经过放大器 A 放大后,输入到光电耦合器 G。这里运算放大器 A 接成一个跟随器(即放大器的输出端与反相输入端短接)。如果检测传感元件的输出信号幅值过大,波形又较差就可采用此电路,将输入放大器前接入一个稳压二极管 DW 和一个电阻来限幅整形;如果检测传感元件

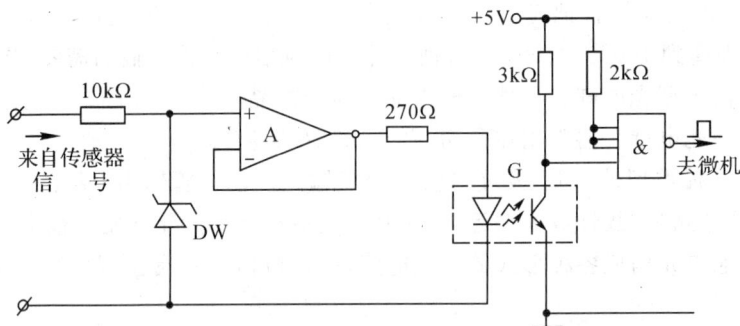

图 3-25 较远距离传输开关量或数字量时的输入通道

输出信号波形较好,幅值又可调整时,就可省去这两个元件。另外,为了使光电耦合器 G 的输出信号波形的上升沿和下降沿整齐,信号输出端在接入微机接口电路之前,采用了一个 TTL 门电路来整形。

在较恶劣环境中的前向通道,为了减少通道及电源的干扰,V/F 转换器 LM331 的频率输出可采用光电耦合器隔离方法,使 V/F 转换器与微机无电路联系,如图 3-26 所示。

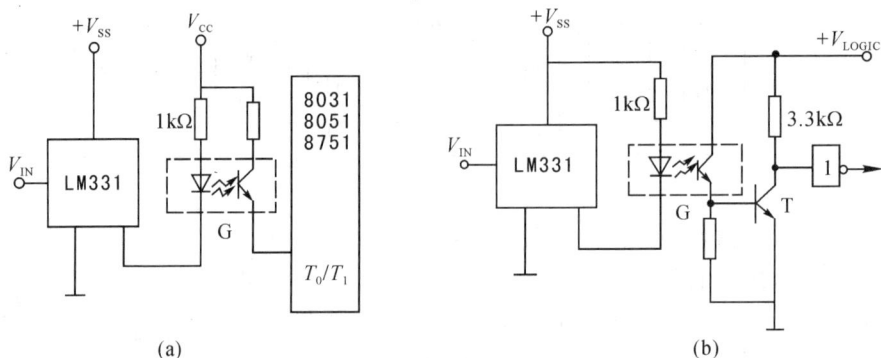

图 3-26 LM331 频率输出的光电隔离

(2)光电耦合输出接口。P1 口和 P3 口作为输出口时,由于 P1 口和 P3 口为准双向口,高电平时对外电路泄放的电流很小,仅零点几毫安,而低电平时,外电路可经 P1 口或 P3 口流入较大的电流。故 P1 口和 P3 口作为输出口时,应采用如图 3-27 所示的电路。当 8031 复位时,P1 口及 P3 口被强迫置成高电平,使 PNP 三极管截止,光电耦合器中无电流通过,输出为高电平。当软件使 P1 口置为低电平时,则输出为低电平。采用这种电路可使开机复位时不因 P1 口强迫置成高电平而输出不需要的信号。

8155,8255 输出口的放出及吸入电流均较大,故可直接用高电平来推动三极管驱动发光管。由于 8155,8255 在上电复位时,端口初置为输入状态,即高阻抗状态,为不使开机输出额外的信息,三极管基极应拉成低电平,如图 3-28 所示。

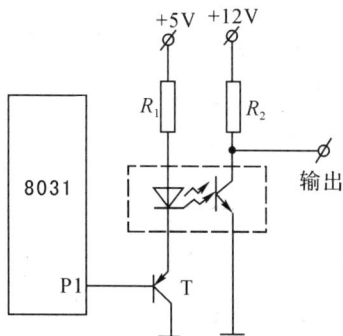

图 3-27　光电耦合输出接口　　　　　图 3-28　8155、8255 光电耦合输出接口

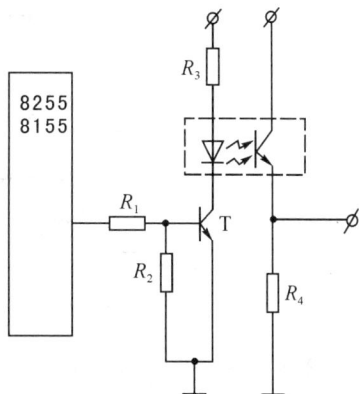

如要输出较大电流以驱动输出设备,如继电器、电磁离合器等,则应接成达林顿型,如图 3-29 所示。为了进一步提高普通型光电耦合器的光电耦合速度。可采用图 3-30 所示电路。

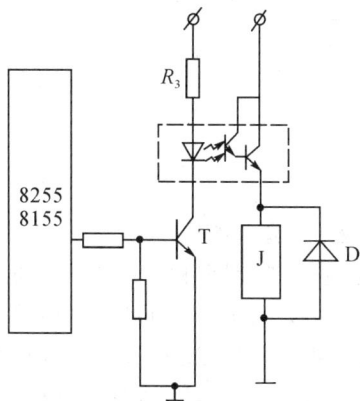

图 3-29　光电耦合器与继电器输出接口　　　　　图 3-30　提高光耦响应速度的电路

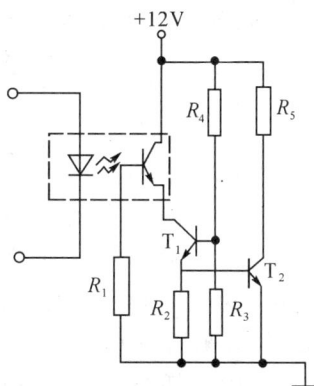

图 3-31 所示为一个电磁阀的控制电路。J 代表电磁阀的电磁线圈。它的通断由计算机输出的开关量控制。功率放大由晶体管 T_1 和 T_2 完成。并联在 J 两端的二极管 D 用来释放当线圈断电时产生的反电压。这种冲击电压对线路的干扰由光电耦合器 G 隔离,使干扰信号不至于进入微机而影响其正常工作。

系统工作时,微型计算机通过接口输出高低电平控制 J 的接通与断开。当微机输出为高电平时,光电耦合器 G 输出为低,晶体管 T_1 不导通、T_2 导通,J 中有电流通过;当计算机输出为低电平时,光电耦合器 G 输出为高电平,T_1 导通,T_2 截止,J 被关断。在关断 J 的瞬间,存储在线圈中的能量由 J 和二极管 D 构成回路转变成热能消耗掉。

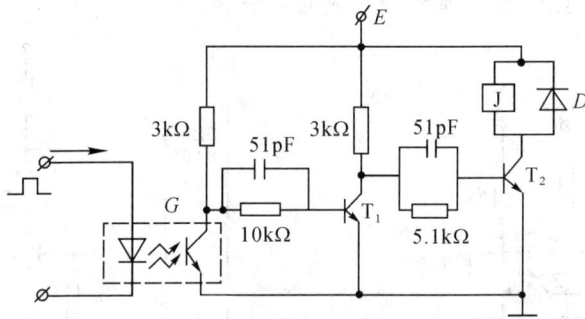

图 3-31　电磁阀控制电路

　　图 3-32 所示为一个简易数控系统步进电机的控制通道示意图。图中所示电路用于 Y 轴步进电机的控制。其他轴如 X 和 Z 轴,与 Y 轴的控制电路相同。

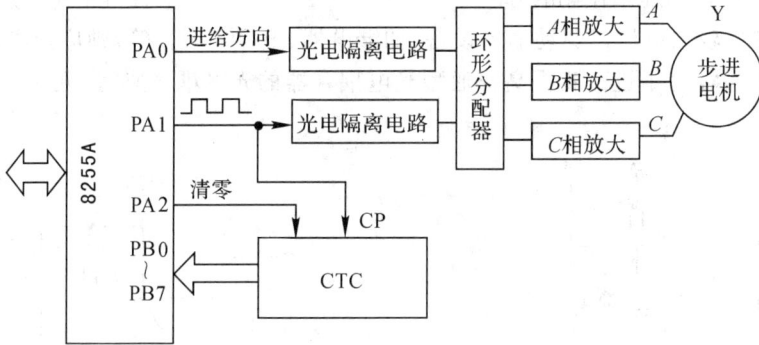

图 3-32　简易数控系统步进电机的控制通道示意图

　　步进电机的控制主要涉及两个问题:一个是位置控制,即把程序编制的长度尺寸转化为步进电机相应转角所需的步数,再经机械传动(如丝扛)转变为直线位移。第二个是速度控制,可以采用一个 CTC 定时/计数器,使其每隔一定时间发出一次中断申请,CPU 响应一次中断,插补一次,从 8255 的 A 口送出方向信号和一个进给脉冲信号。输出的进给脉冲信号经过光电隔离电路,进入环形分配器。每输入一个进给脉冲信号,环形分配器改变一次输出状态,从而依次接通步进电机的各相绕组,使电机运转。本例所示电路采用硬件逻辑电路实现环形分配,当然可以利用软件实现。图 3-32 所示电机的控制回路中,进给脉冲信号在进入光电隔离电路之前,还接到一个 8 位二进制数加法计数器的输入端,进行位置累加计数,每一个脉冲信号到达后,计数器累加 1,其结果可通过 8255 的 B 口输入,用于位置监控和步进电机的加减速控制。

3.4　执行元件的功率驱动接口

在机电一体化系统中,执行元件往往是功率较大的机电设备,如电磁铁、电磁阀、各类电动机、液动机及汽缸等。微机系统后向通道输出的控制信号(数字量或模拟量)需要通过与执行元件相关的功率放大器才能对执行元件进行驱动,进而实现对机电系统的控制。在机电一体化系统中,功率放大器被称为功率驱动接口,其主要功能是把微机系统后向通道的弱电控制信号转换成能驱动执行元件动作的具有一定电压和电流的强电功率信号或液压气动信号。

3.4.1　功率驱动接口的分类

功率驱动接口的组成原理及结构类型与控制方式、执行元件的机电特性及选用的电力电子器件密切相关,因此有不同的分类方式。

(1)根据执行元件的类型分。功率驱动接口可分为开关功率接口、直流电动机功率驱动接口、交流电动机功率驱动接口、伺服电动机功率驱动接口及步进电动机功率驱动接口等。其中开关功率驱动接口又包括继电接触器、电磁铁及各类电磁阀等的驱动接口。

(2)根据负载的供电特性分。功率驱动接口可分为直流输出和交流输出两类,其中交流输出功率驱动接口又分为单相交流输出和三相交流输出。

(3)根据控制方式分。功率驱动接口分为锁相传动功率驱动接口、脉冲宽度调制型(PWM)功率驱动接口、交流电动机调差调速功率驱动接口及变频调速功率驱动接口等。

(4)根据控制目的分。功率驱动接口又可分为点位控制功率驱动接口和调速功率接口。

(5)根据功率驱动接口选用的功率器件分。功率驱动接口可分为功率晶体管(GTR)、晶闸管(可控硅)、绝缘栅双极型晶体管(IGBT)、功率场效应管(MOSFET)及专用功率驱动集成电路等多种类型。

3.4.2　功率驱动接口的一般组成形式

尽管功率驱动接口的类型繁多,特性各异,它们在组成形式上却有共同的特点,图3-33所示为功率驱动接口的一般组成形式。

图3-33中,信号预处理部分直接接受控制器输出的控制信号,同时将控制信号进行调理变换、整形等处理生成符合控制要求的功率放大器控制信号。弱电—强电转换电路一般采用晶体管基极驱动电路。功率放大器按一定的控制形式直接驱动执行元件。功

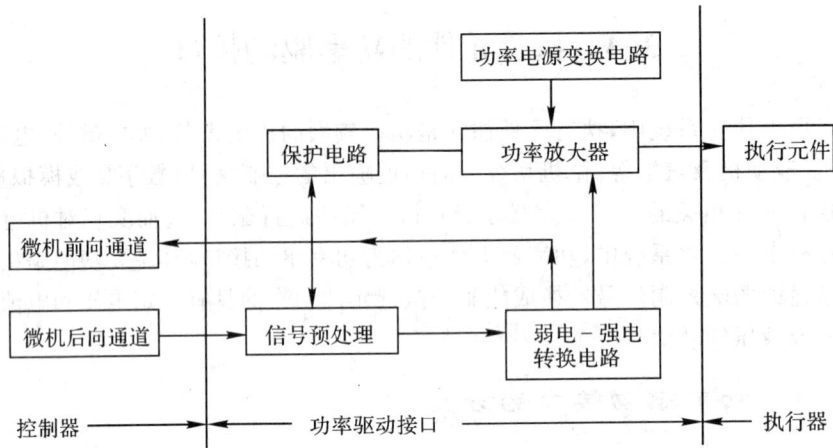

图 3-33　功率驱动接口的一般组织形式

率放大电路的形式有多种,常用的有功率场效应管驱动电路及晶闸管驱动电路等,近年来绝缘栅场效应管(IGBT)及大功率集成电路也得到推广应用。功率电源变换电路为功率放大电路提供工作电源,其输出参数一般由执行元件参数而定。

　　由于功率接口的驱动级一般工作在高压大电流状态,当系统工作频率较大或失控时,大功率器件往往会烧毁而使系统失效,利用保护电路对大功率器件工作参数进行在线采样,并反馈给控制器或信号预处理电路,使功率器件不致产生过流或过压,并使功率输出波形的失真度减小到最低程度。

3.4.3　功率驱动接口的设计要点

　　功率驱动接口的设计是机电一体化系统设计中技术综合性较强的一项内容,既涉及微机控制的软硬件,还涉及执行元件、自动控制、电机拖动、功率器件等多方面的技术领域。但从设计目标上看,功率驱动接口主要是解决与输入信号的信号匹配及与执行元件的功率匹配问题。

　　设计功率驱动接口时应考虑以下几点:

　　(1)功率驱动接口的主电路是功率放大器,目前的功率放大电路的形式十分丰富,主要与采用的大功率器件及控制形式有关,设计者应掌握各种常用功率器件的使用特点及使用方法,熟悉常规实用电路的结构形式。随着电力电子技术快速发展,设计者应不断积累新型大功率器件(如 IGBT,MOSFET,大功率模块,厚膜驱动电路等)的技术资料。

　　(2)由于大功率器件工作在高电压大电流状态,并有一定的功耗,在接口设计中不仅要对这些器件采取散热措施,还应设计电流/电压检测保护电路,以防功率器件的烧断。

　　(3)功率驱动接口要有很好的抗干扰措施,防止功率系统通过信号通道、电源以及空间电磁场对微机控制器产生干扰。通常采用信号隔离、电源隔离相对大功率开关实现过零切换等方法。

　　(4)功率驱动接口的形式必须满足执行元件要求的控制方案,有时还需要对输入的信号进行波形变换或调制。

　　(5)功率驱动接口具有小信号输入、大功率输出的特点,输入的信号来自微机控制器的后向通道,大多为 TTL/CMOS 数字信号或 D/A 转换后的小电流/电压信号,这些输入信号一般不能直接驱动大功率器件,因此,在功率放大级之前需设计有驱动电路,这种驱动电路一般采用中小功率集成电路。

　　(6)对于伺服驱动系统,一般需要有状态反馈环节,反馈电路虽不属于功率驱动接口,但在接口设计时,应留出采样节点的位置。

　　(7)功率驱动接口一般采用模块化的设计思想。随着工业技术的发展,功率放大器的设计与制造已趋于专门化,人们针对不同的执行元件或不同的控制要求,设计生产出类型众多、特性各异的功率放大器,有些功率放大器自带微机控制系统,其本身可能就是一个机电一体化系统,例如,交流电动机速度控制的变频控制器、直流电动机速度控制的 PWM 功率放大器、步进电动机驱动器等等,这些功率放大器目前已有系列化产品。因此,在机电一体化系统中,常把功率驱动接口看作一个模块,在设计中要注重选用标准化的功率放大器或功率放大控制器,并设计出与它直接联接的接口电路。对于确实需要从细部结构上进行设计的功率驱动接口,则应该与电气自动控制方面的专业技术人员共同合作完成设计。

3.4.4　功率驱动接口实例

1.晶闸管触发驱动电路

　　晶闸管是目前应用最广泛的半导体功率元件之一,具有弱电控制、强电输出的特点,它可用于电动机的开关控制、电磁阀控制以及大功率继电触发器的控制。具有开关无噪声、可靠性高、体积小等特点。采用晶闸管做成的各种固态继电器(SSR),已成为开关型功率接口优先选用的功率器件。晶闸管的型号和品种十分齐全,常用的有三种结构类型:单向晶闸管、双向晶闸管和可关断晶闸管。

　　晶闸管功率接口电路的设计要点是触发电路的设计,微机输出的开关控制信号通常经脉冲变压器或光电耦合器隔离后加到晶闸管上。

　　图 3-34 是单片机控制单向晶闸管实现 220V 交流开关的例子。当单片机 P0.0 输出为低电平时,光电耦合器发光二极管截止,晶闸管门极不触发而断开。P1.0 输出为高电平时,经反相驱动后,使光电耦合器发光二极管导通,交流电的正负半周均以直流

方式加在晶闸管的门极,触发晶闸管导通,这时整流桥路直流输出端被短路,负载即被接通。P1.0回到低电平时,晶闸管门极无触发信号,交流电在交变时使晶闸管关断,负载失电。

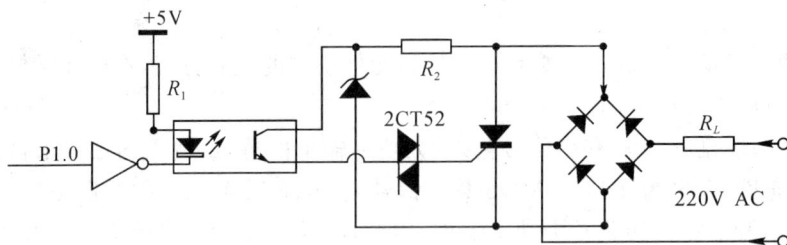

图 3-34　单片机与单向晶间管接口电路

2. 继电器型驱动接口

继电器是通过改变金属触点的位置,使动触点与定触点闭合或分开,具有接触电阻小、流过电流大及耐高压等优点,但在动作可靠性上不及晶闸管。继电器中,电流切换能力较强的电磁式继电器称为接触器。

继电器有电压线圈与电流线圈两种工作类型,它们在本质上是相同的,都是在电能的作用下产生一定的磁势。继电器/接触器的供电系统分为直流电磁系统和交流电磁系统,工作电压也较高,因此从微机输出的开关信号需经过驱动电路进行转换,使输出的电能能够适应其线圈的要求。继电器/接触器动作时,对电源有一定的干扰,为了提高微机系统的可靠性,在驱动电路与微机之间都用光电耦合器隔离。

常用的继电器大部分属于直流电磁式继电器,一般用功率接口集成电路或晶体管驱动。在驱动多个继电器的系统中,宜采用功率驱动集成电路,例如使用 SN75468 等,这种集成电路可以驱动 7 个继电器,驱动电流可达 500mA,输出端最大工作电压为 100V。图 3-35 所示是典型的直流继电器接口电路。交流电磁式接触器通常用双向晶闸管驱动或一个直流继电器作为中间继电器控制。

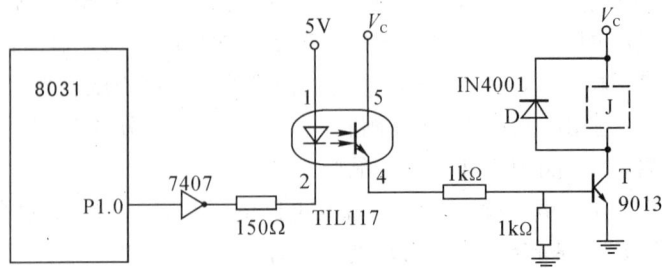

图 3-35　直流继电器接口电路

3. 直流电动机的功率驱动接口

直流电动机(包括直流伺服电动机)的控制方式有电枢控制和磁场控制两种。电枢控制是在励磁电压不变的条件下,把控制电压加在电动机的电枢上,以控制电动机的转速和转向;磁场控制是在电枢电压不变的条件下,把控制电压加在励磁绕组上实现电动机的转速控制。功率驱动接口的作用是将控制信号转变为一定幅值的电压驱动电动机运转。获得幅值可调的直流电压的途径有两种:一种是把交流电变成可控的直流电,其接口称为可控整流器;另一种是把固定幅值的直流电压变成幅值可调的直流电压,这种接口称为直流斩波器。

可控整流器又称直流变换器,采用晶闸管作为整流元件,其电路由整流变压器和晶闸管组成。根据交流供电方式,可控整流器有单相和三相之分,其工作原理如图 3-36 所示。

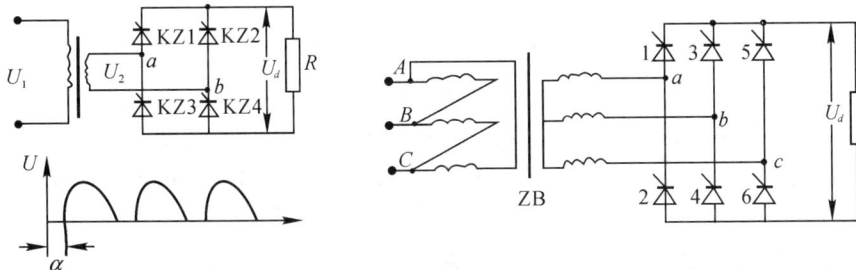

图 3-36　可控整流器原理图

电路中采用整流电路的原理,通过控制晶闸管开始导通的时间(即控制角),便可改变负载上直流电压平均值 U_d 的大小。因此这种电路又称作交流—直流变流器。这种驱动接口的主要设计内容是晶闸管触发电路的设计,而控制角 α 的数值一般由微机软件或脉冲发生器产生。

直流斩波器又称为直流断续器,是接在直流电源和负载之间的变流装置,它通过控制晶闸管或功率晶体管等大功率器件开关的频率参数来改变加到负载上的直流电压平均值,故直流斩波器又称为直流—直流变流器。目前,直流电动机的驱动控制一般采用 PWM,在大功率器件选用上,较多地使用 GTR,IGBT 及 MOSFET 也逐步得到了推广应用。图 3-37 是单片机与 PWM 功率放大器的接口例子。

图 3-37 中单片机模拟量输出通道由 0832D/A 转换器和 ADOP-07 运算放大器组成,它把数字量(00H~FFH)的控制信号转换成 $-2.0 \sim +2.0\text{V}$ 模拟量控制信号 U_I,ADOP-07 与 0832 之间的连线是一种特殊的连接方法。通常,0832 以电流开关方式进行 D/A 转换后以电流形式从 I_1,I_2 端输出,I_1,I_2 两端脚与运放的两输入端相连,运放的输出再接反馈电阻端 R_{fb},由运放器件把 0832 电流输出信号转换成电压信号输出。运放的输出电压为 $V_{OUT} = -V_{REF}D/256$,V_{REF} 是接入 0832 的参考电压,D 为单片机输出

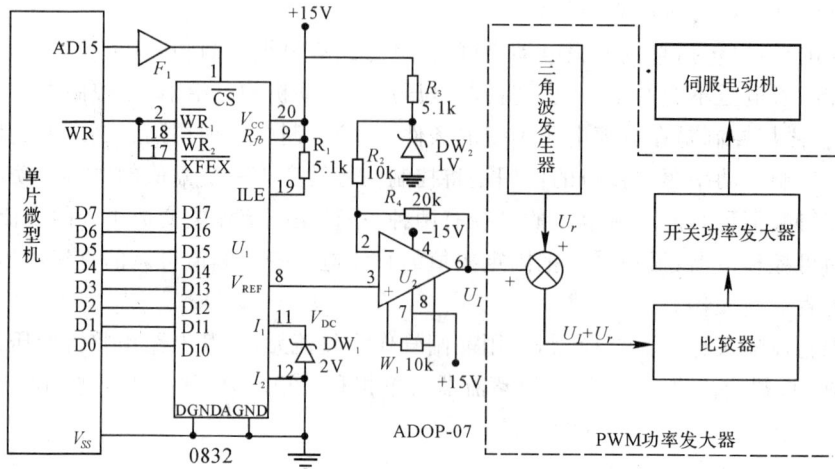

图 3-37　单片机与 PWM 功率放大器的接口

的 8 位数据。而在图 3-37 中，0832 接成电压开关方式进行 D/A 转换，此时将参考电压接 I_1，I_2 端，而且 I_2 端接地，I_1 接正电压 V_{DC}，0832 的 D/A 结果以电压形式从 V_{REF} 端输出，V_{REF} 输出的电压为 $V_{REF} = V_{DC}D/256$，V_{DC} 为 I_1，I_2 端的参考电压值，图 3-46 中 DW_1 为 2V 稳压管，所以 $V_{DC} = 2V$。

运算放大器 U_2 的负输入端由 R_3 和 DW_2 形成一个 1V 恒压源，正输入接 0832 的 V_{REF} 端，U_2 的放大倍数 $\beta = R_4/R_2 = 2$。在 $V_{REF} = 0$ 时，U_2 的输出 $U_I = -2V$；在 $V_{REF} = +2V$ 时，$U_I = +2V$，U_I 的计算为

$$U_I = V_{DC}\left(\frac{D}{128} - 1\right) = 2\left(\frac{D}{128} - 1\right)$$

上述分析说明，单片机 0832 的输出经运算放大器之后，可产生与控制数据对应的控制电压 U_I 去控制 PWM 功率放大器工作，使被控直流电动机实现可逆变速转动。

4. 交流电动机变频调速功率接口

可调速的电动机传动系统分为直流调速与交流调速两大类（第 5 章将详细介绍）。过去，由于直流电动机传动系统的性能指标优于交流电动机传动系统，因此，凡是要求平滑起动与制动、可逆运行、可调速以及高精度的位置和速度控制的调速系统，几乎都采用直流电动机传动。但由于直流电动机在结构上存在整流子和电刷，维护保养工作量大，不能在易燃气体及粉尘多的场合使用，体积和重量比同等容量的交流电动机大，难以实现高速、高电压、大容量传动。20 世纪 80 年代以来，随着微电子技术、电力电子技术以及电动机技术的发展，原来阻碍交流电动机传动发展的技术难题——被克服，又由于交流电动机具有结构简单、坚固耐用、运行可靠、惯性小和节能高效等优点，因此，交流电动机传动技术发展迅速，应用日益广泛。

　　根据交流电动机的转速公式 $M=60f(1-s)/P$，交流电动机调速一般有变极调速、转差调速、变频调速三种方法。变频调速是交流电动机调速的发展方向，而且有的变频调速系统在动态性能及稳态性能的指标上已超过直流调速。因此在机电一体化系统设计时可优先选用交流电动机变频调速方案。

　　交流电动机变频调速系统中，变频器就是一个功率驱动接口，目前已形成了规格较为齐全的通用化、系列化产品，因此在系统设计时，主要是解决变频器的选用、与控制系统的连接及控制算法的实现等问题。变频器作为交流电动机变频调速的标准功率驱动接口，在使用上十分简便，它可以单独使用也可以与外部控制器连接进行在线控制，通过装置上的接线端子与外部连接。接线端子分为主回路端子和控制回路端子，前者连接供电电源、交流电动机及外部能耗制动电路，后者连接变频控制的控制按钮开关或控制电路。有关变频器的功率驱动接口，可参阅相应变频器产品的使用说明书。

复习思考题

　　1. 举例说明接口在输入/输出中的作用。

　　2. 接口电路中每个 I/O 端口均有一个地址，两个端口是否有可能共用一个端口地址？为什么？

　　3. CPU 与外围设备间传送数据有哪几种方式？试根据每种方式的特征分析其适用场合。

　　4. 什么是接口和接口技术？

　　5. 什么是 A/D,D/A？各应用在什么场合？

　　6. 实现 D/A 转换方法主要有哪几种？各种转换电路主要由哪几部分组成？

　　7. 单片机的特点、应用场合、发展前景。

　　8. MCS-51 系列单片机设有四个并行的 I/O 口，使用时有哪些特点和分工，简述各个并行 I/O 口结构特点。

　　9. 说明单片机系统扩展的必要性和主要类型。

第 4 章

机电一体化中传感器
与微机的接口技术

4.1 传感器前级信号的放大与隔离

传感器所感知、检测、转换和传递的信息为不同的电信号。传感器输出的电信号可分为电压输出、电流输出和频率输出,其中以电压输出为最多。在电流输出和频率输出传感器当中,除了少数直接利用其电流或频率输出信号外,大多数是分别配以电流—电压变换器或频率—电压变换器,从而将它们转换成电压输出型传感器。这里重点介绍电压输出型传感器的前级信号放大与隔离,在机电一体化系统中如何正确应用传感器前级信号的放大与隔离技术非常重要。

随着集成运算放大器的性能不断完善和价格下降,传感器的信号放大越来越多地采用集成运算放大器,由于其输入阻抗高,增益大,可靠性高,价格低廉,使用方便,因而得到广泛使用。随着半导体工艺的不断改进和完善,运算放大器的精度越来越高,品种也越来越多,现在已经生产出各种专用或通用运算放大器,以满足高精度机电一体化检测系统的需要,其中有测量放大器、可编程放大器、隔离放大器等。本节重点讨论测量放大器、程控测量放大器 PGA、隔离放大器。实际应用中,一次测量仪表的安装环境和输出特性千差万别,比较复杂,因此选用哪种类型的放大器应取决于应用场合和机电一体化系统的要求。

4.1.1 运算放大器

各种非电学量的测量,通常由传感器将非电量转换成电压(或电流)信号,此电压(或电流)信号一般情况下属于微弱信号。对一个单纯的微弱信号,可采用运算放大器进行放大。

1. 反相放大器

用运算放大器构成的反相放大器电路如图 4-1(a)所示。根据"虚地"原理,即 $U_\Sigma \approx 0$,反相放大器的传递函数为

$$G(s) = \frac{U_o(s)}{U_i(s)} = -\frac{Z_1}{Z_2}$$

由拉氏变换终值定理,当 $s \to 0$ 时,反相放大器放大倍数为

$$A_V = \frac{U_o}{U_i} = -\frac{R_1}{R_2}$$

当 $R_1 = R_2$ 时,则为反相跟随器,$U_o = -U_i$。

2. 同相放大器

反相放大器存在输入阻抗 R_i 较低的问题,$R_i = R_2$,通常 R_2 为几千欧。采用图 4-1(b)同相放大电路,可以得到较高的输入阻抗。根据"虚地原理",同相放大器的放大倍数为

$$A_V = \frac{U_o}{U_i} = \left(\frac{R_1}{R_2} + 1\right)$$

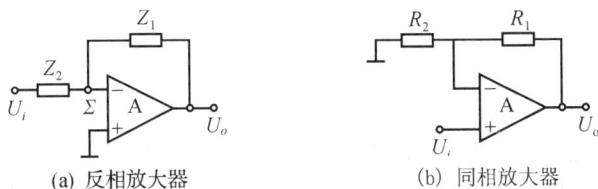

　　(a) 反相放大器　　　　　　　　(b) 同相放大器

图 4-1　运算放大器应用

4.1.2　测量放大器

1. 测量放大器的特点

运算放大器对微弱信号的放大,仅适用于信号回路不受干扰的情况。然而,传感器的工作环境往往比较恶劣,在传感器的两个输入端上经常产生较大的干扰信号,有时是完全相同的,其中就包含工频、静电和电磁耦合等共模干扰,完全相同的干扰信号称为共模干扰。虽然运算放大器对直接输入到差动端的共模信号有较强的抑制能力,但对简单的反相输入或同相输入接法,由于电路结构的不对称,抵御共模干扰的能力很差,故不能用在精密测量场合。因此,需要引入另一种形式的放大器,即测量放大器,又称仪用放大器、数据放大器,它广泛用于传感器的信号放大,特别是微弱信号及具有较大共模干扰的场合。

测量放大器除了对低电平信号进行线性放大外,还担负着阻抗匹配和抗共模干扰

的任务,它具有高共模抑制比、高速度、高精度、宽频带、高稳定性、高输入阻抗、低输出阻抗、低噪声等特点。

2. 测量放大器的组成

测量放大器的基本电路如图 4-2 所示。测量放大器由三个运算放大器组成,其中 A₁,A₂ 两个同相放大器组成前级,为对称结构,输入信号加在 A₁,A₂ 的同相输入端,从而具有高抑制共模干扰的能力和高输入阻抗。差动放大器 A₃ 为后级,它不仅切断共模干扰的传输,还将双端输入方式变换成单端输出方式,适应对地负载的需要。

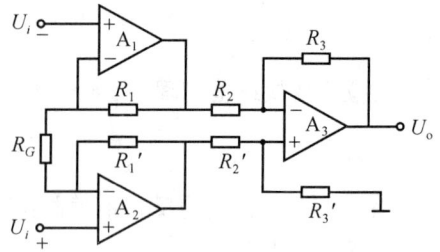

图 4-2 测量放大器工作原理图

测量放大器的放大倍数由下式确定:

$$A_V = \frac{R_3}{R_2}\left(1 + \frac{R_1 + R_1'}{R_G}\right)$$

式中,R_G 为用于调节放大倍数的外接电阻,通常 R_G 采用多圈电位器,并靠近组件,若距离较远应将联线绞合在一起。改变 R_G 可使放大倍数在 1~1000 范围内调节。

3. 实用测量放大器

目前,国内外已有不少厂家生产了许多型号的单片测量放大器芯片,供用户选择。美国公司提供的有 AD521,AD522,AD612,AD605 等。国内 749 厂生产的有 ZF605,ZF603,ZF604,ZF606 等。在信号处理中需对微弱信号放大时,可以不必再用分立的通用运算放大器来构成测量放大器。采用单片测量放大器芯片显然具有性能优异、体积小、电路结构简单、成本低等优点。下面介绍两种单片测量放大器。

(1) AD521。AD521 的管脚功能与基本接法如图 4-3 所示。

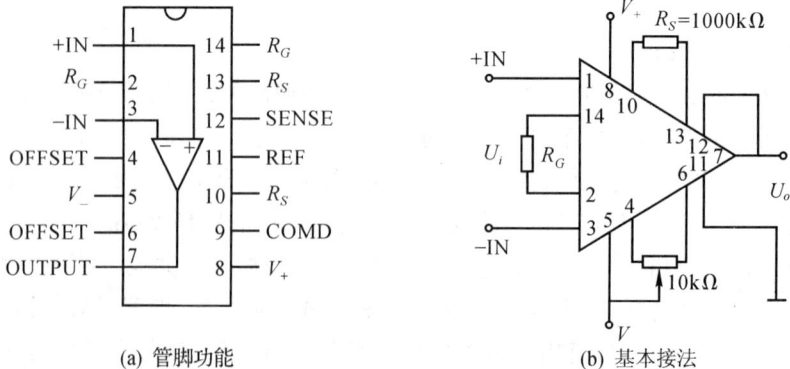

(a) 管脚功能 (b) 基本接法

图 4-3 AD521 管脚功能与基本接法

管脚 OFFSET(4,6)用来调节放大器零点,调节方法是将该端子接到 $10k\Omega$ 电位器的两固定端,滑动端接负电源端。测量放大器计算公式为

$$A_V = \frac{U_{\text{OUT}}}{U_{\text{IN}}} = \frac{R_S}{R_G}$$

放大倍数可在 0.1 到 1000 范围内调整,选用 $R_s = 1000k\Omega \pm 15\%$ 时,可以得到较稳定的放大倍数。

在使用 AD521(或其他测量放大器)时,都要特别注意为偏置电流提供回路。为此,输入(1 或 3)端必须与电源的地线相连构成回路。可以直接相连,也可以通过电阻相连。图 4-4 中给出了信号处理电路中与传感器不同的耦合方式下的接地方法。

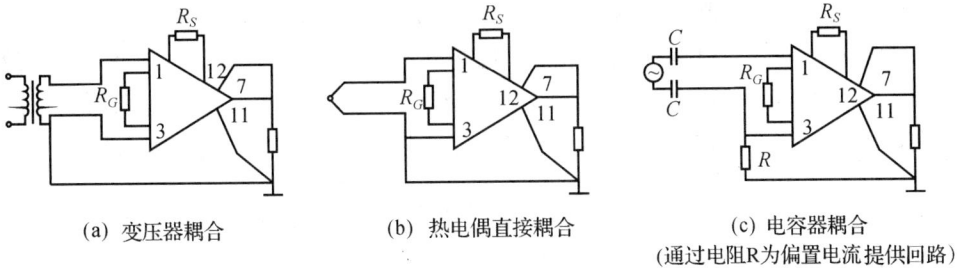

(a) 变压器耦合　　　　(b) 热电偶直接耦合　　　　(c) 电容器耦合
　　　　　　　　　　　　　　　　　　　　　　　　(通过电阻R为偏置电流提供回路)

图 4-4　AD521 的输入信号耦合方式

(2)AD522。AD522 也是单芯片集成精密测量放大器,当放大倍数为 100 时,非线性仅为 0.005%,在 0.1Hz 到 100Hz 频带内噪声的峰值为 1.5mV,共模抑制比 CMRR 大于 120dB。

AD522 的管脚功能如图 4-5 所示。管脚 4、6 是调零端,2 和 14 端连接调整放大倍数的电阻。与 AD521 不同的是,该芯片引出了电源地 9 和数据屏蔽端 13,该端用于连接输入信号引线的屏蔽网,以减少外电场对输入信号的干扰。图 4-6 所示为 AD522 在信号处理中与直流测量电桥的连接图。

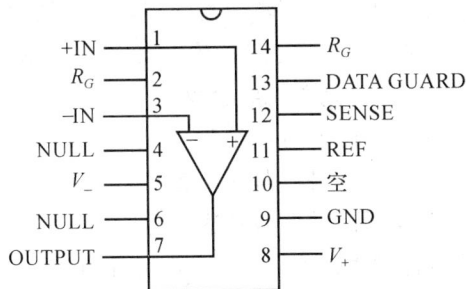

+IN	1	14	R_G
R_G	2	13	DATA GUARD
−IN	3	12	SENSE
NULL	4	11	REF
V_-	5	10	空
NULL	6	9	GND
OUTPUT	7	8	V_+

图 4-5　AD522 管脚功能

图中的信号地必须与电源地相连,以便为放大器的偏置电流构成通路。连接在端子

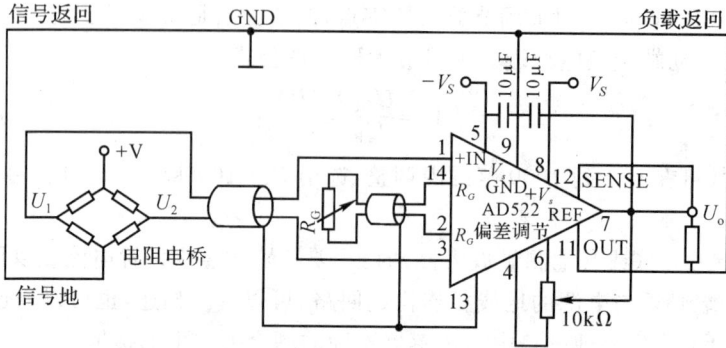

图 4-6　测量放大器 AD522 用于电桥的典型电路

2 和 14 之间的 R_G 是调整增益电位器,调整 R_G 大小,即可调整测量放大器的倍数。SENSE 为检测端子,REF 为参考端子,这两个端子的作用主要是消除放大器负载的影响,在该电路中分别接在放大器输出端和电源公共端。输出电压 U_o 计算如下:

$$U_o = \left(1 + \frac{200\text{k}\Omega}{R_G}\right)\left[(U_1 - U_2) - \frac{U_1 + U_2}{2} \times \frac{1}{\text{CMRR}}\right]$$

当共模抑制比 CMRR≫1 时,上式变为

$$U_o = \left(1 + \frac{200\text{k}\Omega}{R_G}\right)(U_1 - U_2)$$

4.1.3　程控测量放大器 PGA

当传感器的输出与机电一体化测试装置或系统相连接时,特别是在多路信号检测时,各检测点因所采用的传感器不同,即使同一类型传感器,根据使用条件的不同,输出的信号电平也有较大的差异,通常从微伏到伏,变化范围很宽。由于 A/D 转换器的输入电压通常规定为 0~10V 或者 ±5V,因此若将上述传感器的输出电压直接作为 A/D 转换器的输入电压,就不能充分利用 A/D 转换器的有效位,影响测定范围和测量精度。因此,必须根据输入信号电平的大小,改变测量放大器的增益,使各输入通道均以最佳增益进行放大。为满足此要求,在电动单元组合仪表中,常使用各种类型的变送器。在含有微机的检测系统则采用一种新型的可编程增益放大器 PAG(Programmable Gain Amplifier),它是通用性很强的放大器,其特点是硬件设备少,放大倍数可根据需要通过编程进行控制,使 A/D 转换器满量程信号达到均一化。例如,工业中使用的各种类型的热电偶,它们的输出信号范围大致在 0~60mV 左右,而每一个热电偶都有其最佳测温范围,通常可划为 0~±10mV,0~±20mV,0~±40mV,0~±80mV 四种量程,针对这四种量程,只需相应地把放大器设置为 500,250,125,62.5 四种增益,即可把各种热电偶输出信号都放大到 0~±5V。

1. 程控测量放大器原理结构

图 4-7 为程控测量放大器的原理结构图,它是图 4-2 电路的扩展,增加了模拟开关和驱动电路。增益选择开关 S_1-S_1',S_2-S_2',S_3-S_3' 成对动作,每一时刻仅有一对开关闭合,当改变数字量输入编码,则可改变闭合的开关号,选择不同的反馈电阻,达到改变放大器增益的目的。

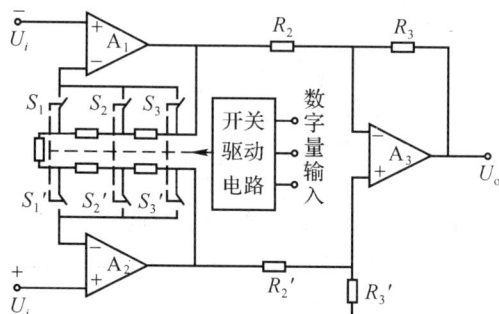

图 4-7　程控测量放大器

图 4-8 是一个实际的程控测量放大器原理结构图,是由美国 AD 公司生产的 LH0084。在图 4-8 中,开关网络由译码-驱动器和双 4 通道模拟开关组成,开关网络的

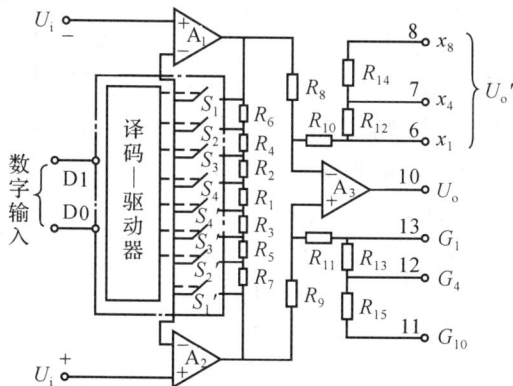

图 4-8　LH0084 程控测量放大器原理图

数字输入由 D_0 和 D_1 二位状态决定,经译码后可有四种状态输出,分别控制 S_1-S_1',S_2-S_2',S_3-S_3',S_4-S_4' 四组双向开关,从而获得不同的输入级增益。为保证线路正常工作,必须满足 $R_2=R_3$,$R_4=R_5$,$R_6=R_7$,另外,该模块也可以通过改变输出端的接线方式来改变后一级放大器 A_3 的增益。当管脚 6 与 10 相连作为输出端,管脚 13 接地时,则放大器 A_3 的增益 $A_V=1$。改变连线方式,即改变 A_3 的输入电阻和反馈电阻,可分别得到 4 倍到 10 倍的增益。但这种改变的方法不能用程序实现。

2.程控测量放大器的应用

程控测量放大器 PGA 的优越性之一就是能进行量程自动切换。特别当被测参数动态范围比较宽时,采用程控测量放大器会更方便、更灵活。例如,数字电压表,其测量动态范围可以从几微伏到几百伏,过去是用手拨切换开关进行量程选择,现在,在智能化数字电压表中,采用程控放大器和微处理器,可以很容易实现量程自动切换,其原理如图 4-9 所示。

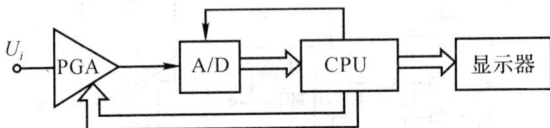

图 4-9　具有量程自动切换的数字电压表原理图

设 PGA 的增益为 1,10,100 三档,A/D 转换器为 12 位双积分式。用软件实现量程自动切换的框图如图 4-10 所示。自动切换量程的过程如下:当对被测信号进行检测,并进行 A/D 转换后,CPU 便判断是否超值。若超值,则说明被测量超过数字电压表的最大量程,需转入超量程处理,若未在最低档的位置,则把 PGA 的增益降一档,再重复前面的处理。若不超值,便判断最高位是否为零。如果是零,则再判断增益是否为最高一档,如不是最高档,将增益升高一级再进行 A/D 转换及判断;如果是 1,或 PGA 已经升到最高档,则说明量程已经切换到最合适档,此时微处理器对所得的数据再进一步处理。因此智能化电压表可自动选取最合适的量程,提高了测量精度。

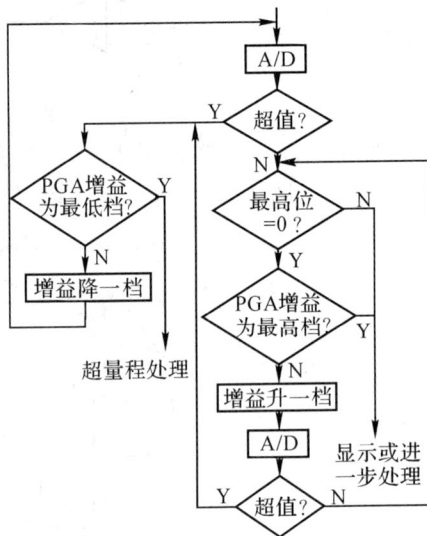

图 4-10　自动量程切换程序框图

4.1.4　隔离放大器

在机电一体化检测系统中,都希望在输入通道中把工业现场传感器输出的模拟信号与检测系统的后续电路隔离开来,即无电的联系。这样可以避免工业现场送出的模拟信号带来的共模电压及各种干扰对系统的影响。解决模拟信号的隔离问题要比解决数字信号的隔离问题困难得多。目前,对于模拟量信号隔离,广泛采用隔离放大器。这是近十几年来发展起来的新型器件。隔离放大器按原理分有两种类型:一种是按变压器耦合的方式,另一种是利用线性光耦合器再加相应的补偿方式。在这里我们给大家介绍按变压器耦合方式工作的隔离放大器。这种放大器,先将现场模拟信号调制成交流信号,通过变压器耦合给解调器,输出的信号再送给后续电路,例如计算机的 A/D 转换器。

1. 隔离放大器

隔离放大器主要有以下几个特点:

①能保护系统元件不受高共模电压的损害,防止高压对低压信号系统的损坏。

②泄漏电流低。

③共模抑制比高,能对直流和低频信号(电压或电流)进行准确、安全的测量。

2. 隔离放大器的原理结构

隔离放大器由四个基本部分组成,即①输入部分包括输入运算放大器、调制器;②输出部分包括解调器、输出运算放大器;③信号耦合变压器;④隔离电源。如图 4-11 所示。这四个基本部分装配在一起,组成模块结构,不但用户使用方便,同时提高了可靠性。此种隔离放大器组件的核心技术是超小型变压器及其精密装配技术。这样一个非常复杂的功能组件,其体积只有 $64 \times 12 \times 9 mm^3$,安装形式是双列直插式,插

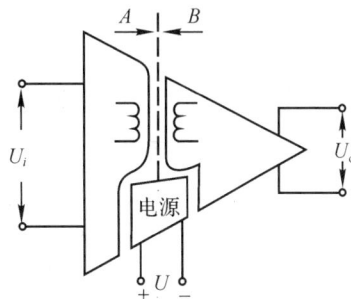

图 4-11　隔离放大器示意图

座用 40 脚插座。目前,在国内应用较广泛的是美国 AD 公司的隔离放大器,如 Model277,Model278,AD293,AD294 等。典型的隔离放大器如图 4-12 所示。图 4-12(a)为原理框图,图 4-12(b)为简化的功能图。对它的结构简要说明如下:外加直流电源 V_s,经稳压器后为电源振荡器提供电源,可产生 100kHz 的高频电压,分两路输出。一路到输入部分,其中 c 绕组作为调制器的交流电源,而 b 绕组提供给 1# 隔离电源形成 ±15V 的浮空电源,可作为前置放大器 A_1 及外附加电路的直流电源。另一路到输出部分,e 绕组作为解调器的交流电源,而 d 绕组供给 2# 隔离电源形成 ±15V 直流电源,供给输出放大器 A_2 等。

3. 隔离放大器工作原理

输入部分的作用是将传感器的信号滤波和放大,并调制成交流信号,通过隔离变压器耦合到输出部分。而在输出部分完成的作用,是把交流信号解调成直流信号,再经滤波和放大,最后输出 0~±10V 的直流电压。

由于放大器的两个输入端都是浮空的,所以,它能够有效地作为测量放大器,又因采用变压器耦合,所以输入部分和输出部分是隔离的。

隔离放大器总电压增益为

$$A = A_{in} \cdot A_{out} = 1 \sim 1000$$

式中,A_{in} 为输入部分电压增益;A_{out} 为输出部分电压增益。

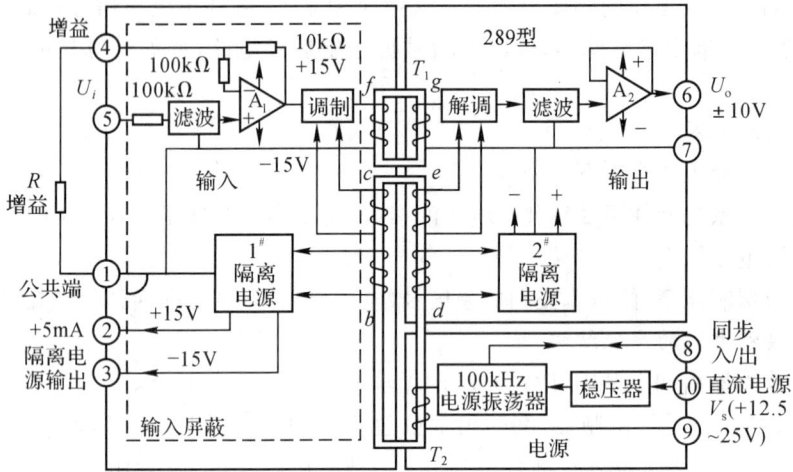

(a) 原理框图

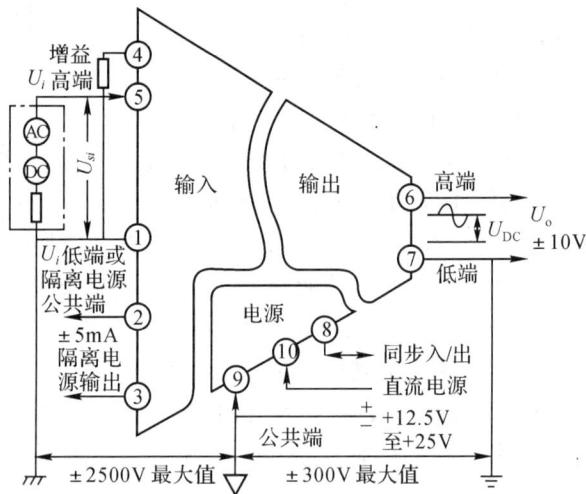

(b) 简化的功能图

图 4-12　典型的隔离放大器

4.2　信号在传输中的变换

4.2.1　信号在传输过程中变换的意义

在成套仪表系统及自动检测装置中,都希望传感器和仪表之间及仪表和仪表之间的信号传送都采用统一的标准信号,这样不仅便于使用微机进行巡回检测,同时可以使指示、记录仪表一体化。另外若通过各转换器,如气—电转换器、电—气转换器等还可将电动仪表和气动仪表联系起来混合使用,从而扩大仪表的使用范围。目前,世界各国均采用直流信号作为统一信号,并将直流电压 0～5V 和直流电流 0～10mA 或 4～20mA 作为统一的标准信号。采用直流信号作为统一的标准信号与交流信号相比有以下优点:①在信号传输线中,直流不受交流感应的影响,干扰问题易于解决;②直流不受传输线路的电感、电容及负荷性质的影响,不存在相位移的问题,使接线简单;③直流信号便于A/D 转换,因而巡回检测系统都是以直流信号作为输入信号。

为了信号的远距离传送。经常将电压信号转换成 0～10mA 或 4～20mA 的电流信号,以减少干扰的影响和长线电压传输的信号损失。在检测系统需接收电压信号时,可在电流回路串入一个负载电阻获得电压信号。通常传感器输出的信号多数为电压信号,为了将电压信号变成电流信号,需采用电压—电流信号变换器(V/I 变换器)。

4.2.2　常用的信号变换方法

1. V/I 变换器

V/I 变换器的作用是将电压变换为标准的电流信号。它不仅具有恒流性能,而且要求输出电流随负载电阻变化所引起的变化量不超过允许值。一般的 V/I 变换器构成的主要部件是运算放大器,如图 4-13 所示就是一个 0～10mA 的 V/I 变换的典型电路。运算放大器 A 接成同相放大器,由电路分析可知,此变换电路属于电流串联负反馈,具有良好的恒流性能;R_3 为电流反馈电阻,R 为反馈电阻,它小于 R_3。三极管 VT_1 和 VT_2 组成电流输出级,用来扩展电流。若运算放大器的开环增益和输入阻抗足够大,不难证明:

$$U_i \approx U_F = I_o R_3$$

显然,输出电流 I_o 仅与输入电压 U_i 和反馈电阻 R_3 有关,与负载电阻无关,说明它具有较好的恒流性能。选择合适的反馈电阻 R_3 之值便能得到所需的变换关系。

0～10mA 的标准信号仅使用于 Ⅱ 型仪表,为了更加提高仪表的精度和稳定性,使仪表工作更可靠,扩大应用功能,目前广泛采用了 Ⅲ 型仪表及智能化仪表,这些仪表是以 4～20mA 的直流电流作为统一的标准信号,即规定传感器从零到满量程的统一输出信号为 4～20mA 的直流电流。实现该特性的典型电路如图 4-14 所示。

该变换电路由运算放大器 A 和三极管 VT_1,VT_2 组成。运算放大器主要完成信号的放大和比较作用,VT_1 为倒相放大级,VT_2 为电流输出级。U_b 为偏置电压,用以进行零点迁移。输出电流 I_o 流经 R_3,得到反馈电压 U_F,此电压经 R_5、R_4 加到运算放大器的两个输入端,形成差动输入信号。由于此电路具有深度电流串联负反馈,因此有较好的恒流性能。

采用 4～20mA 电流信号作为标准信号,还可以实现传送线的断线自检功能。断线自检电路如图 4-15 所示。由于这种传送信号方式在正常工作时有 4mA 的基本电流,因

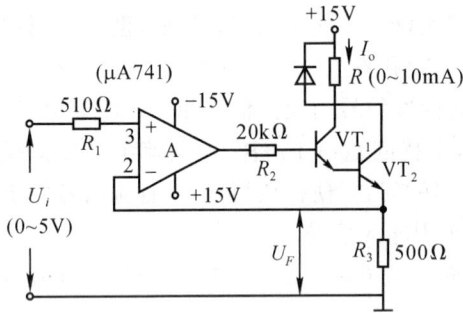

图 4-13　0～10mA 的 V/I 变换电路　　　　图 4-14　4～20mA 的 V/I 变换电路

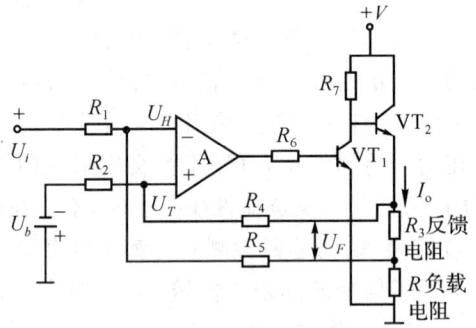

此接收端信号电压为 1～5V。当传送断线时，接收端的信号为零值。据此即可以检出断线。

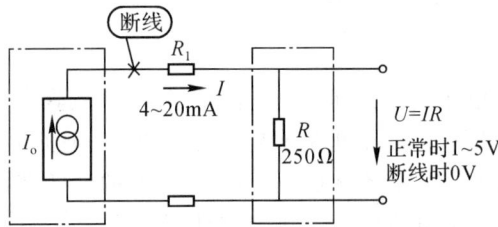

图 4-15　4～20mA 电流信号传送断线自检电路

2. F/V 转换器

由于频率信号输出占有总线数量少，易于远距离传送，抗干扰能力强，将频率信号转换成与频率成正比的模拟电压，可采用 F/V 转换器。通常没有专门用于 F/V 转换的集成器件，而是使用 V/F 转换器在特定的外接电路下构成 F/V 转换电路。一般的集成 V/F 转换器都具有 F/V 转换功能。

图 4-16 是由 LM331 V/F 转换器构成的两种 F/V 转换电路。输入频率脉冲 f_{IN} 经过 C-R 网络接入比较器阀值端 6 脚上，脉冲的下降沿引起输入比较器触发的定时电路。与 V/F 转换器相同，1 脚流出的平均电流 $I_{AVE}=i(1.1R_iC_i)f_{IN}$。将此电流经过 C-R 网络滤波即可获得与 f_{IN} 信号频率成正比的直流电压。图 4-16(a) 是简单的 F/V 转换电路，网络 $R_L=100\text{k}\Omega$ 及 $C_L=1\mu\text{F}$ 对电流进行滤波，纹波峰值小于 10mV。对于 0.1s 的时间常数，0.1% 精度下的建立时间为 0.7s。在图 4-16(b) 所示的精密 F/V 转换电路中由运算放大器提供缓冲输出，并实现双极点滤波器的作用，对于所有高于 1kHz 的频率，纹波峰值小于 5mV，响应时间比图 4-16(a) 要快得多。然而对于低于 200Hz 的输入频率，电路输出的纹波将比图 4-16(a) 所示电路更差，要对滤波时间常数进行调整，以满足响应和足够小的纹波需要。

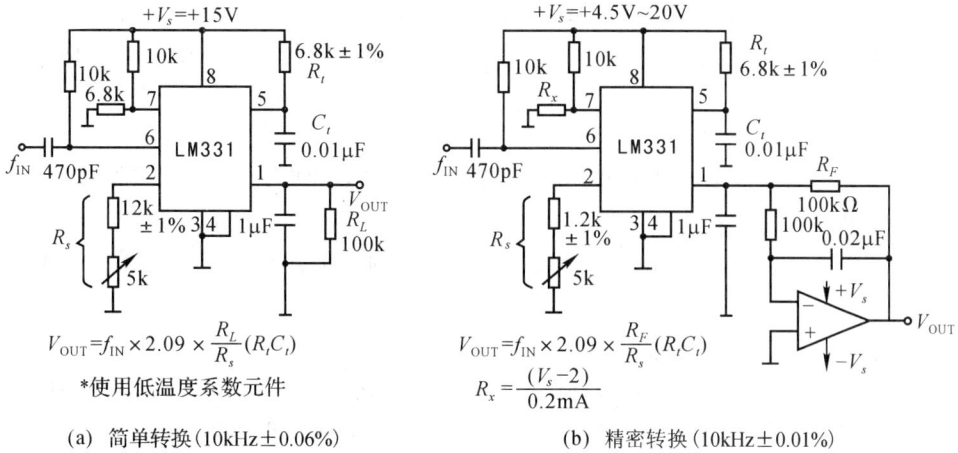

图 4-16 由 LM331V/F 转换器构成的 F/V 转换电路

$$V_{\text{OUT}}=f_{\text{IN}} \times 2.09 \times \frac{R_L}{R_s}(R_tC_t)$$

*使用低温度系数元件

(a) 简单转换(10kHz±0.06%)

$$V_{\text{OUT}}=f_{\text{IN}} \times 2.09 \times \frac{R_F}{R_s}(R_tC_t)$$

$$R_x = \frac{(V_s-2)}{0.2\text{mA}}$$

(b) 精密转换(10kHz±0.01%)

4.3 传感器与微型计算机的接口

4.3.1 传感器信号的采样/保持

当传感器将非电物理量转换成电量,并经放大、滤波等一系列处理后,需经模数转换成数字量,才能送入计算机系统。

在对模拟信号进行模数变换时,从启动变换到变换结束的数字量输出,需要一定的时间,即 A/D 转换器的孔径时间。当输入信号频率提高时,由于孔径时间的存在,会造成较大的转换误差。要防止这种误差的产生,必须在 A/D 转换开始时将信号电平保持住,而在 A/D 转换结束后又能跟踪输入信号的变化,即对输入信号处于采样状态。能完成这种功能的器件叫采样/保持器,从上面分析也可知,采样/保持器在保持阶段相当于一个"模拟信号存储器"。

在模拟量输出通道,为使输出得到一个平滑的模拟信号,或对多通道进行分时控制时,也常使用采样/保持器。

1.采样/保持器原理

采样/保持器由存储电容 C,模拟开关 S 等组成,如图 4-17 所示。当 S 接通时,输出信号跟踪输入信号,称采样阶段。当 S 断开时,电容 C 两端一直保持断开的电压,称保持阶段。由此构成一个简单的采样/保持器。实际上为使采样/保持器具有

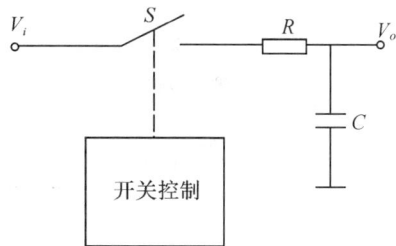

图 4-17 采样/保持器原理

足够的精度,一般在输入级和输出级均采用缓冲器,以减少信号源的输出阻抗,增加负载的输入阻抗。在电容选择时,使其大小适宜,以保证其时间常数适中,并选用漏泄小的电容 C。

2. 集成采样/保持器

随着大规模集成电路技术的发展,目前已生产出多种集成采样/保持器。如可用于一般目的的 AD582,AD583,LF198 系列等;用于高速场合的有 HTS-0025,HTS-0010,HTC-0300 等。为了使用方便,有些采样/保持器的内部还设置保持电容,如 AD389,AD585 等。

集成采样/保持器的特点是:

①采样速度快,精度高,一般在 $2\sim2.5\mu s$,即达到 $\pm0.01\%\sim\pm0.003\%$ 精度;

②下降速率慢,如 AD585,AD348 为 $0.5mV/ms$,AD389 为 $0.1\mu V/ms$。

正因为集成采样/保持器有许多优点,因此得到了极为广泛的应用。下面以 LF398 为例,介绍集成采样/保持器的原理。

如图 4-18 所示为 LF398 原理图。从图可知,其内部由输入缓冲级、输出驱动级和控制电路三部分组成。控制电路中 A_3 主要起到比较器的作用,其中 7 脚为参考电压,当输入控制逻辑电平高于参考端电压时,A_3 输出一个低电平信号驱动开关 K 闭合,此时输入经 A_1 后跟随输出到 A_2,再由 A_2 的输出端跟随输出,同时向保持电容(接 6 端)充电;而当控制端逻辑电平低于参考端电压时,A_3 输出一个正电平信号使开关 K 断开,以达到非采样时间内保持器仍保持原来输入的信号。因此,A_1,A_2 是跟随器,其作用主要是对保持电容输入和输出端进行阻抗变换,以提高采样/保持器的性能。

与 LF398 结构相同的还有 LF198、LF298 等,它们都是由场效应管构成,具有采样

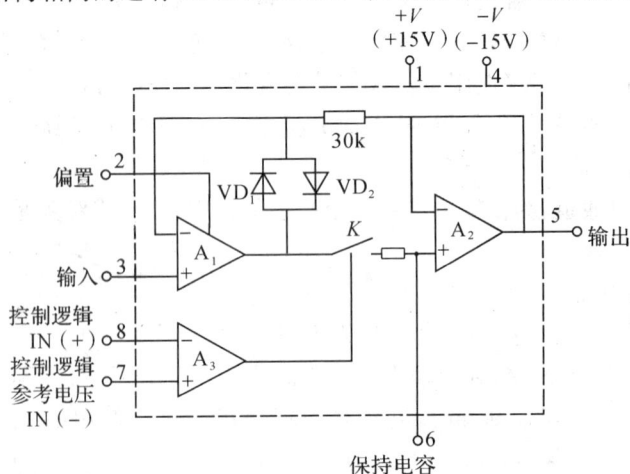

图 4-18　LF398 采样/保持器原理图

速度高、保持电压下降慢以及精度高等特点。

如图 4-19 所示为 LF398 外引脚图,如图 4-20 所示为典型应用图。在有些情况下,还可采取二级采样保持串联的方法,根据选用不同的保持电容,使前一级具有较高的采样速度而后一级保持电压下降速率慢。二级结合构成一个采样速度快而下降速度慢的高精度采样/保持电路,此时的采样总时间为两个采样/保持电路时间之和。

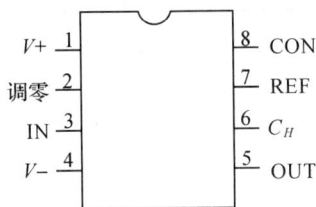

图 4-19 LF398 外引脚图

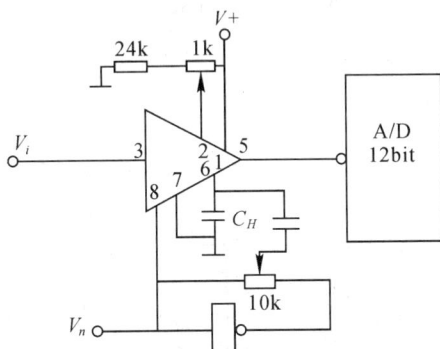

图 4-20 LF398 典型应用图

4.3.2 多通道模拟信号输入

在机电一体化领域中,经常对许多传感器信号进行采集和控制。如果每一路都单独采用各自的输入回路,即每一路都采用放大、采样/保持、A/D 等环节,不仅成本比单路成倍增加,还会导致系统体积庞大,且由于模拟器件、阻容元件参数和特性不一致,对系统的校准带来很多困难。因此除特殊情况下,多采用公共的采样/保持及 A/D 转换电路。要实现这种设计,往往采用多路模拟开关,常用的有 AD7501、AD7506、AD7502、LF13508 等。

1.常用模拟多路开关集成电路

(1)单端 8 通道。AD7501 是单片集成的 CMOS 8 选 1 多路模拟开关,每次只选中 8 个输入端的一路与公共端接通,选通通道是根据输入地址编码而得。所有数字量输入均可用 TTL/TCL 或 CMOS 电平。如图 4-21 所示为 AD7501 的外引脚图和原理图。

(2)单端 16 通道。AD7506 为单端 16 选 1 多路模拟开关,如图 4-22 所示为 AD7506 的引脚图和原理图。

2.各路模拟开关应用举例

在许多机电一体化产品中,都需要用到多路模拟量输入情况,此时可采用多路模拟开关来实现,如图 4-23 所示为利用 AD7501 组成的 8 路模拟量输入通道。对于 16 路输入情况,可以使用两片 AD7501 组合而成,见图 4-24 所示,当然也可采用单片 AD7506 等。但对于更多输入情况,如 64 路 128 路输入,则只能使用多个多路模拟开关组合的方

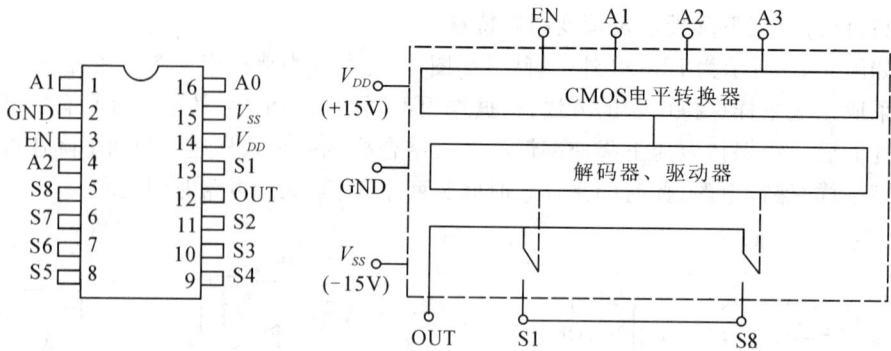

图 4-21   AD7501 的外引脚图和原理图

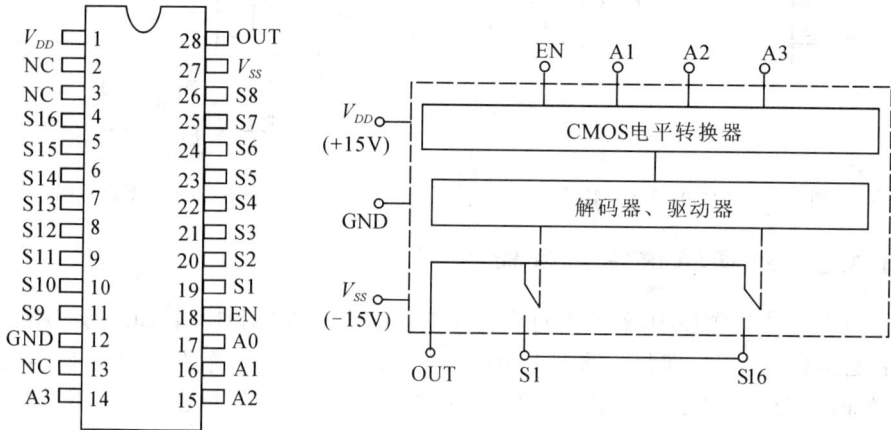

图 4-22   AD7506 的外引脚图和原理图

式,具体方法可参考图 4-24 所示。

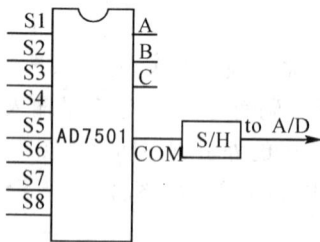

图 4-23   利用 AD7501 组成的
8 路模拟量输入

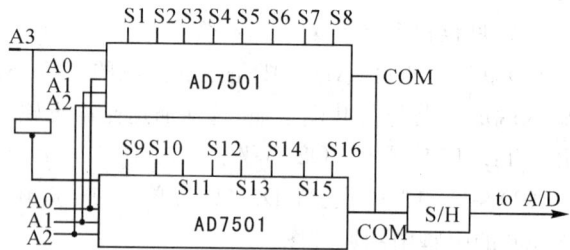

图 4-24   两片 AD7501 组成的
16 路模拟量输入

3. 多路开关选用注意事项

在选用多路开关时,常要考虑许多因素,如需多少倍? 要单端型还是差动型? 开关电阻要多大? 控制电平要多高? 另外还要考虑开关速度及开关间互相干扰等诸多方面。

(1) 对于传输信号电平较低的场合,可选用低压型多路模拟开关,这时必须在电路中有严格的抗干扰措施,一般情况下选用常用的高压型。

(2) 对于要求传输精度高而信号变化缓慢的场合,如利用铂电阻测量缓变温度场,就可选用机械触点式开关,在输入通道较多的场合,应考虑其体积问题。

(3) 在切换速度要求高、路数多的情况,宜选用多路模拟开关;在选用时尽可能根据通道量选取单片模拟开关集成电路,因为这种情况下每路特性参数可基本一致;在使用多片组合时,也宜选用同一型号的芯片,以尽可能使每个通道的特性一致。

(4) 在多路模拟开关的速度选择时,要考虑到其后级采样保持电路和 A/D 的速度,只需略大于它们的速度即可,不必一味追求高速。

(5) 在使用高精度采样、保持 A/D 进行精密数据采集和测量时,需考虑模拟开关的传输精度问题,尤其需注意模拟开关漂移特性,因为如果性能稳定,即使开关导通电阻较大,也可采取补偿措施来消除影响。但如果阻值和漏电流等漂移很大,将会大大影响测量精度。

4.3.3　A/D 转换器芯片与微机接口时必须考虑的问题

有些 A/D 和 D/A 转换器生产厂家提供的产品资料常常提到产品“与微处理器兼容”。实际上兼容的程度大不相同,往往有某种程度的夸大,必须进行具体的了解。只有当转换装置是专门设计用于同某种特定的微处理器联用,不需任何外加器件就可以直接接到微处理器的地址、数据和控制总线,使微机可以简单地按外部设备来对待它时,才能认为真正是与该种微处理器兼容。实际上绝大多数所谓与微处理器兼容的转换器件都还需要配用一些用于地址译码、数据锁存和信号组合等的外加部件才能与微机协同工作。因而在应用 A/D 和 D/A 转换器件时需要考虑它们与微处理器的接口问题。

在机电一体化系统中,被控制或被测量的对象的有关参量,往往是一些连续变化的模拟量,如压力、温度、位移、速度等物理量,这些模拟量必须转换成数字量后才能输出到计算机进行处理。A/D 转换器是数字信号处理系统的重要器件。实现 A/D 转换有多种方式,A/D 转换芯片也有多种型号,其技术参数主要有:分辨率、相对精度、输入电压、转换时间、输入电阻、供电电压等。其中分辨率和转换时间两项较关键。

分辨率是指转换微小输入量变化的敏感程度,用数字量的位数来表示,如 8 位、10 位、12 位等。对于 n 位的转换器,能对满量程输入电压的 2^{-n} 倍变化量作出反应。满量程输入电压为 5V 的 8 位转换器,能分辨的最小电压为 0.02V;12 位能分辨的最小电压约为 0.0012V。有的转换芯片用其中最高位表示输入电压的正负,这对转换双极性的电压信号有利,但转换的数字位减少了一位,分辨率降低。转换时间是指 A/D 转换的工作时间,它对所能转换的最高信号频率有影响。时间的倒数对应最高转换频率。例如转换时间为 $100\mu s$ 的 A/D 转换芯片,能转换的最高信号频率为 10kHz。因此 A/D 转换芯片的转换时间,也就大致上决定了该数字信号处理系统的最高采样频率范围。

选择模数转换器时,主要从速度、精度和价格上考虑。由于在"单片机原理与接口技术"课程中已对 A/D 转换器及接口进行了详细介绍,这里仅介绍设计 A/D 芯片和微处理器间的接口时必须考虑的问题。

1. A/D 的数字输出特性

A/D 与微处理器之间除了明显的电气相容性以外,对 A/D 的数字输出必须考虑的关键两点是:转换结果数据应由 A/D 锁存和数据输出,最好具有三态能力。具有三态输出能力,A/D 的转换结果数据在外界控制下才被送到系统数据总线上,一般来说将使接口简化。但是,当微处理器系统本身有空余的并行 I/O 接口时,这个三态功能可由该 I/O 接口实现。

2. A/D 和 CPU 间的时间配合问题

设计 A/D 和微处理器间的接口,突出要解决的是时间配合问题。A/D 转换器从接到启动命令到完成转换给出转换结果数据总是需要一定的转换时间,一般来说,快者需要几微秒,慢者需要几十、甚至几百毫秒。通常最快的 A/D 转换时间都比大多数微处理器的指令周期长。为了得到正确的转换结果,必须根据要求解决好启动转换和读取结果数据这两步操作间的时间配合问题,解决这个问题的几种方法有固定延时等待法、保持等待法、中断响应法、查询法、双重缓冲法等,详细请看计算机接口技术。

3. A/D 的分辨率和微处理器数据总线的位数

当 A/D 的分辨率超过微处理器数据总线位数时,就不能只用一条指令,而必须用两条输入指令才能把 A/D 转换的整个数字结果传递给微处理器。有不少 8 位以上的 A/D 器件提供两个数据输出允许信号 HIGH BYTE ENABLE(高字节允许)和 LOW BYTE ENABLE(低字节允许),在这种情况下,就可采用如图 4-25 所示的接口方式。微处理器对一个口地址 CS1 执行一条输出指令去启动 A/D 转换,当转换完成时,微处理器再对该地址执行一条输入指令,以读入转换结果数据的低字节,为了从 A/D 中获取数据的高字节,必须对另一地址 CS2 执行一条输入指令。

4. A/D 的控制和状态信号

A/D 的控制和状态信号的类型和特征对接口有很大影响,因此也必须给予充分注意。下面仅就几个主要信号进行简单讨论。

(1)启动信号(START)。这是一个用于启动 A/D 转换的输入信号。有的 A/D 要求脉冲启动,有的要求电平启动,其中又有不同的极性要求。要求脉冲启动的往往是前沿用于复位 A/D,后沿才用于启动转换。对脉冲的宽度也有不同的要求,最理想的是用来

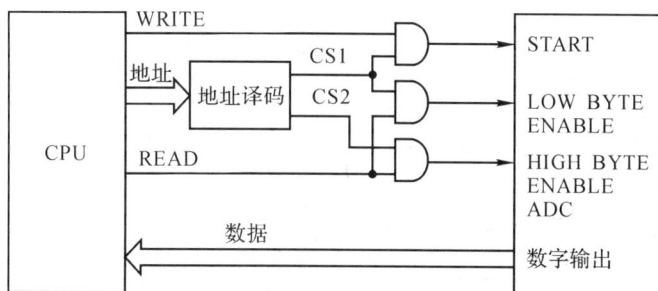

图 4-25　高分辨率 A/D 与数据总线为 8 位的 CPU 接口原理图

自微处理器的 WRITE 或 READ 与地址译码信号相结合产生 START 信号,但是当要求长脉冲时,就不得不提供附加电路来产生符合要求的启动脉冲。对要求电平启动的 A/D 在整个转换过程中,必须始终维持该电平,否则会使转换中途停止得出错误的转换结果。

(2)转换结束信号(EOC 或 READY 或 BUSY)。这是由 A/D 提供的状态输出信号,它指示最近开始的转换是否已经完成。对这个信号的使用要注意:①极性是否符合要求;②复位这个信号的时间要求,即是否存在启动转换到 EOC 变"假"的时间延迟问题(见中断响应法);③是否有置这个信号端为高阻状态的能力,如有此能力在查询法中将使外部接口电路简化(见查询法)。

(3)输出允许信号(OUTPUT ENABLE)。这是一对具有三态输出能力的 A/D 输入控制信号,在它的控制下,A/D 可将数据送上数据总线。它可由来自微处理器的 READ 与地址译码信号相结合而产生。对于 8 位以上的 A/D 要求有两个(高字节、低字节)输出允许信号。对这个信号当然也要注意极性问题。

4.3.4　D/A 转换器芯片与微机接口时必须考虑的问题

D/A 转换器可以看作是微处理器的一个输出设备,它与微处理器的接口问题实际上就是与微处理器的地址、数据和控制总线的接口问题。接口的目的应使微处理器简单地执行一次输出指令就能建立一个给定的电压或电流输出。

D/A 转换器与微处理器接口除了电平匹配以外,首先要解决的是数据锁存问题。我们知道,当微处理器送出一个数字信息给 D/A 转换器时,这个数据在数据总线上只出现很短暂的一段时间,为了保证 D/A 转换器完成转换,并在总线上数字信息消失以后能保持有稳定的模拟输出,必须有一组锁存器保持住原输入的数字信息。实际上有的 D/A 转换器提供数据锁存,另一些器件则不提供。当不提供时,就要在接口设计中予以外加。可以充当外加锁存器的器件有 D 触发器、8212 芯片、PIO 芯片等。对于 8 位 D/A 外加锁存器的方法如图 4-26 所示。

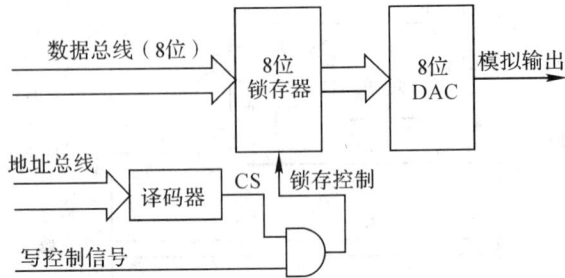

图 4-26　8 位 DAC 外加锁存器示意图

8 位锁存器用于锁存来自 8 位数据总线的数字信息。为了确定数据已加给该 D/A，需要由地址总线经译码得到片选信号 CS。为了控制数据输入锁存，需要有关的控制信号。

如果 D/A 转换器的位数（分辨率）多于微处理器数据总线的位数，则被转换的数据必须分几次送出。这就需要多个锁存器来锁存分几次送来的完整的数字数据。例如，当微处理器数据总线为 8 位，而 D/A 为 12 位时，就需要采用如图 4-27 所示的接口。从图中可见，采用了两级缓冲锁存，每一级用了两个锁存器。一个完整的 12 位数据，微处理器要分两次送出，先送低字节（8 位），再送高字节（4 位）。送完数据后，微处理器还要再进行一次输出操作（输出的数据无用），来进行第二级锁存，因此完整的过程需要三步才能完成。进行第二级锁存的目的是为了避免当低 8 位输入后，高 4 位未输入前这段过渡时间的过渡数据使输出端出现短暂的错误输出。

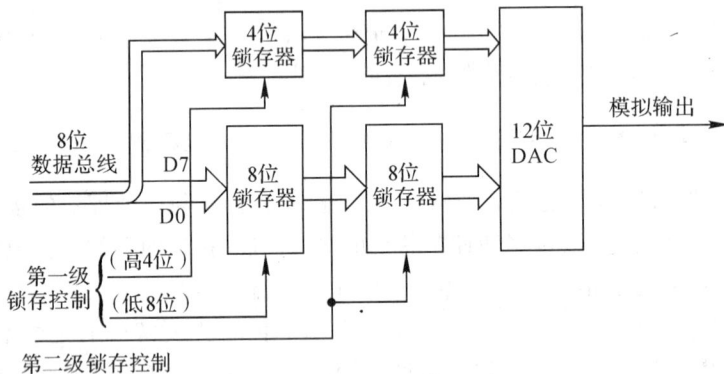

图 4-27　两级缓冲锁存接口示意图

采用图 4-28 所示的较简单的两级缓冲结构，可以省掉一个 4 位锁存器及有关的译码器，并使输入数据的过程由三步减为两步。

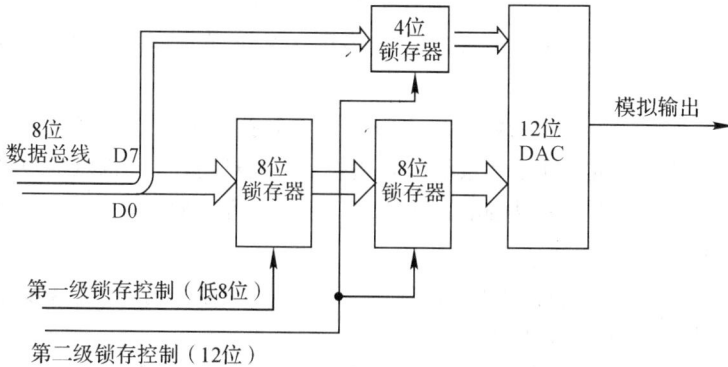

图 4-28　简化的两级缓冲锁存接口示意图

4.3.5　模/数和数/模转换器件的选择

随着微机应用范围的日益广泛,A/D 和 D/A 器件也得到了飞速的发展,为了适应不同的要求,各个厂家竞相生产了多种类型和多种规格的转换器件,这就为用户能够选购到更为适用的 A/D,D/A 芯片创造了有利的条件。

在选择中要知己知彼,首先要充分了解转换器件各项技术术语、参数的确切含意和测试条件,在此基础上根据系统对器件提出的各项技术要求和使用中的环境条件去选择最经济适用的器件。在选择过程中,除考虑当前的要求以外,还要适当地考虑到今后发展上的要求。当系统提出的某些要求也可用计算机软件实现时,还要考虑这部分要求是用硬件(增加器件)实现还是用软件实现更为有利。

(1)模拟信号的输入(A/D 转换器)和模拟信号的输出(D/A 转换器)。

①模拟信号范围、极性、输入输出阻抗是否符合系统的要求?是否需要外加放大(或衰减)、极性变换和阻抗匹配等部件?

②D/A 转换器件如为电流输出,采用何措施使之能提供符合系统要求的电压输出?

(2)数字信号的输入(D/A 转换器)和数字信号的输出(A/D 转换器)。

①逻辑电平(是 TTL、高压 CMOS 或是低压 CMOS)、数字代码(是二进制、偏移二进制或是 2 的补码)是否与系统的要求相符? 是否需要进行电平变换或码制变换?

②数字数据多少位(D/A、A/D 转换器分辨率)?微处理器数据总线为多少位?转换器件有无数据锁存器和三态输出? 是否需外加缓冲部件?

③数字数据是串行还是并行? 是否符合系统要求? 是否需进行数据传输方式的变换?

(3)系统和转换器件的控制、状态信号之间的信号供需关系、信号逻辑电平、信号极性、信号时间关系等是否兼容？是否需外加某些附加电路？

（4）转换器件的转换速度（D/A 转换器的建立时间、A/D 转换器的转换时间）是否符合系统要求？

（5）转换器件的转换精度、线性度、微分非线性等技术指标是否符合系统要求？

（6）转换器件要求几种电源？系统能否提供？系统对功耗有无限制？D/A 转换器要求何种基准电压？是固定的（内部的还是外部的）还是可变的？

（7）系统的环境要求。

①环境温度和系统提供的电压稳定性是否符合转换器件的要求？如果达不到要求对器件的技术指标影响程度如何？

②系统有无其他特殊环境条件，如高湿度、冲击、振动、大功率射频干扰、装配空间限制等？如存在这些问题，是选用更高级的器件还是改善环境条件？

除了以上的一般因素以外，选择 A/D 转换器件时还应考虑以下因素：

（1）模拟输入信号是单通道还是多通道？

（2）模拟信号的变化速度如何？是否需加采样/保持器？采样频率应为多少？采用何种类型的转换器才能适应速度的要求？

（3）信号是单端输入还是差动输入？

（4）信号是否会有过压？是否要求 A/D 转换器有过压保护？是否经过滤波？

（5）是否在任何条件下都不允许有误码？

4.3.6 传感器与微机的接口

输入到微型机的信息必须是微型机能够处理的数字量信息。传感器的输出形式可分为模拟量、数字量和开关量。与此相应的有三种基本接口方式，见表 4-1。

表 4-1 传感器与微机的基本接口

接口方式	基 本 方 法
模拟量接口方式	传感器输出信号→放大→采样/保持→模拟多路开关→A/D 转换→I/O 接口→微型机
数字量接口方式	数字型传感器输出数字量（二进制代码、BCD 码、脉冲序列等）→计数器→三态缓冲器→微型机
开关量接口方式	开关型传感器输出二值式信号（逻辑 1 或 0）→三态缓冲器→微型机

根据模拟量转换输入的精度、速度与通道等因素有表 4-2 所示的四种转换输入方式。在这四种方式中，其基本的组成元件相同。

表 4-2　模拟量转换输入方式

类　型	组　成　原　理　框　图	特　点
单通道直接型	传感器 → A/D → 三态缓冲器 → 总线	最简单的形式。只用一个 A/D 转换器及缓冲器将模拟量转换为数字量,并输入微型机。受转换电压幅度与速度的限制,应用范围窄
多通道一般型	传感器 → 放大 → 模拟多路开关 → 采样/保持 → A/D → 总线;控制器	依次对每个模拟通道进行采样保持和转换,节省元件,速度低,不能获得同一瞬时各通道的模拟信号
多通道同步型	传感器 → 采样/保持 → 模拟多路开关 → A/D → 缓冲器 → 总线;控制器	各采样/保持同时动作,可测得在同一瞬时各传感器输出的模拟信号
多通道并行输入型	传感器输入 → 采样/保持 → A/D → 模拟多路开关 → 总线	各通道直接进行转换,送入微型机或信号通道。灵活性大,抗干扰能力强。根据传感器输出信号的特点可采用采样/保持或不同精度的 ADC

图 4-29 是典型 A/D 芯片 0809 与微机的联接线图,芯片脚 $V_{REF(-)}$ 接 $-5V$,$V_{REF(+)}$ 接 $+5V$;此时输入电压可在 $\pm5V$ 范围之内变动。A/D 转换器的位数可以根据检测精度要求来选择,0809 是 8 位 A/D 转换器,它的分辨率为满刻度值的 0.4%。ALE 是地址锁存端,高电平时将 A、B、C 锁存。A,B,C 全为 1 时,选输入端 IN7。ST 是重新启动

的转换端,高电平有效,由低电平向高电平转换时,将已选通的输入端开始转换成数字量,转换结束后引脚 EOC 发出高电平,表示转换结束。OE 是允许输出控制端,高电平有效。高电平时将 A/D 转换器中的三态缓冲器打开,将转换后的数字量送到 $D_0 \sim D_7$ 数据线上。

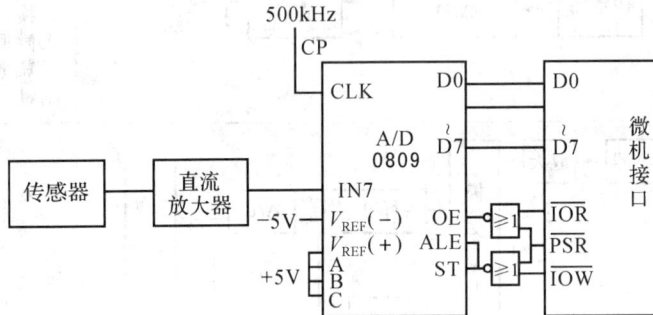

图 4-29　传感器与微机的联接

在微机接口中有一根是地址译码线$\overline{PSR}$,地址线为某一状态时,它为有效电平,$\overline{IOW}$是 I/O 设备"写"信号线。微机从外设接收信息时,该信号线有效。在这里,$\overline{IOW}$和$\overline{PSR}$经一级"或非"门后用以启动 A/D 转换器。$\overline{IOR}$是 I/O 设备"读"信号线。微机向外设备输出信息时,该信号线有效。在这里,$\overline{IOR}$和$\overline{PSR}$经一级"或非"门后用以从 A/D 转换器读入数据。

4.4　传感器的非线性补偿

在机电一体化测控系统中,往往存在非线性环节,特别是传感器的输出量与被测物理量之间的关系,绝大部分是非线性的。造成非线性的原因主要有两个:

(1)许多传感器的转换原理是非线性,例如温度测量时,热电阻的阻值与温度、热电偶的电动势与温度都是非线性关系;流量测量时,孔板输出的差压信号与流量输入信号之间也是非线性关系。

(2)采用的测量电路也是非线性的,例如,测量热电阻用四臂电桥,电阻的变化引起电桥失去平衡,此时输出电压与电阻之间的关系为非线性。

对于这类问题的解决,在模拟量自动检测系统中,一般采用三种方法:①缩小测量范围,并取近似值;②采用非线性的指示刻度;③增加非线性补偿环节(亦称线性化器)。显然前两种方法的局限性和缺点比较明显,我们着重介绍增加非线性补偿环节的方法。常用的增加非线性补偿环节的方法有:①硬件电路的补偿方法,通常是采用模拟电路、数字电路,如二极管阵列开方器,各种对数、指数、三角函数运算放大器等数字控制分段校正、非线性 A/D 转换等。②微机软件的补偿方法,利用微机的运算功能可以很方便地对一个自动检测系统的非线性进行补偿。

4.4.1 非线性补偿环节特性的获取方法

在一个自动检测系统中,由于存在着传感器等非线性环节,因此从系统的输入到系统的输出就是非线性的,引入非线性补偿环节的作用就是利用其本身的非线性补偿系统中的非线性环节,保证系统的输入输出具有线性关系。如何获得非线性补偿环节的输入输出的关系呢?工程上求取非线性补偿环节特性的方法有两种,现分述如下。

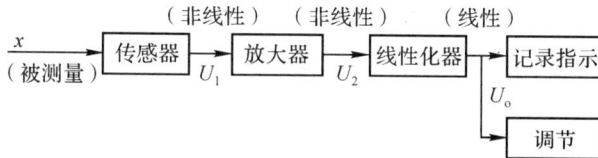

图 4-30　引入非线性补偿环节的检测系统示意图

1. 解析计算法

设图 4-30 中所示的传感器特性解析式为

$$U_1 = f_1(x)$$

放大器特性的解析式为

$$U_2 = GU_1$$

要求整个检测仪表的输入与输出特性为

$$U_o = kx$$

为了求出非线性补偿环节的输入与输出关系表达式,将以上三式联立求解消去中间变量 U_1 和 x 可得

$$U_2 = Gf_1\left(\frac{U_o}{k}\right)$$

2. 图解法

当传感器等环节的非线性特性用解析式表示比较复杂或比较困难时,我们可用图解法求取非线性补偿环节的输入—输出特性曲线。图解法的步骤如下(见图 4-31):

(1)将传感器的输入与输出特性曲线 $U_1 = f_1(x)$ 画在直角坐标的第一象限,横坐标表示被测量 x,纵坐标为放大器的输出 U_1。

(2)将放大器的输入与输出特性 $U_2 = GU_1$ 画在第二象限,横坐标为放大器的输出 U_2,纵坐标为放大器的输入 U_1。

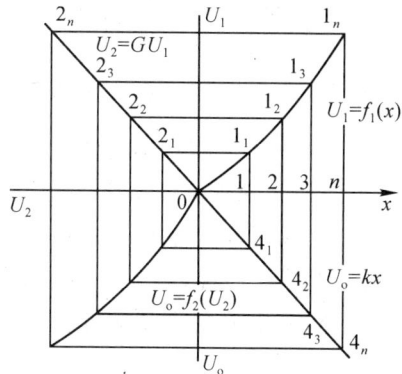

图 4-31　图解法求非线性补偿环节特性

（3）将整台测量仪表的线性画在第四象限，纵坐标为输出 U_o，横坐标为输入 x。

（4）将 x 轴分成 n 段，段数 n 由精度要求决定。由点 $1,2,\cdots,n$ 各作 x 轴垂线，分别与 $U_1=f_1(x)$ 曲线及第四象限中 $U_0=kx$ 直线交于 $1_1,1_2,1_3,\cdots,1_n$ 及 $4_1,4_2,4_3,\cdots,4_n$ 各点。然后以第一象限中这些点作 x 轴平行线与第二象限 $U_2=GU_1$ 直线交于 $2_1,2_2,2_3,\cdots,2_n$ 各点。

（5）由第二象限各点作 x 轴垂线，再由第四象限各点作 x 轴平行线，两者在第三象限的交点连线即为校正曲线 $U_o=f_2(U_2)$。这也就是非线性补偿环节的非线性特性曲线。

4.4.2　非线性补偿环节的实现办法

1. 硬件电路的实现方法

当我们用解析或图解法求出非线性补偿环节的输入—输出特性曲线之后，就要研究如何用适当的电路来实现。显然在这类电路中需要有非线性元件或利用某种元件的非线性区域。目前最常用的是利用二极管组成非线性电阻网络，配合运算放大器产生折线形式的输入—输出特性曲线。由于折线可以分段逼近任意曲线，从而就可以得到非线性补偿环节所需要的特性曲线。

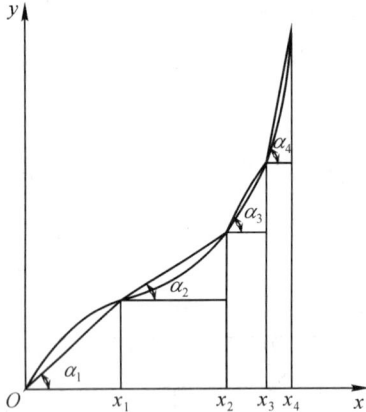

图 4-32　折线逼近法　　　　　　图 4-33　简单的折点电路

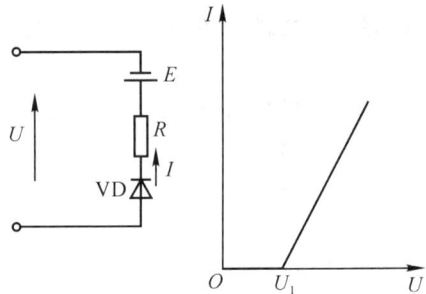

折线逼近法如图 4-32 所示，将非线性补偿环节所需要的特性曲线用若干个有限的线段代替，然后根据各折点 x_i 和各段折线的斜率 k_i 来设计电路。转折点越多，折线越逼近曲线，精度也越高，但太多则会因电路本身误差而影响精度。图 4-33 是一个最简单的折点电路，其中 E 决定了转折点偏置电压，二极管 VD 作开关用，其转折电压为

$$U_1=E+U_D$$

式中，U_D 为二极管正向压降。由式可知转折电压不仅与 E 有关，还与二极管正向压降

U_D 有关。

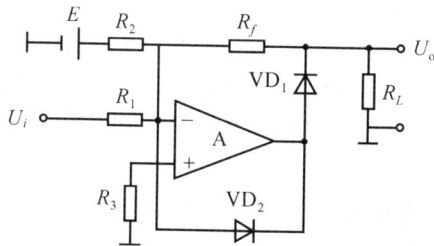

图 4-34　精密折点单元电路

图 4-34 为精密折点单元电路,它是由理想二极管与基准电源 E 组成。由图可知,当 U_i 与 E 之和为正时,运算放大器的输出为负,VD_2 导通,VD_1 截止,电路输出为零。当 U_i 与 E 之和为负时,VD_1 导通,VD_2 截止,电路组成一个反馈放大器,输出电压随 U_i 的变化而变化,有

$$U_0 = \frac{R_f}{R_1}U_i + \frac{R_f}{R_2}E$$

在这种电路中,折点电压只取决于基准电压 E,避免了二极管正向电压 U_D 的影响,在这种精密折点单元电路组成的线性化电路中,各折点的电压是稳定的。

2. 微机软件的实现方法

采用硬件电路虽然可以补偿测量系统的非线性,但由于硬件电路复杂,调试困难,精度低,通用性差,很难达到理想效果。在机电一体化检测系统中利用软件功能可方便地实现系统的非线性补偿。这种方法实现线性化的精度高、成本低、通用性强。下面介绍非线性软件处理方法。

用软件进行"线性化"处理,方法有三种:计算法、查表法和插值法。

(1)计算法。当输出电信号与传感器的参数之间有确定的数字表达式时,就可采用计算法进行非线性补偿。即在软件中编制一段完成数字表达式计算的程序,被测参数经过采样、滤波和标度变换后直接进入计算机程序进行计算,计算后的数值即为经过线性化处理的输出参数。

在实际工程上,被测参数和输出电压常常有一组测定的数据。这时如仍想采用计算法进行线性化处理,则可应用数学上曲线拟合的方法对被测参数和输出电压进行拟合,得出误差最小的近似表达式。

(2)查表法。在机电一体化测控系统中,有些参数的计算是非常复杂的,如一些非线性参数,它们不是用一般算术运算就可以算出来的,而需要涉及到指数、对数、三角函数、积分以及微分等运算,所有这些运算用汇编语言编写程序都比较复杂,有些甚至无法建立相应的数学模型。为了解决这些问题,可以采用查表法。

所谓查表法,就是把事先计算或测得的数据按一定顺序编制成表格,查表程序的任务就是根据被测参数的值或者中间结果,查出最终所需要的结果。

查表是一种非数值计算方法,利用这种方法可以完成数据补偿、计算、转换等各种工作,它具有程序简单、执行速度快等优点。表的排列不同,查表的方法也不同。查表的方法有顺序查表法、计算查表法、对分搜索法等。下面只介绍顺序查表法。顺序查表法是针对无序排列表格的一种方法。因为无序表格中所有各项的排列均无一定的规律,所以只能按照顺序从第一项开始逐项寻找,直到找到所要查找的关键字为止。如在以DATA 为首地址的存储单元中,有一长度为 100 个字节的无序表格,设要查找的关键字放在 CHEACD 单元,试用软件进行查找,若找到,则将关键字所在的内存单元地址存于 R2,R3 寄存器中,如未找到,将 R2,R3 寄存器清零。

出于待查找的是无序表格,所以只能按单元逐个搜索,根据题意可画出程序流程图,如图 4-35 所示。

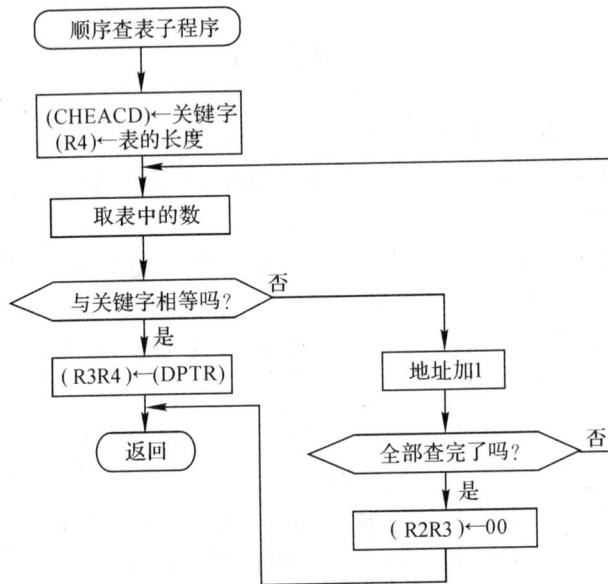

图 4-35　顺序查表法子程序流程图

顺序查表法虽然比较"笨",但对于无序表格和较短的表而言,仍是一种比较常用的方法。

(3)插值法。查表法占用的内存单元较多,表格的编制比较麻烦。所以在机电一体化测试系统中,我们也常利用微机的运算能力,使用插值计算法来减少列表点和测量次数。

①插值原理。设某传感器的输出特性曲线(例如电阻—温度特性曲线),如图 4-36

所示。由图 4-36 可以看出,当已知某一输入 x_i 值以后,要想求输出值 y_i 并非易事,因为其函数关系式 $y = f(x)$ 并不是简单的线性方程。为使问题简化,可以把该曲线按一定要求分成若干段,然后把相邻两分段点用直线连起来(如图中虚线所示),用此直线代替相应的各段曲线,即可求出输入值 x 所对应的输出值 y。例如,设 x 在 (x_i, x_{i+1}) 之间,则其对应的逼近值为

$$y = y_i + \frac{y_{i+1} - y_i}{x_{i+1} - x_i}(x - x_i)$$

将上式化简得点斜式直线方程

$$y = y_i + k_i(x - x_i)$$

和截矩式直线方程

$$y = y_{i0} + k_i x$$

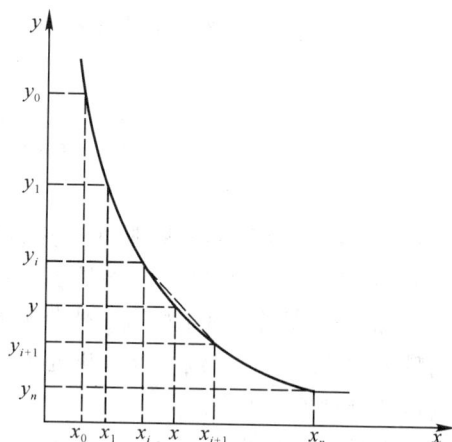

图 4-36 分段线性插值原理

其中,$y_{i0} = y_i - k_i x_i$,$k_i = \frac{y_{i+1} - y_i}{x_{i+1} - x_i}$ 为第 i 段直线的斜率。

上两式中,只要 n 取得足够大,即可获得良好的精度。

②插值的计算机实现。下边以点斜式直线方程为例,讲一下用计算机实现线性插值的方法。

第一步,用实验法测出传感器的变化曲线 $y = f(x)$。为准确起见要多测几次,以便求出一个比较精确的输入/输出曲线。

第二步,将上述曲线进行分段,选取各插值基点。为了使基点的选取更合理,不同的曲线采用不同的方法分段。主要有两种方法:

(a)等距分段法。等距分段法即沿 x 轴等距离地选取插值基点。这种方法的主要优点是使直线方程式中的 $x_{i+1} - x_i$ 等于常数,因而使计算变得简单。但是函数的曲率和斜率变化比较大时,会产生一定的误差,要想减少误差,必须把基点分得很细,这样势必占用较多的内存,并使计算机所占用的机时加长。

(b)非等距分段法。这种方法的特点是函数基点的分段不是等距的,通常将常用刻度范围插值距离划分小一点,而使非常用刻度区域的插值距离大一点,但非等值插值点的选取比较麻烦。

第三步,确定并计算出各插值点 x_i,y_i 值及两相邻插值点间的拟合直线的斜率 k_i,并存放在存储器中。

第四步,计算 $x - x_i$。

第五步,找出 x 所在的区域(x_i,x_{i+1}),并取出该段的斜率 k_i。

第六步,计算 $k_i(x-x_i)$。

第七步,计算结果 $y=y_i+k_i(x-x_i)$。

程序框图见图 4-37 所示。

对于非线性参数的处理,除了前边讲过的查表法和插值法以外,还有许多其他方法,如最小二乘拟合法、函数逼近法、数值积分法等。对于机电一体化测控系统来说,具体采用哪种方法来进行非线性计算机处理,应根据实际情况和具体被测对象要求而定。

下面进一步用截矩式直线方程 $y=y_{i0}+k_ix$ 举例说明线性插值法的应用。

已知某传感器的标定值 $x_i,y_i(i=0,1,\cdots,4)$,如表 4-3所示,根据式

$$y_{i0}=y_i-k_ix_i$$

$$k_i=\frac{y_{i+1}-y_i}{x_{i+1}-x_i}$$

求出的系数 k_i 和 y_{i0} 列入该表中。

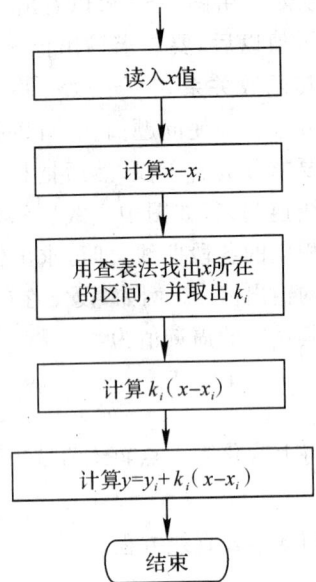

图 4-37 线性插值计算机程序流程框图

表 4-3 某传感器标定值及线性插值系数

i	x_i	y_i	k_i(10 进制)	k_i(16 进制)	y_{i0}(10 进制)	y_{i0}(16 进制)
0	0	2				
1	64	65	0.984375	0.FC	2	02H
2	128	124	0.921875	0.EC	6	06H
3	192	180	0.875	0.E0	12	0CH
4	256	230	0.78125	0.C8	30	1EH

按线性插值法求取被测量 $y=f(x)$,程序如下:

```
LINEAR:ACALL SAMP        ;调用采样子程序
        MOV  A,R2        ;采样值在 R2 中
        MOV  B,A         ;采样值 x_i 暂存于 B
        ANL  A,#0C0H     ;求取区间号
        RL   A
        RL   A
        RL   A           ;区间号乘 2
```

```
          MOV   R7,A
          ADD   A,#00H          ;加偏移量
          MOVC  A,@A+PC         ;查表取 yi0
          MOV   R2,A            ;暂存 yi0
          MOV   A,R7
          ADD   A,#08H          ;加偏移量
          MOVC  A,@A+PC         ;查表取 ki
          MUL   AB              ;计算 ki xi
          ADD   A,#80H          ;四舍五入
          MOV   A,B
          ADDC  A,R2            ;计算 ki xi + yi0
          MOV   R2,A            ;结果存于 R2 中
          RET
    TAB：   DB 02H,0FCH,06H,0ECH
          DB 0CH,0E0H,1EH,0C8H
```

在该程序中,SAMP 是采样子程序,它将采样值 x_i 置于 R2 中,线性插值补偿结果按四舍五入取整数,并存于 R2 中。

4.5　传感器的干扰抑制与数字滤波

在机电一体化测控系统的输入信号中,一般都含各种噪音和干扰,它们主要来自被测信号本身、传感器或者外界的干扰。为了进行准确测量和控制,必须消除被测信号中的噪声和干扰。干扰信号有周期性干扰和随机性干扰两类。典型的周期性干扰是 50Hz 的工频干扰,对于这类信号,采用积分时间为 20ms 整数倍的双积分型 A/D 转换器,可有效地消除其影响。对于随机性干扰,可采用数字滤波的方法予以削弱或消除。所谓数字滤波,就是通过一定的计算或判断程序减少干扰信号在有用信号中的比重,故实质上是一种程序滤波,是通过一定的计算或判断来提高信噪比,它与硬件 RC 模拟滤波器相比具有以下优点:

(1)数字滤波是用程序实现的,不需要增加任何硬件设备,也不存在阻抗匹配问题,可以多个通道共用,不但节约投资,还可提高可靠性、稳定性。

(2)可以对频率很低的(如 0.01HZ)或很高的信号实现滤波,而模拟 RC 滤波器由于受电容容量的限制,频率不可能太低。

(3)灵活性好,可以用不同的滤波程序实现不同的滤波方法,或改变滤波器的参数。

正因为用软件实现的数字滤波具有上述持点,所以在机电一体化测控系统中得到

越来越广泛的应用。

数字滤波的方法有很多种,可以根据不同的测量参数进行选择。下面介绍几种常用的数字滤波方法及相应的用 MCS-51 指令系统编写的程序。

4.5.1 中值滤波

中值滤波法的工作原理是:对信号连续进行 n 次采样,然后对采样值排序,并取序列中位值作为采样有效值,采样次数 n 一般取大于 3 的奇数。

比如,在三个采样周期内,连续采样读入三个检测信号 X_1,X_2,X_3,从中选择一个居中的数据作为有效信号。三次采样输入中有一次发生干扰,则不管这个干扰发生在什么位置,都将被剔除掉。若发生的两次干扰是异向作用,则同样可以滤去。若发生的两次干扰是同向作用或三次都发生干扰,则中值滤波无能为力。

中值滤波能有效地滤去由于偶然因素引起的波动或采样器的不稳定造成的误码等引起的脉冲干扰。对缓慢变化的过程变量采用中值滤波有效果。中值滤波不宜用于快速变化的过程参数。下面的程序是仅当 $n=3$ 时的中值滤波程序:

```
FILTER:MOV   A,R2          ;判 R2<R3 否
       CLR   C
       SUBB  A,R3
       JC    FILT1          ;R2≤R3 时,转 FILT1,保持原顺序不变
       MOV   A,R2           ;R2>R3 时,交换 R2、R3
       XCH   A,R3
       MOV   R2,A
FILT1: MOV   A,R3           ;判 R3<R4 否
       CLR   C
       SUBB  A,R4
       JC    FILT2          ;R3≤R4,转 FILT2,排序结束
       MOV   A,R4           ;R3>R4,交换 R3、R4
       XCH   A,R3
       XCH   A,R4
       CLR   C              ;判 R3>R2 否
       SUBB  A,R2
       JNC   FILT2          ;R3>R2,排序结束
       XCH   A,R2           ;R3<R2,以 R2 为中值
       MOV   R3,A           ;中值送 R3
FILT2: RET
```

在该程序中,连续三次采样值分别存放在 R2,R3,R4 中,排序结束后,三个寄存器中数值的大小顺序为 R2＜R3＜R4,中位值在 R3 中。

若连续采样次数 $n＞5$,则排序过程比较复杂,可采用"冒泡"算法等通用的排序方法。

4.5.2　算术平均滤波

算术平均滤波适用于对一般的具有随机干扰的信号滤波。它特别适用于信号本身在某一数值范围附近上下波动的情况,如流量、液平面等信号的测量。

算术平均滤波方法的原理是:寻找一个 Y 值,使该 Y 值与各采样值间误差的平方和为最小,即

$$E = \min\left[\sum_{i=1}^{N} e_i^2\right] = \min\left[\sum_{i=1}^{N}(Y - X_i)^2\right]$$

由 $\mathrm{d}E/\mathrm{d}Y = 0$ 得算术平均值法的算式

$$Y = \frac{1}{N}\sum_{i=1}^{N} X_i$$

式中,X_i 为第 i 次采样值;Y 为数字滤波的输出;N 为采样次数。

N 的选取应按具体情况决定。若 N 大,则平滑度高,滤波效果越好,但灵敏度低,计算量大。一般为便于运算处理而言,对于流量信号,推荐取 $N=8\sim16$;压力信号取 $N=4$;对信号连续进行 N 次采样,以其算术平均值作为有效采样值。该方法对压力、流量等具有周期性脉动特点的信号具有良好的滤波效果。下面是一个采样次数 $n=8$ 的算术平均滤波程序清单。

```
FILTER:CLR   A              ;清累加器
       MOV   R2,A
       MOV   R3,A
       MOV   R0,# 30H        ;指向第一个采样值
FILT1: MOV   A,@R0           ;取一个采样值
       ADD   A,R3            ;累加到 R2,R3 中
       MOV   R3,A
       CLR   A
       ADDC  A,R2
       MOV   R2,A
       INC   R0
       CJNE  R0,#38H,FILT1   ;判累加 8 次否
       SWAP  A               ;累加完,求平均值
```

```
RL    A
MOV   B,A
ANL   A,#1FH
XCH   A,R3
SWAP  A
RL    A
ANL   A,#1FH
XCH   A,B
ANL   A,#0E0H
ADD   A,B
XCH   A,R3
XCH   A,R2
RET
```

在本程序中,算术平均滤波的结果存在 R2,R3 中。

4.5.3　滑动平均值滤波

在中值滤波和算术平均滤波方法中,每获得一个有效的采样数据,必须连续进行 n 次采样,当采样速度较慢或信号变化较快时,系统的实时性往往得不到保证。例如 A/D 数据采样速率为每秒 10 次,而要求每秒输入 4 次数据时,则 n 不能大于 2。下面介绍一种只需进行一次测量,就能得到一个新的算术平均值的方法——滑动平均值滤波方法。

滑动平均值滤波方法采用循环队列作为采样数据存储器,队列长度固定为 n,每进行一次新的采样,把采样数据放入队尾,扔掉原来队首的一个数据。这样,在队列中始终有 n 个最新的数据。对这 n 个最新数据求取平均值,作为此次采样的有效值。这种方法每采样一次,便可得到一个有效采样值,因而速度快,实时性好,对周期性干扰具有良好的抑制作用。如图 4-38 为滑动平均滤波程序流程图。

如果取 $n=16$,以 40H～4FH 共 16 个单元作为环形队列存储器,用 R0 作为队尾(在环形队列里同时也是队首)指针,则可设计相应的滑动滤波程序如下:

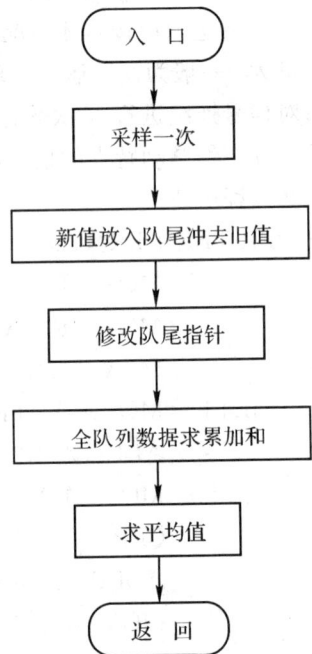

图 4-38　滑动平均滤波
程序流程图

```
FILTER:MOV   A,30H            ;新的采样数据在 30H 中
       MOV   @R0,A            ;以 R0 间址将新数据排入队尾,同时冲掉
                               原队首数据
       INC   R0               ;修改队尾指针
       MOV   A,R0
       ANL   A,#4FH           ;对指针作循环处理
       MOV   R0,A
       MOV   R1,#40H          ;设置数据地址指针
       MOV   R2,#00H          ;清累加和寄存器
       MOV   R3,#00H
FILT1: MOV   A,@R1            ;取队列中一采样值
       ADD   A,R3             ;求累加和
       MOV   R3,A
       CLR   A
       ADDC  A,R2
       MOV   R2,A
       INC   R1
       CJNE  R1,#50H,FILT1    ;判是否已累加 16 次
       SWAP  A                ;累加完,求平均值
       MOV   B,A
       ANL   A,#0F0H
       XCH   A,R3
       SWAP  A
       ANL   A,#0F0H
       XCH   A,B
       ANL   A,#0FH
       ADD   A,B
       XCH   A,R3
       XCH   A,R2
       RET                    ;结果在 R2、R3 中
```

4.5.4　低通滤波

当被测信号缓慢变化时,可采用数字低通滤波的方法去除干扰。数字低通滤波器是用软件算法来模拟硬件低通滤波器的功能。低通滤波器可用如下微分方程来表达:

$$u_i = iR + u_0 = RC\frac{\mathrm{d}u_0}{\mathrm{d}t} + u_0 = \tau\frac{\mathrm{d}u_0}{\mathrm{d}t} + u_0$$

用 x 替换 u_i，y 替换 u_0，并将微分方程转换成差分方程，得

$$X(n) = \tau\frac{Y(n) - Y(n-1)}{\Delta t} + Y(n)$$

整理后得

$$Y(n) = \frac{\Delta t}{\tau + \Delta t}X(n) + \frac{\tau}{\tau + \Delta t}Y(n-1)$$

式中，τ 是滤波器的时间常数；Δt 是采样周期；$X(n)$ 是本次采样值，$Y(n)$ 和 $Y(n-1)$ 分别是本次和上次的滤波器输出值。取

$$a = \frac{\Delta t}{\tau + \Delta t}$$

则上式可改写成

$$Y(n) = aX(n) + (1-a)Y(n-1)$$

式中，a 称滤波平滑系数，通常取 $a \ll 1$。由上式可见，滤波器的本次输出值主要取决于其上次输出值，本次采样值对滤波输出仅有较小的修正作用，因此该滤波算法相当于一个具有较大惯性的一阶惯性环节，模拟了低通滤波器的功能，其截止频率为

$$f_c = \frac{1}{2\pi\tau} = \frac{a}{2\pi\Delta t(1-a)} \approx \frac{a}{2\pi\Delta t}$$

如取 $a = 1/32$，$\Delta t = 0.5\text{s}$，即每秒采样两次，则 $f_c \approx 0.01\text{Hz}$，可用于频率相当低的信号的滤波。

如图 4-39 所示是按照式 $Y(n) = aX(n) + (1-a)Y(n-1)$ 所设计的低通数字滤波器的程序流程图，其对应的程序清单如下：

```
FILTER:MOV   30H,32H        ;更新 Y(n-1)
       MOV   31H,33H
       MOV   A,40H          ;采样值 X(n)在 40H 中
       MOV   B,#8           ;取 a=8/256
       MUL   AB             ;计算 aX(n)
       RLC   A              ;将 aX(n)临时存入 Y(n)
       MOV   A,B
       ADDC  A,#00H
       MOV   33H,A
       CLR   A
       ADDC  A,#00H
       MOV   32H,A
```

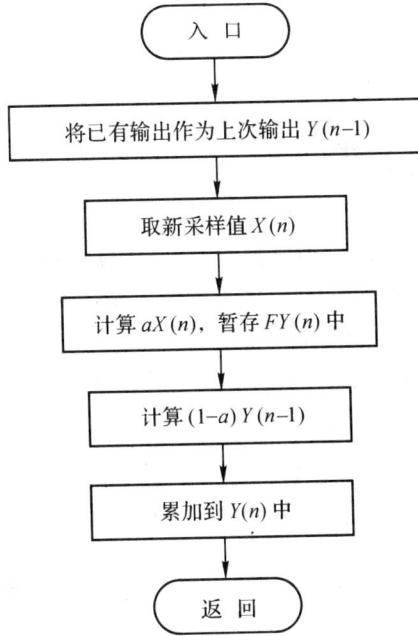

图 4-39　低通数字滤波器的程序流程图

```
        MOV   B,#248        ;1-a＝248/256
        MOV   A,31H
        MUL   AB            ;计算(1-a)Y(n-1)的低位
        RLC   A             ;四舍五入
        MOV   A,B
        ADDC  A,33H         ;累加到 Y(n)中
        MOV   33H,A
        JNC   FILT1
        INC   32H
FILT1:  MOV   B,#248
        MOV   A,30H
        MUL   AB            ;计算(1-a)Y(n-1)的高位
        ADD   A,33H
        MOV   33H,A
        MOV   A,B
        ADDC  A,32H
        MOV   32H,A
```

```
        RET                        ;Y(n)存于 32H、33H 中
```

程序中,采样数据为单字节,滤波输出值用双字节。为计算方便,取 $a=8/256$, $1-a=248/256$,运算时分别用 8 和 248 代入相乘,然后在积中将小数点左移 8 位。

4.5.5　防脉冲干扰平均值法

在工业控制等应用场合中,经常会遇到尖脉冲干扰的现象。干扰通常只影响个别采样点的数据,此数据与其他采样点的数据相差比较大。如果采用一般的平均值法,则干扰将"平均"到计算结果上去,故平均值法不易消除由于脉冲干扰而引起的采样值的偏差。为此,可采取先对 N 个数据进行比较,去掉其中最大值和最小值,然后计算余下的 $N-2$ 个数据的算术平均值。这个方法类似于一级体操比赛等采用的评分方法。它即可以滤去脉冲干扰又可滤去小的随机干扰。

在实际应用中,N 可取任何值,但为了加快测量计算速度,一般 N 不能太大,常取为 4,即为四取二再取平均值法。它具有计算方便、速度快、需存储容量小等特点,故得到了广泛应用。

如下为防脉冲干扰平均值子程序,连续进行 4 次数据采样,去掉最大值和最小值,计算中间两个数据的平均值送到 R6R7 中。本程序调用 A/D 测量输入子程序 RDAD,它测量输入一个数据,送到寄存器 B 和累加器 A 中,输入数据的字长小于等于 14 位二进制数。计算时,使用 R0 作为计数器,R2,R3 中存放最大值,R4,R5 中存放最小值,R6,R7 中存放累加值和最后结果。

程序:

```
DAVE:CLR A
      MOV   R2,A            ;最大值初态
      MOV   R3,A
      MOV   R6,A            ;累加和初态
      MOV   R7,A
      MOV   R4,#3FH         ;最小值初态
      MOV   R5,#0FFH
      MOV   R0,#4           ;N=4
DAV1:LCALL RDAD            ;A/D 输入值送寄存器 B,A 中
      MOV   R1,A            ;保存输入值低位
      ADD   A,R7            ;累加输入值
      MOV   R7,A
      MOV   A,B
      ADDC  A,R6
```

```
        MOV   R6,A
        CLR   C                  ;输入值与最大值作比较
        MOV   A,R3
        SUBB  A,R1
        MOV   A,R2
        SUBB  A,B
        JNC   DAV2
        MOV   A,R1               ;输入值大于最大值
        MOV   R3,A
        MOV   R2,B
DAV2:CLR   C                     ;输入值与最小值作比较
        MOV   A,R1
        SUBB  A,R5
        MOV   A,B
        SUBB  A,R4
        JNC   DAV3
        MOV   A,R1               ;输入值小于最小值
        MOV   R5,A
        MOV   R4,B
DAV3:DJNZ R0,DAV1
        CLR   C
        MOV   A,R7               ;累加和中减去最大值
        SUBB  A,R3
        XCH   A,R6
        SUBB  A,R2
        XCH   A,R6
        SUBB  A,R5               ;累加和中减去最小值
        XCH   A,R6
        SUBB  A,R4
        CLR   C                  ;除以 2
        RRC   A
        XCH   A,R6
        RRC   A
        MOV   R7,A               ;R6,R7 中为平均值
```

RET

除以上介绍的五种数字滤波外,还有一些其他方法,如程序判断滤波法等。

(1)限幅滤波(上、下限滤波)法。若 $|X_K-X_{K-1}|\leqslant\Delta X_0$,则以本次采样值 X_K 为真实信号;若 $|X_K-X_{K-1}|>\Delta X_0$,则以上次采样值 X_{K-1} 为真实信号。

其中,ΔX_0 表示误差上、下限的允许值,ΔX_0 的选择取决于采样周期 T 及信号 X 的动态响应。

(2)限速滤波法。设采样时刻 t_1,t_2,t_3 的采样值为 X_1,X_2,X_3。若 $|X_2-X_1|<\Delta X_0$,则取 X_2 为真实信号,若 $|X_2-X_1|\geqslant\Delta X_0$,则先保留 X_2,再与 X_3 进行比较。若 $|X_3-X_2|<\Delta X_0$,则取 X_2 为真实信号;若 $|X_3-X_2|\geqslant\Delta X_0$,则取 $(X_2+X_3)/2$ 为真实信号。

实用中,常取 $\Delta X_0=(|X_2-X_1|+|X_3-X_2|)/2$。

限速滤波法较为折衷,既照顾了采样的实时性,也照顾了采样值变化的连续性。

复习思考题

1.简述光电式传感器的类型及各自的工作原理。

2.对位置检测装置的基本要求有哪些?

3.简述光电耦合器工作原理、应用场合。

4.最常用位移传感器有哪几种?最常用位置传感器有哪几种?

5.最常用的压力传感器有哪几种?分别说出它们的工作原理和区别?

第 5 章

机电一体化中伺服系统设计

5.1 概　述

伺服系统(Servo System)也叫随动系统或伺服机构,属于自动控制系统的一种,是指以机械量如位移、速度、加速度、力、力矩等作为被控量的一种自动控制系统。伺服系统的基本要求是使系统的输出能够快速而精确地跟随输入指令的变化规律。伺服系统通常是具有负反馈的闭环控制系统,但也有采用开环或半闭环控制的。开环伺服系统的执行元件大多采用步进电机,闭环和半闭环伺服系统的执行元件大多采用直流伺服电机和交流伺服电机。由于伺服系统服务对象很多,如计算机光盘驱动控制、雷达跟踪系统等,因而对伺服系统的要求也有所差别。工程上对伺服系统的技术要求很具体,可以归纳为以下几个方面:

①对系统稳态性能的要求;

②对伺服系统动态性能的要求;

③对系统工作环境条件的要求;

④对系统制造成本、运行的经济性、标准化程度、能源条件等方面的要求。

虽然伺服系统因服务对象的运动部件、检测部件以及机械结构等的不同而对伺服系统的要求也有差异,但所有伺服系统的共同点是带动控制对象按照指定规律作机械运动。伺服系统的一般组成可描述成图 5-1(a),(b)所示的两种形式。

伺服系统通常用经典控制理论来分析和设计。建立伺服系统数学模型的方法一般分为分析法和实验法两种。分析法是利用稳态设计计算所获得的数据和经验公式,从理论上进行分析、推导,建立系统的数学模型。实验法则是以实物测试为基础来建立数学模型。在大多数情况下,设计伺服系统时并不具备完整的实物系统,常需先通过理论分析计算,提供初步方案,然后进行局部试验或试制样机,进一步形成一个切实可行的设计方法。伺服系统设计的主要内容和步骤可分为以下几点:

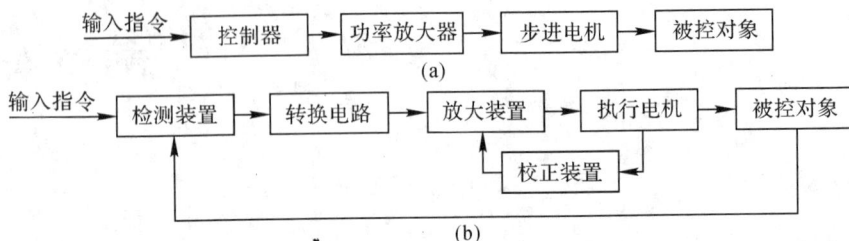

图 5-1　伺服系统框图

①制定系统总体设计方案;

②系统的动力学参数设计;

③系统动态参数设计;

④系统的仿真与试验。

　　伺服系统是构成机电一体化产品的主要部分之一。如数控机床是由控制系统、伺服系统、机床等部分组成。伺服系统接受控制系统来的指令信息,并严格按照指令要求带动机床移动部件进行运动。它相当于人的手,使工作台能按规定的轨迹作相对运动,最后加工出符合图纸要求的零件。

　　伺服系统的执行元件是机械部件和电子装置的接口。它的功能就是根据控制器发出的控制指令,将能量转换为机械部件运动的机械能。目前多数伺服系统采用电机作为伺服系统的执行元件。

5.2　步进电机驱动及其控制

5.2.1　步进电机的工作原理

　　步进电机是将电脉冲控制信号转换成机械角位移的执行元件。每接受一个电脉冲,在驱动电源的作用下,步进电机转子就转过一个相应的步距角。转子角位移的大小及转速分别与输入的控制电脉冲数及其频率成正比,并在时间上与输入脉冲同步。步进电机是按电磁吸引的原理来工作的。现以三相反应式步进电机为例说明其工作原理。

　　图 5-2 是反应式步进电机结构简图。其定子有六个均匀分布的磁极,每两个相对磁极组成一相,即有 U－U,V－V,W－W 三相,磁极上缠绕励磁绕

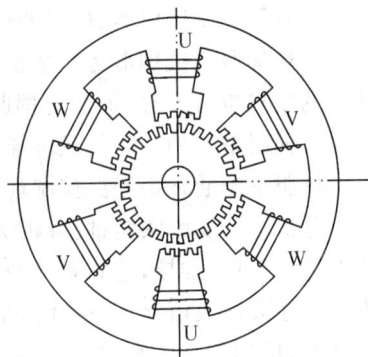

图 5-2　步进电机结构简图

组。

为简化分析,假设转子只有 4 个均匀分别的齿,齿宽及间距一致,故齿距为 360°/4 = 90°,三对磁极上的齿(亦即齿距)亦为 90°均布,但在圆周方向依次错过 1/3 齿距 (30°);并设定子的 6 个磁极上没有小齿。

当步进电机工作时,驱动电源将电脉冲信号按一定的顺序轮流加到定子的三相绕组上。按通电顺序的不同,三相反应式步进电机又有单三拍控制、双三拍控制和六拍控制等三种方式。所谓"拍",是指步进电机从一相通电状态,换接到另一相通电状态的过程。"三拍"就是一个循环中有三个换接过程。每一拍将使转子在空间转过一个步距角。以 θ 表示。下面将分别分析三种控制方式时,步进电机转动的情况。

1. 三相三拍或单三拍控制

三相单三拍控制方式是每次只有一相绕组通电,其工作原理如图 5-3 所示。设 U 相通电,U 相绕组的磁力线为保持磁阻最小,给转子施加电磁力矩,使转子离 U 相磁极最近的两个齿与定子的 U 相磁极对齐,V 磁极上的齿相对于转子齿在逆时针方向错过了 30°,W 磁极上的齿将错过 60°。接下来若 V 相通电,U 相断电,在磁引力的作用下,使转子与 V 相磁极靠得最近的另两个齿与定子的 V 相磁极对齐,由图 5-3 可以看出,转子沿着逆时针方向转过了 30°角。下一步 W 相通电,V 相断电,转子逆时针再转过 30°角;如此按照 U→V→W→U 的顺序通电,转子则沿逆时针方向一步步地转动,每步转过 30°,这个角度就叫步距角。显然,单位时间内通入的电脉冲数越多,即电脉冲频率越高,电机转速越高。若定子绕组按 U→W→V→U 的顺序通电,则转子就一步步地按顺时针方向转动,每步仍然 30°。这种控制方式就叫三相三拍或单三拍方式。

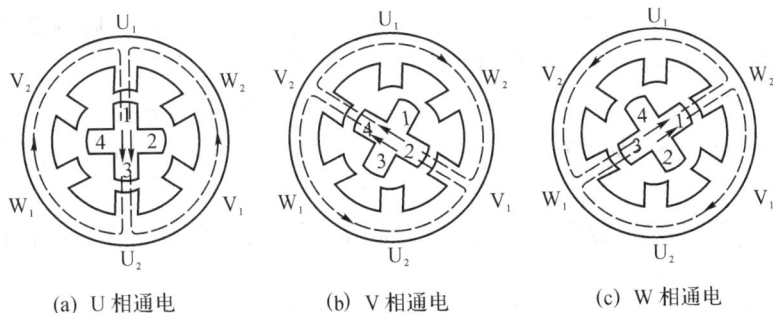

(a) U 相通电　　　　(b) V 相通电　　　　(c) W 相通电

图 5-3　三相单三拍控制时步进电机工作原理图

2. 双三拍控制

三相双三拍控制是每次有两相绕组同时通电,即按照由 U,V→V,W→W,U→U, V 的顺序依次通电。

当 U,V 两相绕组同时通电时,由于 U,V 两相的磁极对转子齿都有吸力,所以转子的齿将转到如图 5-4(a)所示的位置;当由 U,V 两相绕组通电,过渡到由 V,W 两相绕组同时通电时,转子将转到如图 5-4(b)所示的位置。这样,转子按逆时针转过了 30°;随后,再过渡到 W,U 两相绕组同时通电,转子又转过 30°,如图 5-4(c)所示。由以上分析可见,三相双三拍控制的步距角也为 30°(即 $\theta=30°$)。

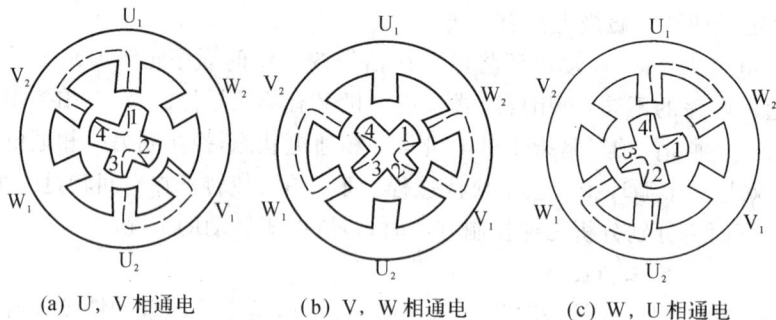

(a) U,V 相通电　　　　(b) V,W 相通电　　　　(c) W,U 相通电

图 5-4　三相双三拍控制时步进电机的工作原理示意图

若通电顺序改为 U,W→W,V→V,U→U,W…,则步进电机顺时针转动。

由于三相双三拍控制每次都有两相绕组通电,在换相的过程中,总有一组绕组维持在通电状态,因而工作可靠。

3. 三相六拍控制

三相六拍控制是上述两种控制方式的混合,先是 U 相绕组通电,而后是 U,V 两相同时通电,接着是 V 相通电,然后是 V,W 两相同时通电……即通电顺序为 U→U,V→V→V,W→W→W,U→U……

当 U 相绕组单独通电时,转子的位置如图 5-3(a)所示;当 U,V 两相绕组同时通电时,转子位置如图 5-4(a)所示。由图可见,转子仅转了 15°(30°/2)。以后情况,依次类推,每转换一次,步进电机便逆时针旋转 15°(即 $\theta=15°$)。

由于定子三相绕组需经六次转换,才能完成一个循环,所以称为六拍控制。

若通电顺序过来,即变为 U→U,W→W→W,V→V→V,U→U→…,则步进电机顺时针转动。

由于这种控制方式,也保证了在转换过程中,始终有一相维持在通电状态,因而工作也比较可靠。

由以上分析可以看出,无论采用何种控制方式,每一个循环,转子转动一个齿距,因此,若转子的齿数 z 愈多,控制的拍数 m 愈多,则步距角 θ 愈小,它们的关系为

$$\theta=\frac{360°}{zm} \tag{5-1}$$

这是由于齿距为 360°/z,而每一拍转动齿距的 $1/m$,因而 $\theta=360°/(zm)$。

如三相三拍控制时,$m=3$,设 $z=4$,则 $\theta=30°$;若 $z=40$,则 $\theta=3°$。若为三相六拍控制,则 $m=6$,设 $z=40$,则 $\theta=1.5°$。

由式(5-1)可知,每一拍转子转动了 $1/(zm)$ 圈,若脉冲的频率为 f,则转子每秒将转 $f/(zm)$,因此转子每分钟的转数(即转速 n)将为 $60f/(zm)$,即

$$n = \frac{60f}{zm} \tag{5-2}$$

由上式可见,脉冲频率 f 愈高,则步进电机的转速 n 愈大,响应愈快。但实际上电脉冲频率不能过高。频率过高,由于转子及负载的机械惯性,将会造成失步。

以上是反应式步进电机的工作原理,在实际应用中,除了反应式外,还常用由反应式和感应式两者混合的"混合式步进电机"。驱动电源可以是三相方波,也可以是三相正弦电流。相数有二、三、四、六、八、十二相等多种。市场上有各种规格的步进电机的驱动器供应。

5.2.2 步进电机的特点

根据上述工作原理,可以看出步进电机具有以下几个基本特点:

①输出角与输入脉冲严格成正比,且在时间上同步。步进电机的步距角不受各种干扰因素,如电压的大小、电流的数值、波形等的影响,转子的速度主要取决于脉冲信号的频率,总的位移量则取决于总脉冲数。

②步进电机的转向可以通过改变通电顺序来改变。

③转子惯量小,启、停时间短。

④步进电机具有自锁能力,一旦停止输入脉冲,只要维持绕组通电,电机就可以保持在该固定位置。

⑤步进电机的步距角有误差,转子转过一定步数以后也会出现累积误差,但转子转过一转以后,其累积误差为"零",不会长期积累。

⑥与计算机接口容易,维修方便,寿命长。步进电机本身就是一个数/模转换器,能够直接接受计算机输出的数字量。

⑦能量效率低,存在失步现象。

5.2.3 步进电机的主要特性

1.步距角

在一个电脉冲作用下(即一拍),电机转子转过的角位移称为步距角。步距角愈小,则驱动控制的精度愈高,一般反应式步进电机的步距角为 $0.75° \sim 3°$。如今采用微机控制、由变频器三相正弦电流供电的混合式步进电机驱动的伺服系统,步距角能小到 $0.036°$,即一转能达到 10000 步(每转的步数,又称分辨率)。这表明,如今步进伺服系统已达到了很高的控制精度。最常见的步距角有:$0.6°/1.2°$,$0.75°/1.5°$,$0.9°/1.8°$,$1°/2°$,$1.5°/3°$ 等。步进电机空载且单脉冲输入时,其实际步距角与理论步距角之差称为

静态步距角误差,一般控制在$\pm(10'\sim30')$的范围内。

2.**矩角特性和最大静转矩**

当步进电机处于通电状态时,转子处在不动状态,即静态。如果在电机轴上施加一个负载转矩,转子会在载荷方向上转过一个角度θ,转子因而受到一个电磁转矩T的作用与负载平衡,该电磁转矩T称为静态转矩,该角度θ称为失调角。步进电机单相通电的静态转矩T随失调角θ的变化曲线称为矩角特性,如图5-5所示。当外加转矩取消后,转子在电磁转矩作用下,仍能回到稳定平衡点($\theta=0$)。矩角特性曲线上的电磁转矩的最大值称为最大静转矩T_{jmax},多相通电时的最大静转矩T_{jmax}可根据单相矩角特性求出。T_{jmax}是代表电机承载能力的重要指标。

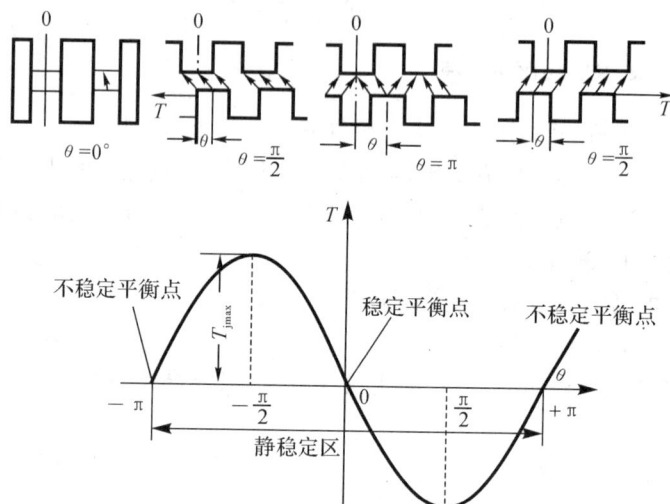

图 5-5 步进电机的矩角特性

3.**启动转矩T_q和启动频率f_q**

图 5-6 是三相步进电机的各相矩角特性。图中相邻两条曲线的交点所对应的静态转矩是电机运行状态的最大启动转矩T_q,当负载力矩小于T_q时,步进电机才能正常启动运行,否则将会造成失步。一般地,电机相数的增加会使矩角特性曲线变密,相邻两条曲线的交点上移,会使T_q增加;采用多相通电方式,也会使得启动转矩T_q和最大静转矩T_{jmax}增加。

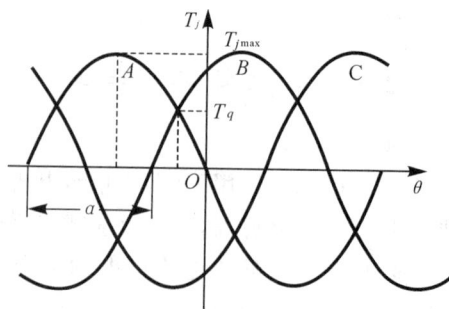

图 5-6 三相步进电机的各相矩角特性

空载时,步进电机由静态突然启动并进入不丢步的正常运行状态所允许的最高频率,称为启动频率或突跳频率。空载启动时,步进电机定子绕组通电状态变化的频率不能高于启动频率。原因是启动频率越高,电机绕组的感抗($\chi_L = 2\pi fL$)越大,使绕组中的电流脉冲变尖,幅值下降,从而使得电机输出力矩下降。

一般来说,步进电机的启动频率远低于其最高运行频率,很难满足对其直接进行启动和停止的要求,因此要利用软件进行加减速控制,又称分段加减速启动或停止,即在启动时使其运行频率分段逐渐升高,停止时使其运行频率分段逐渐降低。

4. 运行矩频特性

运行矩频特性是描述步进电机在连续运行时,输出转矩与连续运行频率之间的关系。它是衡量步进电机运转时承载能力的动态指标,如图 5-7 所示。图中每一频率所对应的转矩称为动态转矩。从图中可以看出,随着运行频率的上升,输出转矩下降,承载能力下降。当运行频率超过最高频率时,步进电机便无法工作。

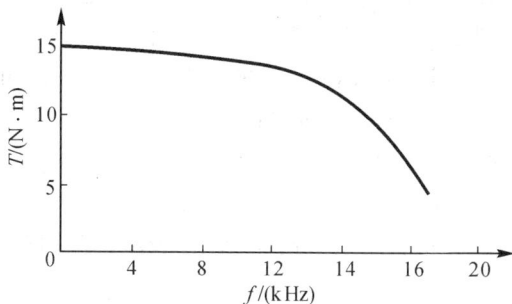

图 5-7 步进电机的运行矩频特性

5.2.4 步进电机驱动电源

步进电机输出转角与输入脉冲个数严格成正比关系,能方便地实现正、反转控制及调速和定位。因此,步进电机大多数用于开环控制系统,如简易数控机床、线切割机等。步进电机不同于通用的直流、交流电机,它必须与驱动器、控制器和直流电源组成系统才能工作。通常我们所说的步进电机,一般指的是步进电机和驱动器的成套装置。步进电机的性能在很大程度取决于"矩一频"特性,而其"矩一频"特性和驱动器的性能好坏密切相关。步进电机的驱动器包括脉冲分配器和功率放大器两个主要部分,它们统称为驱动电源。如图 5-8 所示。驱动电源是将变频信号源(微机或数控装置等)送来的脉冲信号及方向信号按照要求的配电方式自动地循环供给电机各相绕组,以驱动电机转子正反向旋转。从计算机输出口或从环形分配器输出的信号脉冲电流一般只有几个毫安,不能直接驱动步进电机,必须采用功率放大器将脉冲电流进行放大,使其增加到几至十几安培,从而驱动步进电机运转。因此,只要控制输入电脉冲的数量和频率就可精确控制步进电机的转角和速度。

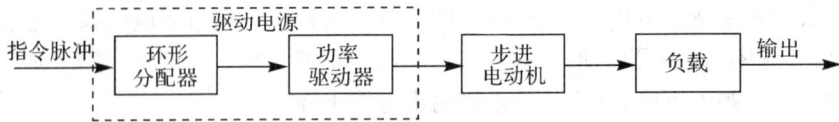

图 5-8　步进电机的驱动控制原理

1. 脉冲分配器

脉冲分配器又称为环形分配器,它是根据指令把脉冲信号按一定的逻辑关系加到功率放大器上,使各相绕组按一定的顺序和时间导通和切断,并根据指令使电机正转、反转,实现确定的运行方式。

环形分配器的功能可用硬件或软件的方法来实现,分别称为硬件环形分配器和软件环形分配器。

(1)硬件环形分配器。硬件环形分配器的种类很多,它可由 D 触发器或 JK 触发器构成,亦可采用专用集成芯片或通用可编程逻辑器件。

对于采用 D 触发器或 JK 触发器构成的硬件环形分配器,如三相六拍正反向环形分配器。其设计过程可分为以下几个步骤:

① 列出环形分配器的输出状态表。

② 写出各相控制逻辑方程。在环形分配器的运行过程中,总是用上一拍的状态去控制下一拍的输出,因此观察表 5-1,同时用 $X,\overline{X}$ 表示正反向控制信号,则可得到下列逻辑表达式:

表 5-1　三相六拍

节　　拍	C	B	A	方　　向
1	0	0	1	
2	0	1	1	
3	0	1	0	逆转
4	1	1	0	↕
5	1	0	0	正转
6	1	0	1	

$$A_i = X\,\overline{B_{i-1}} + \overline{X} \cdot \overline{C_{i-1}} = \overline{\overline{X\,B_{i-1}} \cdot \overline{\overline{X}\ C_{i-1}}}$$

$$B_i = X\,\overline{C_{i-1}} + \overline{X} \cdot \overline{A_{i-1}} = \overline{\overline{X\,C_{i-1}} \cdot \overline{\overline{X}\ A_{i-1}}}$$

$$C_i = X\,\overline{A_{i-1}} + \overline{X} \cdot \overline{B_{i-1}} = \overline{\overline{X\,A_{i-1}} \cdot \overline{\overline{X}\ B_{i-1}}}$$

根据以上逻辑关系式,便可给出用 D 触发器和与非门构成的硬件环形分配器。

若采用图 5-9 中的 JK 触发器(相当于反 D 逻辑),同时考虑硬件清零,令 C 相通电作为初始状态,则将 C 相接在触发器的 Q 端,上面的逻辑表达式可改写为

$$A_i = XB_{i-1} + \overline{X} \cdot C_{i-1} = \overline{\overline{XB_{i-1}} \cdot \overline{\overline{X}C_{i-1}}}$$

$$B_i = XC_{i-1} + \overline{X} \cdot A_{i-1} = \overline{\overline{XC_{i-1}} \cdot \overline{\overline{X}A_{i-1}}}$$

$$C_i = X\overline{A_{i-1}} + \overline{X} \cdot \overline{B_{i-1}} = \overline{X\overline{A_{i-1}} \cdot \overline{X}\ \overline{B_{i-1}}}$$

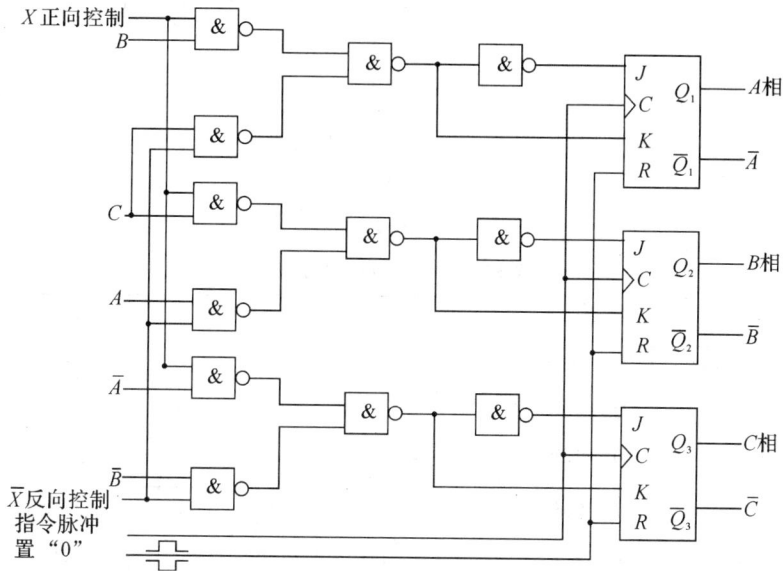

图 5-9　步进电机的三相六拍硬件环形分配器原理图

目前市场上有许多专用的集成电路环形脉冲分配器出售,集成度高,可靠性好,有的还有可编程功能。常用的脉冲分配器分别是 PM03,PM04,PM05,PM06(数字代表相数),PMM8713/PMM8723/PMM8714,CH224、CH250 等。包含脉冲分配器和功率驱动器的有 L297 和 L6506 等。下面主要介绍 PMM8713 以及它的应用。图 5-10 是日本三洋公司开发的 PMM8713 外部接线图。PMM8713 采用 DIP16 封装,端子功能见表 5-2,激励方式选择和初始状态见表 5-3。

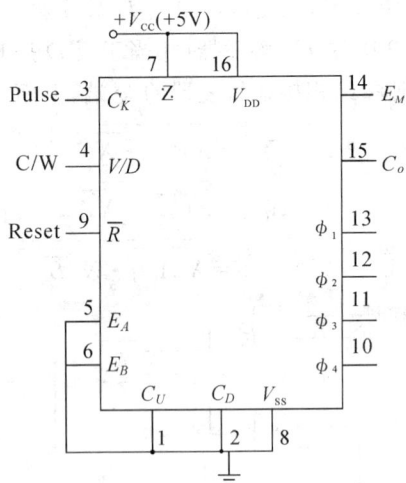

图 5-10　PMM8713 外部接线

表 5-2　PMM8713 端子功能

端子号	符合	功能的说明
1	C_U	输入脉冲,正转 CW 时钟
2	C_D	输入脉冲,反转 CCW 时钟
3	C_K	输入时钟(单时钟方式用)计算电机速度 $n=\dfrac{60f}{z_r \cdot N}$
4	V/D	方向转换,0—反转,1—正转
5	E_A	激磁方式控制 $EA\ EB$:11—1—2 相,00—2 相,01、10—1 相
6	E_B	
7	Φ_C	3/4 相选择,0—3 相,1—4 相
8	V_{SS}	地
9	$\overline{R}$	复位端,低电平有效。当 $\overline{R}=0$ 时,$\Phi_1 \sim \Phi_2$ 为"1"时,步进电机锁定
10	Φ_1	输出 ⎫
11	Φ_2	输出 ⎬ 4 相
12	Φ_3	输出 ⎫ 3 相
13	Φ_4	输出 ⎭
14	E_M	激励监视:0—1 相,1—2 相,脉冲表示 1—2 相
15	C_o	输入脉冲监视;输出与时钟同步脉冲
16	V_{DD}	正电源,$+4 \sim +18V$

表 5-3　PMM8713 激励方式选择和初始状态

激励方式		输入				输出				
		Φ_C	E_A	E_B	$\overline{R}$	E_M	Φ_1	Φ_2	Φ_3	Φ_4
3 相	1-2 相	0	1	1	0	1	1	0	1	0
	2 相	0	0	0	0	1	1	0	1	0
	1 相	0	0 / 1	1 / 0	0	0	1	0	0	0
4 相	1-2 相	1	1	1	1	1	1	0	0	1
	2 相	1	0	0	0	1	1	0	0	1
	1 相	1	0 / 1	1 / 0	0	1	1	0	0	0

　　PMM8713 和微机构成的全数字驱动电路如图 5-11 所示。8253(3 个计数器)用于速度和位移控制。计数器 1 提供脉冲频率 C_K,控制步进电机的转速。同时将脉冲频率送入计数器 2 进行计数,以便计算出步进角,进行位置控制,当计数值与设定值相等时,送出信号使 $\overline{R}$ 置 0,停止步进电机。

　　(2)软件环形分配器。不同种类、不同相数、不同分配方式的步进电机都必须有不同的环形分配器,可见所需环形分配器的品种将很多。随着微机运行速度的提高,利用软件实现环形分配器成为现实。

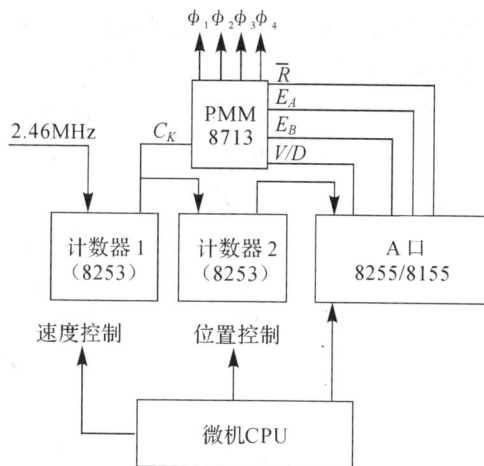

图 5-11　全数字驱动电路

所谓软件实现环形分配器就是利用软件实现硬件脉冲分配器的功能。将控制字(步进电机各相通断电顺序)从内存中读出,然后送到并行口中输出。用软件环形分配器可以使得线路简化,成本降低,并可灵活地改变步进电机的控制方案。

　　下面以三相步进电机为例(三相六拍),正转时的通断电顺序为 A→AB→B→BC→C→CA→A,反转时通断电顺序为 A→AC→C→CB→B→BA→A。如果用一个字节的低 3 位分别对应步进电机的 A,B,C 三相,则形成脉冲控制字。图 5-12 是三相步进电机的控制字格式。表 5-4 则是步进电机三相六拍励磁时的开关顺序表,也就是所谓的控制字。

0	0	0	0	0			

　　　　　　　　　　　　　　　　　　C B A

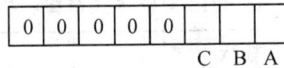

图 5-12　三相步进电机的控制字格式

表 5-4　步进电机三相六拍励磁时的开关顺序表

CP	C	B	A	控制字	CP	C	B	A	控制字
1	0	0	1	01H	4	1	1	0	06H
2	0	1	1	03H	5	1	0	0	04H
3	0	1	0	02H	6	1	0	1	05H

　　从表 5-4 可知,当电机正转时,取控制字为 01H,03H,02H,06H,04H,05H;反转时的控制字正好相反。用微机实现软件环分,将控制字存放在 ROM 中,通过查表来提取控制字。例如,用 8031 单片机实现软件环分的程序如下(P1 口低 3 位输出控制字,P3.0 作为判断正反转的标志位,晶振 6MHz):

```
                MOV      DPTR,#DATA
                MOV      R2,#00H
LOOP:           MOV      A,R2
                MOVC     A,@A+DPTR
                MOV      P1,A
                ACALL    DELAY2MS
                JB       P3.0,ZZ
                MOV      A,R2                      ;反转
                JNZ      LP1
                MOV      R2,#05H
                SJMP     LOOP
LP1:            DEC      R2
                SJMP     LOOP
ZZ:             CJNE     R2,#05H,LP2               ;正转
                MOV      R2,#00H
                SJMP     LOOP
DELAY2MS:       MOV      R6,#04H
T1:             MOV      R5,#7BH
T2:             DJNZ     R6,T1
                RET
```

DATA：　　　DB　　01H,03H,02H,06H,04H,05H

2. 功率放大电路

步进电机的功率放大电路实际上是一种脉冲放大电路。从环形分配器输出的进给控制信号的电流只有几毫安,而步进电机的定子绕组需要几安培的电流,必须经过功率放大电路将脉冲信号放大后才能驱动步进电机运行。步进电机驱动电路的核心是如何提高步进电机的快速性和平稳性。功率放大电路可以分为电压驱动和电流驱动两种方式。电压驱动方式又包括单电压驱动和双电压驱动。电流驱动最常见的是电流反馈斩波驱动。

(1)单电压驱动电路。单电压驱动电路的工作原理如图 5-13 所示。图中 L 为步进电机励磁绕组的电感,R_a 为绕组电阻串接一电阻 R_c,以减小回路的时间常数 $L/(R_a+R_c)$,电阻 R_c 并联一个电容 C(可提高负载瞬间电流的上升率),从而提高电机的快速响应能力和启动性能。续流二极管 VD 和阻容吸收回路 RC,是功率管 VT 的保护线路。单电压驱动电路的优点是线路简单,缺点是电流上升不够快,高频时负载能力低。

(2)高低电压驱动电路。高低电压驱动电路的特点是给步进电机绕组的供电有高低两种电压,高压由电机参数和晶体管的特性决定,一般为 80V 或更高;低压即步进电机的额定电压,一般为几伏,不超过 20V。

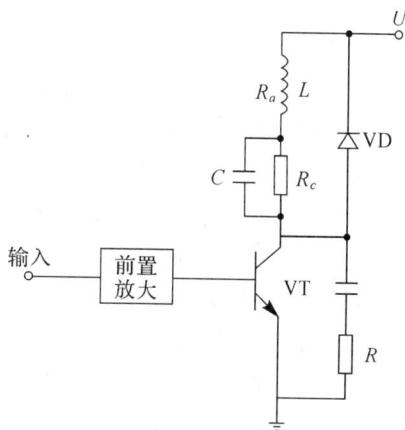

图 5-13　步进电机单电压
驱动电路原理图

图 5-14 为高低压供电切换电路的工作原理图。该电路由功率放大级、前置放大器和单稳延时电路组成。二极管 D_d 起高低压隔离的作用,D_g 和 R_g 构成高压放电回路。前置放大电路则起到将 TTL 电平放大到可以驱动功率管导通的电流。高压导通时间由单稳延时电路整定,通常为 $100\sim600\mu s$,对功率步进电机可达到几千微秒。

当环形分配器输出为高电平时,两只功率管 T_g,T_d 同时导通,步进电机绕组以 u_g,即 +80V 的电压供电,绕组电流以 $L/(R_a+r)$ 的时间常数向稳定值上升,当达到单稳延时时间 t_g 时,T_g 功率管截止,改为由 u_d,即 +12V 供电,维持绕组的额定电流。若高低压之比为 u_g/u_d,则电流上升率将提高 u_g/u_d 倍,上升时间减小。接着当低压断开时,绕组中存储的能量通过 $u_d \rightarrow D_d \rightarrow R_d \rightarrow L \rightarrow R_g \rightarrow D_g \rightarrow u_g$ 构成放电回路,放电电流的稳态值为 $(u_d-u_g)/(R_g+R_d+r)$,因此加快了放电过程。高低压供电电路由于加快了电流的上升和下降时间,故有利于提高步进电机的启动频率和连续工作频率。另外,由于额定电流由低电压维持,只需较小的限流电阻,减小了系统的功耗。

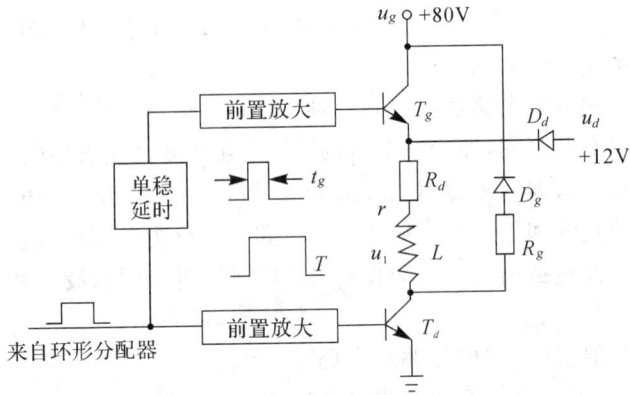

图 5-14　高低压供电切换电路

（3）斩波恒流功率放大电路。斩波恒流功率放大电路是利用直流斩波器将步进电机的电流设定在给定值上，图 5-15 为斩波恒流功率放大电路原理图。图中 V_{in} 为原步进电机的绕组驱动脉冲信号，通过与门 A_2 和比较器 A_1 的输出信号相与后，作为绕组的驱动信号 V_b。当 V_{in} 为高电平"1"和比较器 A_1 输出高电平"1"时，V_b 为高电平，绕组导通。比较器 A_1 的正输入端的输入信号为参考电压 V_{ref}，由电阻 R_1 和 R_2 设定；负输入端输入信号为绕组电流通过 R_3 反馈获得的电压信号 V_f，它反映了绕组电流的大小。当 V_{ref} ＞ V_f 时，比较器 A_1 输出高电平"1"，与门 A_2 输出高电平 V_b，绕组通电，电流增加。当电流达到一定时，V_{ref} ＜ V_f，比较器 A_1 输出低电平"0"，与门 A_2 输出低电平 V_b，绕组断电，通过二极管 V_D 续流工作。而 VT 截止后，又有 V_{ref} ＞ V_f，重复上述的工作过程。这样，在一个 V_{in} 脉冲内，功率管多次通断，将绕组电流控制在给定值上下波动，如图 5-15 所示。

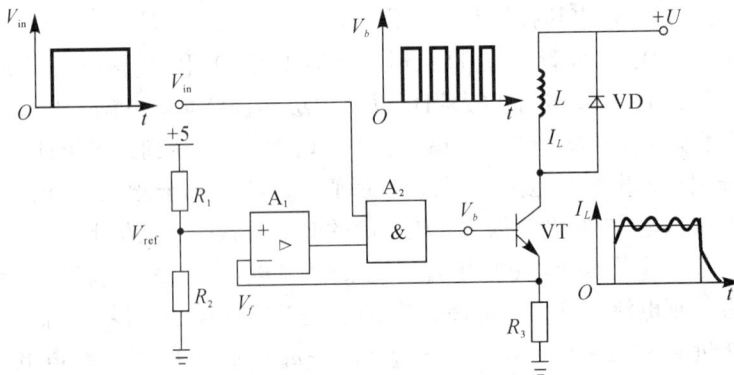

图 5-15　斩波恒流驱动功放原理图

在这种控制方式下，绕组电流大小与外加电压 +U 大小无关，是一种恒流驱动方案,所以对电源要求比较低。由于反馈电阻 R_3 较小(一般为 1Ω),所以主回路电阻较小,系统时间常数较小,反应速度快。

目前市场上已有许多集成斩波功放芯片,这些集成电路可以使步进电机的工作频率、转矩得到提高,并能减小噪声。图 5-16 是一个使用 SLA7026M 模块构成的四相步进电机功率驱动电路。图中 R_2,R_3 分压获得电流控制信号 V_{ref},由 REFA,REFB 输入;R_5,R_6 为绕组电流反馈电阻,接在 RSA,RSB 输入端;OUTA,$\overline{OUTA}$,$\overline{OUTB}$,$\overline{OUTB}$ 为步进驱动信号输出端,接到四相步进驱动信号输入端 A,B,C,D 上;VZ 是稳压管,限制参考信号 V_{ref},以防输入电流超过额定值,损坏芯片和电机。该芯片的最大输出电流为 2A,可直接驱动小功率步进电机。当驱动大功率步进电机时,可以将芯片输出端接入功率放大电路,扩展输出电流和功率。

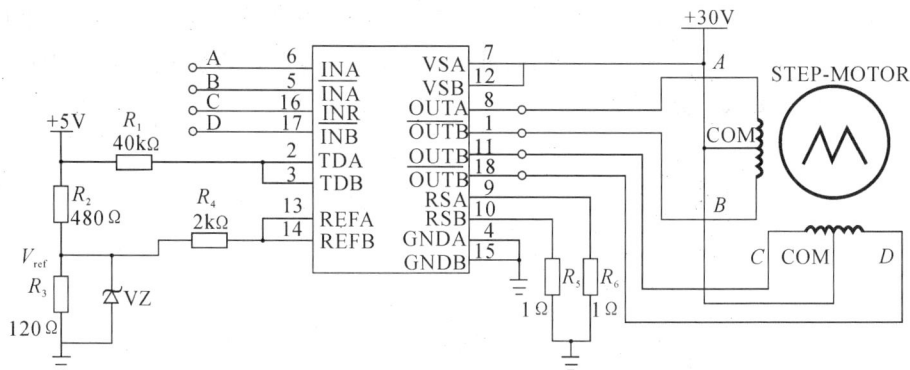

图 5-16　SLA7026M 斩波恒功率驱动电路

(4)细分电路。步进电机的运行特性不仅取决于电机本身所具有的机械特性和电气特性,而且取决于驱动电源的性能优劣。微型步进电机尺寸小,使转子、定子槽数受到限制。因此步进电机步距角做得比较大,不利于做精密位置控制。为了提高微型步进电机的角分辨率,可以改进步进电机的驱动方式,实现步矩细分,用微步驱动。微步驱动具有以下优点:①N 步细分后,步距角减小 N 倍;②改善步进电机低速运行的脉冲;③大大减少步进电机低频共振现象;④降低步进电机运行噪声。

步进电机是一种电流驱动元件,改变步进电机各相电流的大小,就能使转子相对于每个驱动脉冲的变化量减少,使原有平衡位置之间增加新的平衡点,以便实现细分。以三相六拍步进电机为例,每次仅让一相电流发生变化,使其三相电流呈现图 5-17 所示的变化方式,形成 24 拍驱动方式,可以达到 4 细分步距角的目的。图 5-18 所示是用微机作为加法器的细分驱动器,细分驱动器由 D/A,放大器,比较放大器和线性功放电路组成。D/A 将来自微机的数据转换成对应的 U_{in}。U_{in} 经放大器放大到 U_A。比较放大器将来自采样电压 U_e 和 U_A 比较并放大后送到 VT 的基极,产生控制绕组的电流 I_L。晶体管 VT 是线性放大电路,R_e 起反馈作用,目的是保证通过绕组的电流恒定。通过改变微机输出的数字量 D 可以达到控制绕组电流 I_L 的目的。由于细分时要求阶梯电流差值相等,因此细分的步数必须能对 255 进行整除,细分只能取 3,5,15,17,51,85。微步距控制技术是步进电机和开环控制最新技术之一,利用计算机数字处理技术和 D/A 转换控制技术,将各相绕组电流通过 PWM

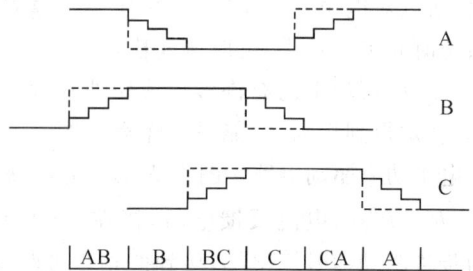

图 5-17　步距角细分原理

控制,获得按规律改变幅值大小和方向,从而实现微步距控制。步进电机微步距控制专用集成电路有 TA7289,UC3717,L6217,IXM3510 等。微步距控制技术使步进电机细化,分辨率提高,振动噪声和转矩波动问题得到改善,运转更为平稳,使步进电机在高级控制系统中具有更大的竞争力。

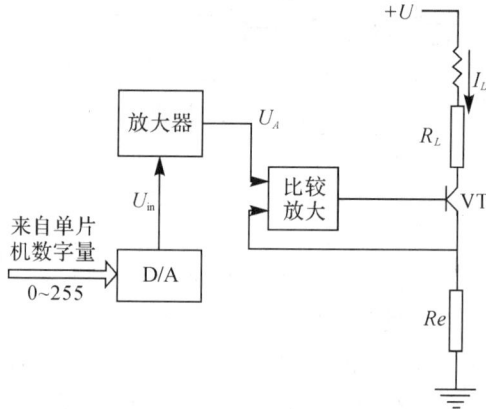

图 5-18　微机作为加法器的细分驱动器

5.2.5　步进电机的升、降速控制

在开环控制中,对步进电机的准确性、可靠性及速度都有较高的要求。由于步进电机和负载都有惯性,起动频率一般情况下都大大低于运行频率。因此,为了使步进电机不失步或丢步,需要设计加、减速电路,使得频率逐步升高或降低。

升降速规律有两种:①直线规律升降(等加速度 a);②指数规律升降。

等加速度 a 升速,需要转矩 T 恒定。从矩频特性来看,转速升高,转矩减小。但在小范围内,可以认为转矩是恒定的。按指数规律升降速,加速度 a 是下降的,与转矩变化规律类似,加速过程平稳。加减速电路可以通过硬件电路完成,如图 5-19 所示。目前,大多数采用单片机或 PC 机来实现加减速的软件控制。

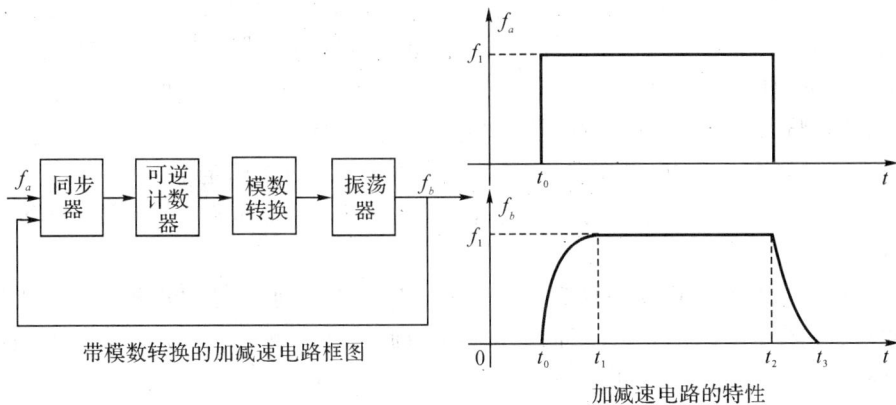

图 5-19 加减速硬件电路原理

利用单片机或 PC 机来实现加减速控制,本质上就是控制相邻两个脉冲之间的时间间隔,加速时,脉冲时间间隔短;降速时,脉冲时间间隔长。实现时间延时有软件延时和定时器延时两种方法。软件延时要耗费 CPU 时间且定时不太准确。一般大多数情况都采用定时器延时。图 5-20 所示是步进电机加减速特性,用离散方法来逼近理想的升降曲线,各离散点速度所对应时间常数固化在系统内 EPROM 中,用查表方法查出所需时间常数值,提高系统运行速度。图 5-20 是步进电机的典型曲线:①加速段($0 \sim t_1$);②恒速段($t_1 \sim t_2$);③减速段($t_2 \sim t_3$)。

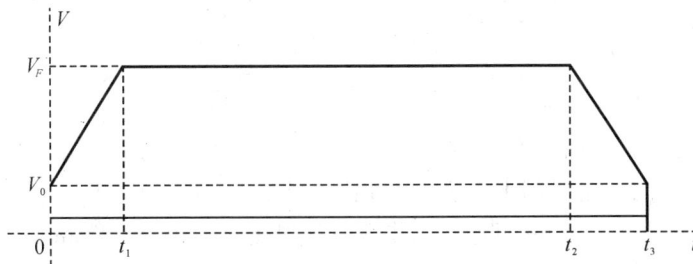

图 5-20 步进电机加减速特性

在确定步进电机升降速控制时要注意以下两点:

①判断是否需要加减速。如果运行频率大于启动频率(如图 5-20 中的 $V_F > V_0$)才需要加减速控制;相反,如果运行频率小于启动频率,则无需加减速。

②确定是否有恒速过程及转折点,当工作频率高而位移小时,电机可能没有恒速过程。

下面以简易数控冲床为例,介绍步进电机的加减速控制。图 5-21 是简易数控冲床的传动示意图,它由主电机、电磁离合器、曲轴、冲头、工作台等组成。主电机是冲头运动的动力,它通过皮带减速后与电磁离合器连接。主电机起动后便持续运转,但它能否使冲头运动,则取决于电磁离合器的线圈是否通电。当离合器线圈通电时,皮带轮轴与曲轴吸合在一起,使曲轴(实际是偏心轴)转动,于是带动冲头上下运动;当离合器线圈断电时,则曲轴与离合器松脱,这时尽管主电机在运转,曲轴却不再转动,并且通过一定的机构使冲头锁紧在上死点(最高点)位置。冲头冲下的位置是固定不变的。而工作台可以在 $\pm x$ 和 $\pm y$ 方向上运动。把工件夹紧在工作台上,并使其随工作台按设定要求进给,就可在工件不同位置上冲孔。

工作台的运行分别由 x 方向和 y 方向的步进电机驱动,而步进电机是受微机控制的。在冲床工作时,工作台和冲头的动作必须协调一致。冲头冲下前,工作台必须进给到位,处于静止不动的状态。只有在冲完一个孔、冲头抬离工件后,工作台才能进给。所以,冲头抬离工件后应发一个信号给微机,接到这个信号后,微机才能发出步进电机的控制信号,使工作台进给一个孔距。进给要在规定的时间内完成,以等待冲头冲下一个孔。冲床就是这样实现自动工作的。

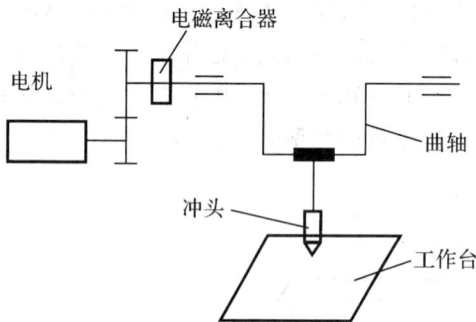

图 5-21　数控冲床的传动示意图　　　　图 5-22　步进电机加减速控制规律

技术指标:孔间行走时间不大于 0.2s;脉冲当量 0.05mm,冲击频率 100Hz;工作台行程 $x=800\text{mm}$,$y=600\text{mm}$;每冲次工作台行程误差不大于 $\pm0.1\text{mm}$。

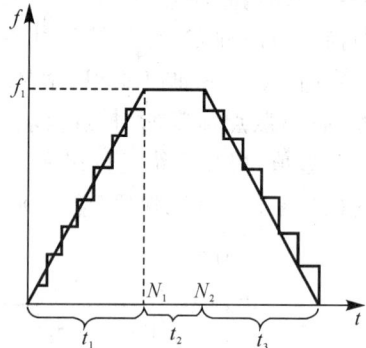

图 5-22 是步进电机加减速控制规律示意图。采用等加减速规律,加速度值 $a\leqslant 20000$ 步/s。假定 $t_1=t_3=0.08(\text{s})$,$t_2=0.04(\text{s})$,则

$$s_1=\frac{1}{2}at_1^2=\frac{1}{2}\times20000\times0.08^2=64(\text{步}) \tag{5-3}$$

式中,s_1 为加速段的进给距离,单位为步。

$$f_1=at_1=20000\times0.08=1600(\text{s}^{-1}) \tag{5-4}$$

式中,f_1 为 t_1 时刻的步频,单位为 s^{-1}。

$$s_2 = f_1 t_2 = 1600 \times 0.04 (步)$$

$$s_3 = s_1 = 64 (步)$$

$$s = s_2 + 2s_1 = 192 (步)$$

即孔间距为

$$s = 192 \times 0.05 = 9.6 (mm)$$

若给定 s，也可求得时间 $t(t \leqslant 0.2s)$。

节拍周期确定如下（以等加速度为例）：设 T_i 为 i 步节拍周期，T_{i+1} 为 $i+1$ 步节拍周期，则

$$f_i = 1/T_i \tag{5-5}$$

$$f_{i+1} = 1/T_{i+1} \tag{5-6}$$

$$f_{i+1} = f_i + aT_{i+1} \tag{5-7}$$

将式(5-5)、式(5-6)代入式(5-7)，得

$$aT_i T_{i+1}^2 + T_{i+1} - T_i = 0 \tag{5-8}$$

求解式(5-7)，得

$$T_{i+1} = \frac{-1 + \sqrt{1 + 4aT_i^2}}{2aT_i} \tag{5-9}$$

式(5-9)是递推公式，可以算出所有的 T_i。将这些值存储在 ROM 中，通过查表法取得 T_i 值。

5.2.6　步进电机的选择

步进电机使用范围相当广泛，很难建立统一的选择程序。设计人员通常根据实际要求，用类比法或凭自己的经验用逐次逼近法来选择电机型号、尺寸及齿轮传动装置。如果在选择之前就能按照所设计系统的特点，建立相应的选择程序可以提高设计效率。

下面以数控机床进给伺服机构为例，介绍选择步进电机的步骤。

(1)根据加工精度要求确定脉冲当量选择步距角。脉冲当量 δ 直接影响加工零件的精度、表面粗糙度及进给速度。一般对精度要求较高数控机床如线切割机床、坐标镗床，脉冲当量 δ 可取 $0.001 \sim 0.0025mm$，以保证 $0.01 \sim 0.005mm$ 的加工精度。加工精度在 $0.01 \sim 0.02mm$ 范围的数控铣床、钻床、车床的脉冲当量 δ 可取 $0.005 \sim 0.01mm$。对于那些简易数控冲床等不太精密的机床或设备，脉冲当量可取 $0.1 \sim 0.15mm$。对于同步驱动系统，脉冲当量 δ 还可选择更大些。

脉冲当量确定以后，步距角可以按照下式算出：

$$\beta = \frac{360° \delta}{Pi}$$

式中，β 为步距角(°)；P 为丝杠螺距(mm)；i 为传动比；δ 为脉冲当量(mm)。

上式中滚珠丝杠螺距 P 选择比较容易,可按照机床进给机构传动链的速度和刚度选定一个标准值。而齿轮传动比 i 选择较复杂,在这种应用情况下要兼顾少数步增量运动和多数步的连续运动。在选择步进电机阶段很难按某一公式确定一个最佳传动比,而仅能按一般的原则初步选择一个或几个可能的传动比。步进电机标准步距角是有限的几个,如 $0.36°/0.72°$,$1.5°/0.75°$,$1.8°/0.9°$ 等。可以选择的传动比也是有限的,传动比的选择是否合适可进行方案比较,也可按一定的步骤进行校核。由于齿轮传动级数增加,使得齿隙和静摩擦增加,传动效率降低,故传动级数一般不超过 3 级。

（2）根据快速进给速度,确定步进电机最高工作频率。数控机床进给速度与电机运行频率有着严格对应关系,机床的极限进给速度 v_{max}（m/min）受电机最高运行频率约束。

$$v_{max} = \frac{60 f_{max} \delta}{1000}$$

式中,v_{max} 为机床运行最高速度;f_{max} 为步进电机最高运行频率（Hz）;δ 为脉冲当量（mm）。

步进电机的最高运行频率 f_{max} 与电机结构形式、驱动电源种类及控制方式有关。样本虽已给出 f_{max},但驱动电源和控制方式改变,f_{max} 也改变。有些厂家为适应用户需要,同一规格步进电机产品往往有高速和低速之分,两者外形尺寸完成相同,仅绕组电感不同。所以应根据机床要求的极限速度确定电机型号和最高运行频率。

（3）根据负载转矩或阻力,选择步进电机转矩。若进给速度要求的频率大于启动频率,电机包含加速运行。电机除了必须克服数控机床施加给它的负载转矩外,还要提供由于速度变化引起的惯性加速转矩。下面分为两种不同的情况加以分析。

①快速进退刀时所需转矩为

$$T_{e1} = T_{a1} + T_{l2}$$

式中,T_{e1} 为快速退刀时电机的转矩;T_{a1} 为惯性加速转矩;T_{l2} 为移动刀架或工作台的摩擦转矩。

②切削进给所需转矩为

$$T_{e2} = T_{a2} + T_c + T_{l2}$$

式中,T_{e2} 为切削加工时电机的转矩;T_{a2} 为切削加工时加速转矩;T_c 为克服切削抗力所需的转矩;T_{l2} 为移动刀架或工作台的摩擦转矩。

上述两种运行状态,对于数控机床来讲始终是交替出现。步进电机应同时满足上述两种状态下的转矩要求,因此需要分别计算各种转矩,取二者中较大者作为选择电机转矩的依据。

产生加速度 a 所需惯性转矩 T_a（N·m）可按下式计算:

$$T_a = J \frac{\beta}{57.3} \left(\frac{f_n - f_0}{t} \right)$$

式中，f_0，f_n 分别为加速开始及终止时的脉冲频率(Hz)；t 为加速过程时间(s)；J 为步进电机转子和负载惯量(kg·m²)。

克服切削抗力，加到电机轴上的负载转矩 T_c(N·m)按下式计算：

$$T_c = \frac{36\delta F_s}{2\beta\pi\eta} \times 10^{-2}$$

式中，F_s 为在运动方向产生的走刀抗力(N)；η 为驱动系统机械效率，与轴承、齿轮丝杠螺母等传动副的数量和质量有关，按机床设计有关资料选取；δ 及 β 为脉冲当量(mm)及步距角(°)。

③移动工作台加到步进电机轴上的摩擦负载转矩 T_{l2}(N·m)按下式计算：

$$T_{l2} = \frac{36\delta\mu(m+F_z)}{2\beta\pi\eta} \times 10^{-2}$$

式中，m 为工作台质量(包括工件、夹具质量在内)(kg)；μ 为摩擦系数，按机床设计手册选取，如滑动导轨 $\mu = 0.05 \sim 0.16$，滚动导轨 $\mu = 0.005 \sim 0.03$，静压导轨 $\mu = 0.0005$；F_z 为垂直方向的切削分力(空行程时 $F_z = 0$)(N)；η 为驱动系统的效率。

上面的 T_c 及 T_{l2} 为理想情况下的计算公式，它没有考虑机床所承受的偶然冲击负载、夹条锁紧力及导轨不平产生的附加力，考虑这些因素的影响，计算时应乘以 $1.05 \sim 1.1$ 的系数。

T_{e2} 一般情况下大于 T_{e1}，但不能简单地凭这一转矩选择电机转矩。由于矩频特性是一"软"的特性，可以满足切削加工时转矩的要求，不一定能满足快速进刀时转矩的需要。例图 5-23 给出的矩频特性，曲线 1 代表的电机可以满足负载要求；曲线 2 所示的电机虽然能满足切削加工时转矩及速度要求，但不能满足快速进退刀时的速度要求。因此，应对照作出的负载图，根据厂家给出的矩频特性选择电机规格，要求矩频特性与负载匹配，即要求各频段负载转矩均小于矩频特性给出的转矩，并留有一定的余度。

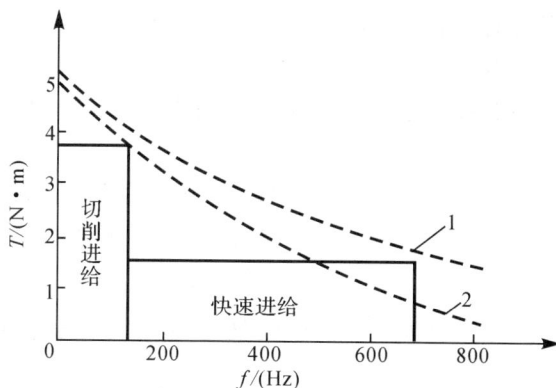

图 5-23　矩频特性与负载匹配

　　根据以上三步初步选定电机规格、驱动电源及传动系统,再通过以下步骤校核是否满足系统要求。

　　(4)根据选定电机惯频特性校核系统的起动性能。负载转动惯量直接影响电机的快速性,要求折合到电机轴上的惯量和电机本身的惯量相匹配。根据惯频特性查出电机带负载惯量后的起动频率应满足系统要求。对于速度较低没有升降频线路的步进电机系统,起动频率低于系统要求的频率则无法工作,应另选电机或传动比。对于有加减速电路的系统,带负载后起动频率也不应过低,如果没有惯频特性资料,可按下式计算步进电机带动惯性负载后的起动频率:

$$f_{sl} = f_s \sqrt{\dfrac{1 - \dfrac{T_l}{T_e}}{1 + \dfrac{J_l}{J_r}}}$$

式中,f_{sl},f_s 分别为步进电机负载及空载时的起动频率(Hz);J_r,J_l 分别为步进电机转子和负载的转动惯量(kg·m²);T_l 为负载摩擦转矩(N·m);T_e 为电机输出转矩,可根据空载起动频率在运行矩频特性中查出(N·m)。

　　(5)根据步进电机的矩频特性计算加减速时间校核系统的快速性。步进电机带动摩擦及惯性负载后的起动频率较低。例如一般功率步进电机,当步距角为 1.5°时,起动频率不超过 1000Hz,这样低的频率无疑满足不了伺服系统快速性的要求,需要采用加、减电路,加、减速时间对系统快速性影响极大。一般在选择步进电机阶段,根据矩频特性分段线性化按下式粗略计算加、减速时间就够了:

$$t = \dfrac{(J_r + J_l)\beta}{57.3(T_{cp} - T_l)}(f_n - f_0)$$

式中,t 为加减速时间(s);J_r,J_l 分别为转子、负载的转动惯量(kg·m²);β 为电机的步距角(°);T_{cp},T_l 分别为电机最大平均转矩、负载转矩(N·m);f_0,f_n 分别为起始加速时、加速终了时的频率(Hz)。

　　如果算出的时间大于系统允许的加、减速时间或整个行程的平均速度低于系统的要求,则应重新选择电机或传动比。

　　(6)根据选定步进电机精度和矩角特性校核系统的静态定位误差。对于上述已初步选定的步进电机传动系统,按下式可以算出系统的静态定位误差 $\Delta\beta_t$:

$$\Delta\beta_t = \Delta\beta + \Delta\beta_m + \Delta\beta_D$$

式中,$\Delta\beta$ 为选定电机的步距误差(°);$\Delta\beta_m$ 为传动件的累计误差(°);$\Delta\beta_D$ 为由摩擦负载引起的随机误差(°)。

　　$\Delta\beta_D$ 以根据摩擦负载大小,由产品样品给出的矩角特性作出,在近似计算中也可按下式确定:

$$\Delta \beta_D = \frac{m_1 \beta}{2\pi} \arcsin \frac{T_{l2}}{T_k}$$

式中,T_{l2} 为系统干摩擦转矩(N·m);T_k 为步进电机最大静转矩(N·m);m_1 为运行拍数;β 为步距角(°)。

如果 $\Delta \beta_l$ 不能满足系统精度的要求,要重选高精度等级的步进电机或减小步距角和采用细分电路等特殊控制手段。

(7)温度校核。如果厂家已经给出电机发热曲线,则根据系统循环工作图,先算出各种频率使用时间 $t_1, t_2, t_3, \cdots$,根据发热曲线找出各频率下的发热量 $Q_1, Q_2, Q_3, \cdots$,则平均发热量为

$$Q = \frac{Q_1 t_1 + Q_2 t_2 + Q_3 t_3 + \cdots}{t_1 + t_2 + t_3 + \cdots}$$

根据平均发热量找出温升。

5.3　直流伺服驱动及其控制

5.3.1　直流伺服电机

直流伺服电机是伺服系统应用最早的,也是应用最为广泛的执行元件。直流伺服电机具有启动转矩大、体积小、重量轻和转速容易控制、效率高等优点。其缺点就是转子上安装了具有机械运动性质的电刷和换向器,需要定期维修和更换电刷,使用寿命短、噪声大。直流伺服电机在数控机床和工业机器人等机电一体化产品中得到广泛应用。

1. 直流伺服电机的特点

直流伺服电机有如下特点:

①稳定性好。直流伺服电机具有下垂的机械性,能在较宽的速度范围内稳定运行。

②可控性好。直流伺服电机具有线性的调节特性,能使转速正比于控制电压的大小;转向取决于控制电压的极性(或相位);控制电压为零时,转子惯性很小,能立即停止。

③响应迅速。直流伺服电机具有较大的起动转矩和较小的转动惯量,在控制信号增加、减小或消失的瞬间,直流伺服电机能快速起动、快速增速、快速减速和快速停止。

④控制功率低,损耗小。

⑤转矩大。直流伺服电机广泛应用在宽调速系统和精确位置控制系统中,其输出功率一般为 1~600W,也有达数千瓦。电压有 6V,9V,12V,24V,27V,48V,110V,220V等。转速可达 1500~1600r/min。时间常数低于 0.03。

2. 直流伺服电机的结构和性能

(1)直流伺服电机的分类和型号命名。直流伺服电机的品种很多,随着科学技术的发展,至今还在不断出现各种新品种及新结构。

　　按照激励方式的不同,可分为电磁式和永磁式两种。电磁式是采用励磁绕组励磁,而永磁式则和一般永磁直流电机一样,采用氧化体、铝镍钴、稀土钴等磁材料产生激励磁场。

　　在结构上,直流伺服电机分为一般电枢式、无刷电枢式、绕线盘式和空心杯电枢式等。为避免电刷换向器的接触,还有无刷直流伺服电机。根据控制方式,直流伺服电机可分为磁场控制方式和电枢控制方式。显然,永磁直流伺服电机只能采用电枢控制方式,一般电磁式直流伺服电机大多也用电枢控制式。

　　直流伺服电机大多用机座号表示机壳外径,国产直流电机的型号命名包含四个部分。其中第一部分用数字表示机座号,第二部分用汉语拼音表示名称代号,第三部分用数字表示性能参数序号,第四部分用数字和汉语拼音表示结构派生代号。例如28SY03-C表示28号机座永磁式直流伺服电机、第三个性能参数序号的产品、SY系列标准中选定的一种基本安装形式、轴伸形式派生为齿轮轴伸。又如45SZ27-5J表示45号机座电磁式直流伺服电机、第27个性能参数序号的产品、安装形式为K5、轴伸形式派生为键槽轴伸。

　　(2)结构形式及特点。各种直流伺服电机的结构特点见表5-5。

表 5-5　各类直流伺服电机结构特点

分　类		结构特点
普通型低惯量式	永磁式伺服电机	与普通直流电机相同,但电枢铁心长度与直径之比较大,气隙也较小,磁场由永久磁钢产生,无需励磁电源
	电磁式伺服电机	定子通常由硅钢片冲制叠压而成,磁极和磁轭整体相连,在磁极铁心上套有励磁绕组,其他同永磁式直流电机
	电刷绕组伺服电机	采用圆形薄板电枢结构,轴向尺寸很小,电枢用双面敷铜的胶木板制成,上面用化学腐蚀或机械刻制的方法印刷绕组。绕组导体裸露,在圆盘两面呈放射形分布。绕组散热好,磁极轴向安装,电刷直接在圆盘上滑动,圆盘电枢表面上有裸露导体部分起着换向器的作用
	无槽伺服电机	电枢采用无齿槽的光滑圆柱铁心结构,电枢制成细而长的形状,以减小转动惯量,电枢绕组直接分布在电枢铁心表面,用耐热的环氧树脂固化成形。电枢气隙尺寸较大,定子采用高电磁的永久磁钢励磁
	空心杯形电枢伺服电机	电枢绕组用漆包线绕在线模上,再用环氧树脂固化成杯形结构,空心杯电枢内外两侧由定子铁心构成磁路,磁极采用永久磁钢,安放在外定子上
直流力矩伺服电机		直流力矩伺服电机设计主磁通为径向的盘式结构,长、径比一般为1:5,扁平结构宜于定子安置多块磁极,电枢选用多槽、多换向片和多串联导体数,总体结构有分装式和组装式两种。通常定子磁路有凸极式和稳极式(亦称桥式磁路)
直流无刷伺服电机		直流无刷伺服由电机主体、位置传感器、电子换向开关三部分组成。电机主体由一定极对数的永磁钢转子(主转子)和一个多向的电枢绕组定子(主定子)组成,转子磁钢有二级或多级结构。位置传感器是一种无机械接触的检测转子位置的装置,由传感器转子和传感器定子绕组串联,各功率元件的导通与截止取决于位置传感器的信号

5.3.2　直流伺服电机的控制

直流电机的构造如图 5-24 所示,由永磁体定子、线圈转子(电枢)、电刷和换向器构成。当电流通过电刷、换向器流入处于永磁体磁场中的转子线圈时,产生的电磁力驱动转子转动。为了得到连续的旋转运动,必须不断地改变电流的方向,因此需要换向器和电刷。

电机的基本控制就是转矩和转速控制。对于直流电机,改变电压或者电流,就可以控制转速和转矩。根据电工学原理,永磁式直流电机的转矩和流过电枢回路的电流强度成正比,即

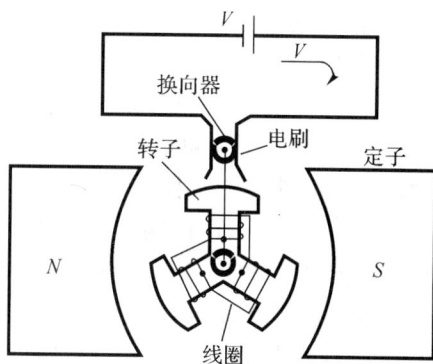

图 5-24　直流伺服电机的构造

$$T = K_T i_m \tag{5-10}$$

式中,K_T 为直流电机的转矩常数(N·m/A);i_m 为流过电枢回路的电流(A);T 为直流电机输出的转矩(N·m)。

在正常状态下,电枢回路的电压是平衡的,即

$$u_m = E_b + I \cdot R \tag{5-11}$$

式中,u_m 为转子绕组上的电压(V);R 为电枢回路的总电阻(Ω);E_b 为转子在定子磁场中转动时转子绕组产生的反电势(V)。

反电势 E_b 又与转子的转速成正比,即

$$E_b = K_b n \tag{5-12}$$

式中,K_b 为反电势常数(V/(r/min));n 为直流电机的工作转速(r/min)。

将式(5-10)、式(5-11)、式(5-12)联立求解得

$$n = \frac{u_m}{K_b} - \frac{TR}{K_T K_b} \tag{5-13}$$

当进行电流控制时,由式(5-10)可得到恒转矩;当进行电压控制时,由式(5-13)可知,随着转速增加可得到二转矩减小的理想下降特性。

1. 直流伺服电机的 PWM 控制原理

直流伺服电机用直流供电,为调节电机转速和方向需要对其直流电压的大小和方向进行控制。目前常用大功率晶体管脉宽调制(PWM)调速驱动系统和可控硅直流调速驱动系统两种方式。可控硅直流(SCR)驱动方式,主要通过调节触发装置控制可控硅的导通角(控制电压大小)来移动触发脉冲的相位,从而改变整流电压的大小,使直流电机电枢电压的变化易平滑调速。由于可控硅本身的工作原理和电源的特点,导通后是利用

交流(50Hz)过零来关闭的,因此在低整流电压时,其输出是很小的尖峰值(三相全波时每秒 300 个)的平均值,从而造成电流的不连续性。由于晶体管的开关响应特性远比可控硅好,前者的伺服驱动特性要比后者好得多。与可控硅调速单元相比,PWM 速度控制有如下的特点:

① 电机损耗和噪声小。晶体管开关频率很高,远比转子能跟随的频率高,也即避开了机械共振。由于开关频率高,使得电枢电流仅靠电枢电感或附加较小的电抗器便可连续,所以电机损耗、发热小。

② 系统动态特性好,响应频带宽。PWM 控制方式的速度控制单元与较小惯量的电机相匹配时,可以充分发挥系统的性能,从而获得很宽的频带。频带越宽,伺服系统校正瞬态负载扰动的能力就越高。

③ 低速时电流脉动和转速脉动都很小,稳速精度高。

④ 功率晶体管工作在开关状态,其损耗小,电源利用率高,并且控制方便。

⑤ 响应很快。PWM 控制方式,具有四象限的运行能力,即电机能驱动负载,也能制动负载,所以响应快。

⑥ 功率晶体管承受高峰值电流的能力差。

PWM(Pulse Width Modulation)是脉冲宽度调制的英文缩写,它的含义是利用大功率晶体管的开关作用,将恒定的直流电源电压斩成一定频率的方波电压,并加在直流电机的电枢上,通过对方波脉冲宽度的控制,改变电枢的平均电压来控制电机的转速。

PWM 控制方式的速度控制单元,由脉冲宽度调制器和脉冲功率放大器两部分组成。

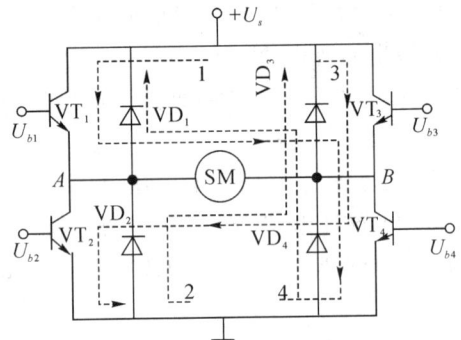

图 5-25　H 型脉冲功率放大器

(1)脉冲功率放大器(PWM 系统的主回路)。开关型功率放大器的驱动回路有两种结构形式:一种 H 型(也称桥式),另一种是 T 型。这里介绍常用的 H 型,它的电路原理图如图 5-25 所示。图中 $VD_1 \sim VD_4$ 为续流二极管,用于保护功率晶体管 $VT_1 \sim VT_4$。SM 为直流伺服电机。

H 型电路在控制方式上分为双极式和单极式。下面介绍双极式功率驱动的原理:

四个功率晶体管的基极驱动电压分为两组: $U_{b1} = U_{b4}$, $U_{b2} = U_{b3} = -U_{b1}$。加到各晶体管基极上的电压波形如图 5-26(a)所示。

若 $0 \leqslant t \leqslant t_1$ 时, $U_{b1} = U_{b4}$ 为正, $U_{b2} = U_{b3}$ 为负,使 VT_1 和 VT_4 饱和导通, VT_2 和 VT_3 截止,加在电枢端电压 $U_{AB} = +U_s$(忽略 VT_1 和 VT_4 的饱和压降),电枢电流 i_a 沿回路 1 流通, i_a 的波形见图 5-26(b)中的 i_{a1}。

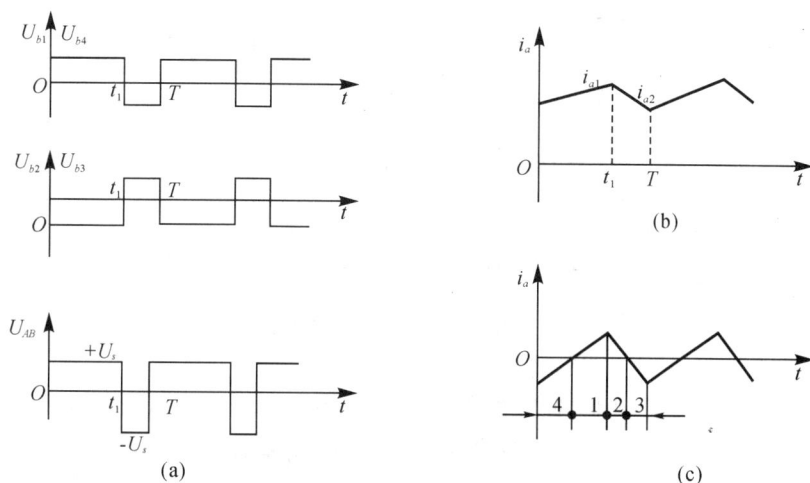

图 5-26 H 型双极性工作方式电压和电枢电流波形

若 $t_1 \leqslant t \leqslant T$ 时,U_{b1} 和 U_{b4} 为负,U_{b2} 和 U_{b3} 为正,使 VT_1 和 VT_4 截止,但 VT_2 和 VT_3 并不能立即导通。这是因为在电枢电感反电势的作用下,电枢电流 i_a 经 VD_2 和 VD_3 续流,沿回路 2 流通。由于 VD_2 和 VD_3 的压降使 VT_2 和 VT_3 承受反压的缘故,VT_2 和 VT_3 能否导通,取决于续流电流的大小。若 i_a 较大时,在 t_1 至 T 时间内,续流较大,则 i_a 一直为正,如图 5-26(b)中的 i_{a2},此时 VT_2 和 VT_3 还没来得及导通,下一个周期即到来,又使 VT_1 和 VT_4 导通,电枢电流 i_a 又开始上升,使 i_a 维持在一个正值附近波动;若 i_a 较小,在 t_1 至 T 时间内,续流可能降到零,于是 VT_2 和 VT_3 在电源电压和反电动势的共同作用下导通,i_a 沿回路 3 流通,方向相反,电机处于反接制动状态,直到下一个周期(电枢平均电压 $\overline{U_{AB}} > 0$ 情况),VT_1 和 VT_4 导通,i_a 才开始回升,如图 5-26(c)所示。

直流伺服电机的转向取决于电枢电流的平均值,即取决于电枢两端电压的平均值。

若在一个周期(T)内,$t_1 = T/2$,则加在 VT_1 和 VT_4 基极上的正脉冲宽度(t_1)和加在 VT_2 和 VT_3 基极上的正脉冲宽度($T-t_1$)相等,VT_1,VT_4 与 VT_2,VT_3 的导通时间相等,则电枢电压平均值为零,电机静止不动。

若 $t_1 > T-t_1$,电枢平均电压大于零,则电机正转,平均值越大,转速越高;若 $t_1 < T-t_1$,电枢平均电压小于零,则电机反转,平均值的绝对值越大,反转速度越高。

由上述过程可知,只要能改变加在功率放大器上的控制脉冲的宽度,就能控制电机的转向、停止和速度。并且电机的停止是动态静止,有利于消除正反转死区。

(2)脉冲宽度调制器。为了能给功率放大器提供一个宽度由速度指令信号调节的控制脉冲序列,需要有一个能将电压信号(代表速度)转换为脉冲宽度的调节变换装置,称为脉冲宽度调制器。

常用的有以锯齿作为调制信号的脉冲宽度调制器、以三角波作调制信号的脉冲宽

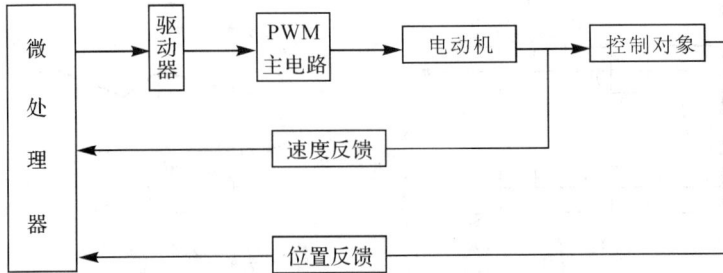

图 5-27 微机控制的 PWM 驱动系统框图

度调制器和数字脉冲宽度调制器。

在微机数控系统中,因为速度指令是以数字量的形式给出的,采用数字脉冲宽度调制器较为方便。数字脉冲宽度调制器可用硬件(定时器/计数器)、硬件加软件或软件来实现,这样电路简单,控制灵活。图 5-27 是微机 PWM 驱动系统的原理框图。

图 5-27 中采用的是数字脉冲宽度调制器。微机输出脉宽控制信号经驱动器放大,驱动 PWM 主回路中的功率晶体管开关。开关频率及脉冲宽度都可采用软件形式的数字脉冲宽度调制器来调节。计算机同时对速度和位置反馈信号采样,并利用软件对速度和位置进行调节。

2. 直流伺服电机驱动集成电路

尽管近年来直流电机不断受到交流电机和其他电机的挑战,但至今仍是大多数变速运动控制和闭环位置伺服控制最优先的选择。对于小功率应用,直流电机仍具有广阔的应用空间。为了满足小型直流电机的应用需要,各国半导体厂商纷纷推出大量的直流电机控制专用集成电路。其中 L290/L291/L292 是典型的直流电机驱动电路块。图 5-28 是由 L290/L291/L292 构成的伺服系统框图。

L290 是一个测速转换器的集成电路芯片。来自光电编码器 3 路信号接入芯片的 FTA,FTB,FTF 端。FTA 和 FTB 对应光电编码器的一对正交信号,其频率表示旋转速度,相位关系表示转向。FTF 是每转一转的脉冲信号。因此,由这 3 个信号便可获得转向、转速和转动位置的信息。这 3 个信号经过 L290 后输出 3 个反馈信号 STF,STB,STA,其中 STF 将来自 FTF 每转的脉冲信号通过内部放大后以电压突变方式反馈给 MCU,用作绝对位置的定位信号。STA,STB 对应的是 FTA,FTB 的转速、转向信号。L290 还将测速电压信号和位置信号以及 D/A 转换器的参考电压送给 L291。

L291 内含 D/A 转换器及放大器。L291 内含 5 bit D/A,接受来自 MCU 的速度指令信号。MCU 的转向指令从 SIGN 直接输入。为了能对速度、位置的反馈参数进行调节,从 L290 输出的 D/A 转换器参考电压、测速电压和位置信号都先经过一些外部电路网络。这些输入信号经 D/A 和放大器处理后,形成 L292 需要的控制电压。

L292 是一种单片功率放大集成电路,能提供正比于输入电压的输出电流,其输出

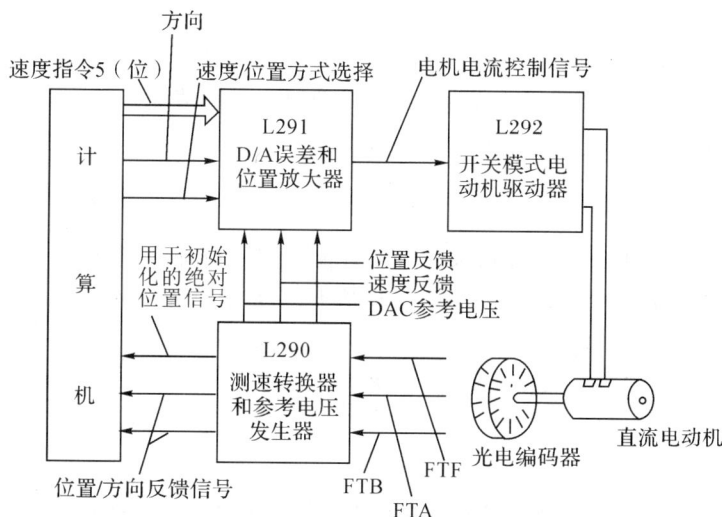

图 5-28　由 L290/L291/L292 构成的伺服系统框图

电压范围为 18～36V,输出电流最大幅值 2A。L292 可独立用作 PWM 功率放大器,用于直流伺服系统。

3. 直流伺服系统的组成

典型的伺服系统如图 5-29 所示,该系统包括 PWM 功率放大器,以及速度负反馈、位置负反馈等环节。控制系统是对 PWM 功放电路进行控制,接收电压、速度、位置变化信号,并对其进行处理产生正确的控制信号,控制 PWM 功率放大器工作,使伺服电机运行在给定状态中。

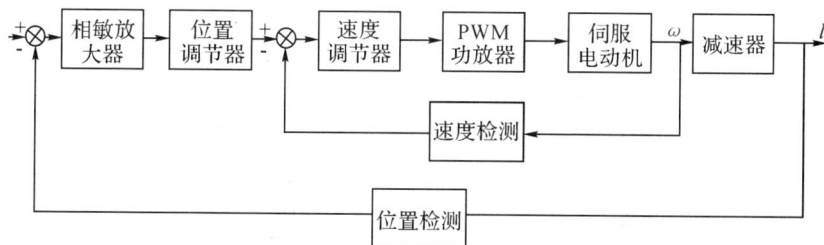

图 5-29　直流伺服系统的原理框图

5.3.3　直流伺服电机的选择

直流伺服电机的选择与步进电机类似,同样要满足惯量匹配和容量匹配原则。同时,由于直流伺服电机的机械特性较软,常用于闭环控制,因此对于直流伺服电机的选择,还应考虑固有频率和阻尼比等。

1. 惯量匹配原则

理论分析和实践证明,负载惯量和电机惯量的比值对伺服系统的性能有很大影响,且与伺服电机的种类以及应用场合有关,通常分以下两种情况。

(1)小惯量直流伺服电机。J_{eL}/J_m 推荐为

$$1 \leqslant \frac{J_{eL}}{J_m} \leqslant 3 \tag{5-14}$$

当 J_{eL}/J_m 对电机的灵敏度和响应时间有很大的影响时,使伺服放大器不能正常工作。小惯量伺服电机的特点是转矩/惯量比值大,机械时间常数小,加减速能力强,动态特性好,响应快。小惯量的伺服电机的转动惯量 $J_m \approx 5 \times 10^{-5} \text{kg} \cdot \text{m}^2$。

(2)大惯量直流伺服电机。J_{eL}/J_m 推荐为

$$0.25 \leqslant \frac{J_{eL}}{J_m} \leqslant 1 \tag{5-15}$$

大惯量宽调速伺服电机的特点是转矩大、惯量大,能在低速范围内提供额定转矩,常常不需要传动装置而与滚珠丝杆直接连接,受惯性负载的影响小。转矩/惯量比值高于普通电机而小于小惯量伺服电机。大惯量伺服电机的惯量 $J_m \approx 0.1 \sim 0.6 \text{kg} \cdot \text{m}^2$。

2. 等效转矩 T_{rms}

直流伺服电机的转矩—速度特性曲线一般分为连续工作区、断续工作区和加/减速区。图 5-30 是北京数控机床厂生产的 FB-15 型直流电机的转矩—速度特性曲线。图中

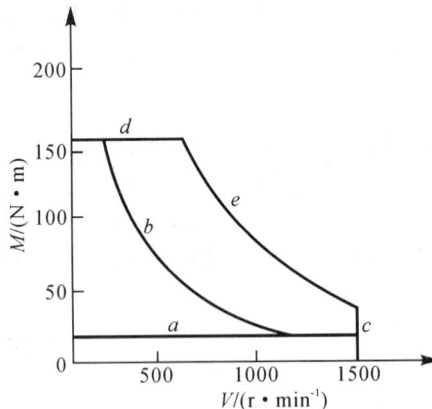

图 5-30　FB-15 型直流伺服电机转矩—速度特性曲线

a,b,c,d,e 五条曲线组成电机的 3 个区域,描述了电机转矩和速度之间的关系。曲线 a 为电机温度限制曲线,在此曲线上电机达到绝缘所允许的极限值,电机在此曲线内能长期工作。曲线 c 为电机最高转速限制线,随着转速上升,电枢电压升高,整流子片间电压升高,超过一定值有发生起火的危险。转矩曲线 d 中最大转矩主要受永磁体材料的去

磁限制,当去磁超过某值后,铁氧体磁性发生变化。在连续区,电机转矩和转速可以任意组合而长期工作。在断续区,电机只允许短时间工作或周期间歇性工作,工作一段时间停歇一段时间,间歇循环允许工作的时间长短因载荷而异。加/减速区只供电机加、减速期间工作。由于 3 个区的用途不同,电机转矩选择方法也不同。工程上常根据电机发热等效原则,将重复短时工作制折算为连续工作制来选择电机。选择方法是:在一个工作循环周期内,计算所需电机转矩的均方根值(即等效转矩),寻找连续额定转矩大于该值的电机。

常见的变转矩、加减速控制的两种计算模型如图 5-31 所示。图 5-31(a)是一般伺服系统的计算模型。根据电机发热条件的等效原则,三角形转矩波在加减速时的均方根转矩 T_{rms} 由下式近似计算:

$$T_{rms} \approx \sqrt{\frac{T_1^2 t_1 + 3T_2^2 t_2 + T_3^2 t_3}{3t_p}} \tag{5-16}$$

式中,t_p 为一个负载周期的时间,$t_p = t_1 + t_2 + t_3 + t_4$。

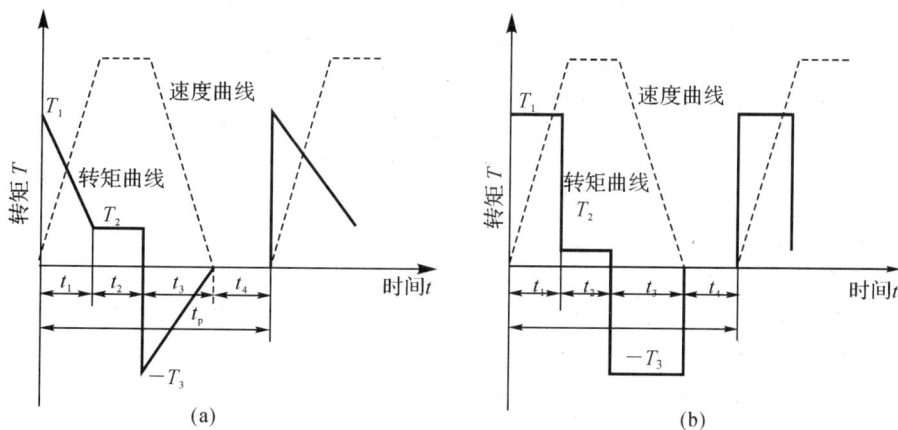

图 5-31　变载—加减速计算模型

图 5-31(b)为常用的矩形波负载转矩、加减速计算模型,其 T_{rms} 为

$$T_{rms} \approx \sqrt{\frac{T_1^2 t_1 + T_2^2 t_2 + T_3^2 t_3}{t_p}} \tag{5-17}$$

式(5-16)和式(5-17)的适用条件是 t_P 小于温度上升热时间常数的四分之一,且温度上升热时间常数和冷却时间常数相等(一般情况下,这些条件都是满足的)。选择直流伺服电机的额定转矩 T_R 时,应满足:

$$T_R = K_1 K_2 T_{rms}$$

式中,K_1 为安全系数,一般取 $K_1 = 1.2$;K_2 为转矩波形系数,矩形转矩波取 1.05,三角形转矩波取 1.67。

如果计算的 $K_1 \times K_2$ 值略小于推荐值的乘积,则应检查电机的温度上升是否超过温度限值,不超过时仍可采用。否则应重新选择电机。

直流伺服电机应根据负载转矩、惯性负载来选择电机的种类(大惯量还是小惯量电机),按照电机的工作特性曲线及设计要求来进行计算和型号的确定,还应检查其启动、加减速能力,必要时应检查其温升。

5.4 交流伺服驱动

5.4.1 交流伺服电机的种类和结构特点

1.种类

交流伺服电机分为两种:同步型和感应型。

(1)同步型(SM),指采用永磁结构的同步电机,又称为无刷直流伺服电机。其特点:

①无接触换向部件。

②需要磁极位置检测器(如编码器)。

③具有直流伺服电机的全部优点。

(2)感应型(IM),指笼形感应电机。其特点:

①对定子电流的激励分量和转矩分量分别控制。

②具有直流伺服电机的全部优点。

2.结构特点

交流伺服电机采用了全封闭无刷结,不需要定期检查和维修。以适应实际生产环境其定子省去了铸件壳体,结构紧凑、外形小、重量轻(只有同类直流电机重量的75%~90%)。

定子铁心较一般电机开槽多且深,围绕在定子铁心上,绝缘可靠,磁场均匀。可以对定子铁心直接冷却,散热效果好,因而传给机械部分的热量小,提高了整个系统的可靠性。转子采用具有精密磁极形状的永久磁铁,因而可以实现高转矩/惯量比,动态响应好,运行平稳。转轴安装有高精度的脉冲编码器作检测元件。因此交流伺服电机以其高性能、大容量日益受到广泛的重视和应用。

5.4.2 交流伺服电机的控制方法

由于交流伺服电机在结构上分为两类,因此每种类型在控制方式上也采用不同的方法。

1.同步型伺服电机的控制方法

采用永久磁铁场的同步电机不需要磁化电流控制,只要检测磁铁转子的位置即可,故比 IM 型伺服电机容易控制。转矩产生机理与直流伺服电机相同。SM 型伺服电机的控制构成如图 5-32所示。

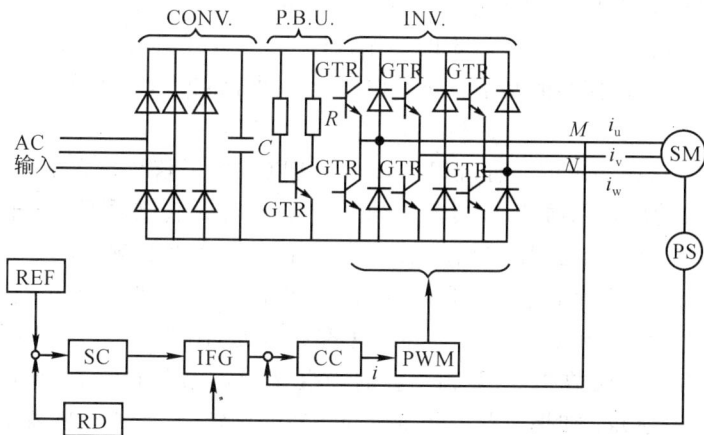

图 5-32　同步(SM)型伺服电机控制框图

CONV—整流器　SM—同步电机　INV—变换器　PS—磁极位置检测器　REF—速度基准　IFG—电流函数发生器　SC—速度控制放大器　CC—电流控制放大器　RD—速度变换器　PWM—脉宽调制器
P.B.U—再生电路

2.感应型伺服电机的控制方法

(1)矢量控制。采用交流伺服电机作为机电一体化产品进给伺服系统的执行元件和实现精密位置控制,并能在较宽的范围内产生理想的转矩,提高生产效率,其关键在于要解决对交流电机的控制和驱动。目前利用微处理器和计算机数控(CNC)对交流电机作磁场的矢量控制,即把交流电机的作用原理看作和直流电机相似,像直流电机那样实现转矩控制。

20 世纪 70 年代初,德国首先提出按磁场定向的矢量变换控制原理,它是在分析了直流电机和交流电机旋转原理的不同后提出的一种控制方案。由电机学可知,直流电机有一旋转的整流子式电枢和一个用来产生磁场的定子,磁极上的气隙磁通 Φ 是由磁极绕组中的电流 i_f 激励产生的,Φ 正比于 i_f 而与电枢电流 i_a 的大小无关。直流电机的转矩 M 是由 Φ 和 i_a 的相互作用产生的,即

$$M = C_M I_a \Phi \tag{5-18}$$

式中,C_M 为转矩系数;Φ 为气隙磁通。

对于补偿较好的电机,电枢反应影响很小。当激励电流不变时,转矩与电枢电流成正比,所以比较容易实现良好的动态性能。而交流异步电机的转矩与转子电流 I_2 的关系为:

$$M = C_M I_2 \Phi \cos\varphi \tag{5-19}$$

其中,气隙磁通 Φ,转子电流 I_2,转子功率因数 $\cos\varphi$ 是滑差系数 S 的函数,难以直接控制。比较容易控制的是定子电流 I_1,而定子电流 I_1 又是转子电流 I_2 的折合值与激励电流 I_0 的矢量和。因此要准确地动态控制转矩显然比较困难。矢量变换控制方式设法在交流电机上模拟直流电机控制转矩的规律,以使交流电机具有同样产生及控制电磁转矩的能力。矢量变换控制的基本思路是按照产生同样的旋转磁场这一等效原则建立起来的。

众所周知,三相固定的对称绕组 A,B,C,通以三相正弦平衡交流电 i_a,i_b,i_c 时,即产生转速为 ω_0 的旋转磁通 Φ,如图 5-33(a)所示。产生旋转磁通不一定非要三相不可,除了三相以外,二相、四相对称绕组通以平衡电流,也能产生旋转磁场。图 5-33(b)是两相固定绕组 α 和 β(位置上差 90°)通以两相平衡电流 i_α 和 i_β(时间上相差 90°)时所产生的旋转磁通 Φ。当旋转磁场的大小和转速都相等时,图 5-33(a)、(b)两套绕组等效。图 5-33(c)中有两个匝数相等、互相垂直的绕组 d 和 q,分别通以直流电流 i_M 和 i_T,产生位置固定的磁通 Φ。如果使两个绕组以同步转速旋转,磁通 Φ 也随着旋转起来,可以和图 5-33(a)、(b)绕组等效。当观察者站在铁芯上和绕组一起旋转时,会认为是通以直流电流的互相垂直的固定绕组。如果取磁通 Φ 的位置和 M 绕组的平面正交,就和等效的直流电机绕组没有差别了,d 绕组相当于激励绕组,q 绕组相当于电枢绕组。

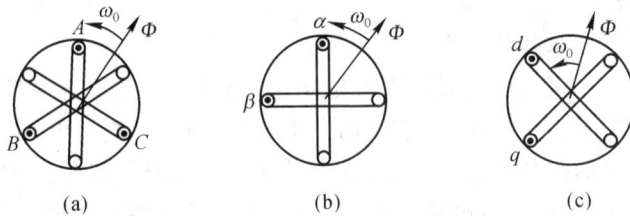

图 5-33　等效的交流机绕组和直流机绕组

这样以产生旋转磁场为准则,图 5-33(a)中的三相绕组、图 5-33(b)的二相绕组和图 5-33(c)中的直流绕组等效。i_a,i_b,i_c 与 i_α 和 i_β 以及 i_M 和 i_T 之间存在着确定的关系,即矢量变换关系。要保持 i_M 和 i_T 为某一定值,则 i_a,i_b,i_c 必须按一定的规律变化。只要按照这个规律去控制三相电流 i_a,i_b,i_c,就可以等效地控制 i_M 和 i_T,达到控制转矩的目的,从而得到和直流电机一样的控制性能。

图 5-34 是采用交流伺服电机作为执行元件的一种矢量控制交流伺服系统框图,其工作原理如下:由插补器发出速度指令,在比较器与检测器来的信号(经过 A/D 转换)相与之后,再经放大器送出转矩指令 $M(M = 3/2K_s I_2\psi$,式中 K_s 为比例系数,I_2 为电枢电流,ψ 为有效磁场束)至矢量处理电路,该电路由转角计算回路、乘法器、比较器等组成。另一方面,检测器的输出信号也送到矢量处理电路中的转角计算回路,将电机的回转位置 θ_r 变换成 $\sin\theta_r,\sin(\theta_r - 2\pi/3)$ 和 $\sin(\theta_r - 4\pi/3)$ 信号,分别送到矢量处理电路

的乘法器,由矢量处理电路输出 $M\sin\theta_r$,$M\sin(\theta_r-2\pi/3)$ 和 $M\sin(\theta_r-4\pi/3)$ 三种信号,经放大并与电机回路的电流检测信号比较以后,经脉宽调制电路(PWM)调制及放大之后,控制三相桥式晶体管电路,使交流伺服电机按规定的转速值旋转,并输出要求的转矩值。检测器检测出的信号还可送到位置控制回路中,与插补器来的脉冲信号进行比较,完成位置环控制。

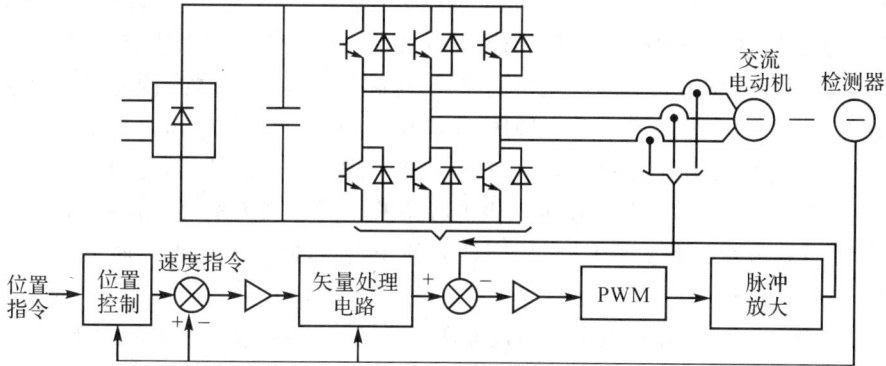

图 5-34 交流伺服系统框图

矢量控制是很有发展前途的一种控制方案,采用矢量变换的感应电机具有和直流电机一样的控制特点,而且结构简单、可靠,电机容量不受限制,与同等直流电机相比机械惯量小,因此有望取代直流电机。如果采用微处理器来完成坐标变换和控制功能,可大大降低成本,对今后的机床传动系统设计必将产生重大影响。

(2)变频调速控制。

①交流感应电机的特性。由电机学可知,交流感应电机的转速 n 与下列因素有关:

$$n=\frac{60f}{p}(1-S)\qquad(5\text{-}20)$$

式中,n 为电机转速(r/min);f 为外加电源频率(Hz);p 为电机极对数;S 为滑差率。

根据公式(5-20),改变交流电机的转速有 3 种方法,即变频调速、变极调速和变转差率调速。

变极调速通过改变极对数来实现电机的调速,这种方法是有级调速且调速范围窄。

变转差率调速可以通过改变在转子绕组中串联电阻和改变定子电压两种方法来实现。无论是哪种改变转差率的方法,都存在损耗大的缺陷,不是理想的调速方法。

变频调速调速范围宽、平稳性好、效率高,具有优良的静态和动态特性。目前高性能的交流调速系统都是采用变频调速技术改变电机的转速。因此,本节将主要介绍变频调速。

在异步电机的变频调速中,为了保持在调速时电机的最大转矩不变,希望维持磁通恒定。磁通减弱,铁心材料利用不充分,电机输出转矩下降,导致带负载能力减弱。磁通增强,引起铁心饱和、励磁电流急剧增加,电机绕组发热,可能烧毁电机。要磁通保持不变,这时就要求定子供电电压作相应调节。根据电机学知识,异步电机定子每相绕组的感应电动势为

$$E = 4.44 f N K \Phi_m \qquad (5-21)$$

式中,N 为定子绕组每相串联的匝数;K 为基波绕组系数;Φ_m 为每极气隙磁通(Wb)。

为了保持气隙磁通 Φ_m 不变,则应满足 $E/f =$ 常数。但实际上,感应电动势难以直接控制。如果忽略定子漏阻抗压降,则可以近似认为定子相电压和感应电动势相等,即 $U \approx E = 4.44 f N K \Phi_m$。为实现恒磁通调速,则应满足 $U/f =$ 常数。因此对交流电机供电的变频器(VFD)一般都要求兼有调压、调频两种功能。近年来,由于晶闸管以及大功率晶体管等半导体电力开关的问世,它们具有接近理想开关的性能,促使变频器迅速得到发展。根据改变定子电压 U 及定子供电频率的不同比例关系,采用不同的变频调速方法,从而研制出各种类型的大容量、高性能的变频器,使交流电机调速系统在工业上得到推广应用。

②变频调速装置。异步电机变频调速所要求的变频和变压功能(VVVF)是通过变频器完成的。变频器实现(VVVF)控制技术有脉冲幅度调制 PAM(Pulse Amplitude Modulation)和脉冲宽度调制 PWM(Pulse Width Modulation)两种方式。PAM 方式如图 5-35 所示。它将 VV 和 VF 分开完成,在可控整流电路中将交流电整流为直流电,同时进行相控调压,而后再将直流电逆变为频率可调的交流电。早期 VVVF 控制技术都

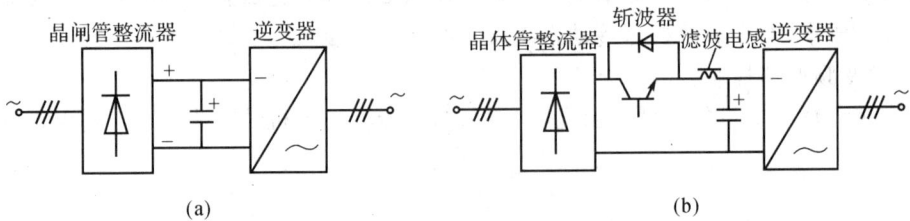

图 5-35 PAM 方式

使用 PAM 方式。因为当时只有开关频率不高的晶闸管等半导体器件。使用晶闸管等半控器件作为整流元件,逆变器输出的交流电波形只能是方波。若要使方波电压的有效值随频率的变化而改变,则只能改变方波的幅值。随着电力电子技术的发展,出现了全控型快速半导体开关器件,如 GTO,IGBT,IPM 等,PWM 方式才应运而生。PWM 方式如图 5-36 所示,它将 VV 和 VF 集于逆变器中一起完成。此时整流器单纯完成整流功能,中间的直流电压是恒定不变的,而后由逆变器既完成变频又完成变压。不可控整流既简化电路结构,又提高了输入端的功率因素,减少高次谐波对电网的影响。另外,PWM 方式的输出电压是 PWM 波而不是方波,减少了低次谐波,从而解决了电机在低频区的转矩脉动问题。虽然 PWM 方式具有很多优点,在中小功率的 VVVF 技术中得到广泛应

用,但全控型器件成本高,在大功率变频器中仍然使用以普通晶闸管作为开关器件的
PAM 方式。

　　变频器是交流调速的核心。变频器通常划
分为交—交变频器和交—直—交变频器两种。
交—交变频器直接将电网的交流电变换为电
压和频率均可调的交流电,输出电压的频率低
于电网频率,这种变频器适用于低频大容量的
调速系统。交—直—交变频器首先将电网交流
电整流为可控直流电,然后由逆变器将直流电

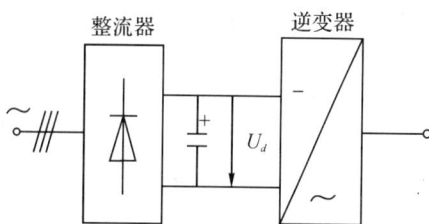

图 5-36　PWM 方式

逆变为交流电。因此,交—直—交变频器由整流器和逆变器组成。讨论逆变器就是讨论
变频器,根据无功能量的处理方式,变频器分电流型 CSI(Current Structure Inverter)
和电压型 VSI(Voltage Structure Inverter)两种。图 5-37 是交—直—交变频器的原理
框图。

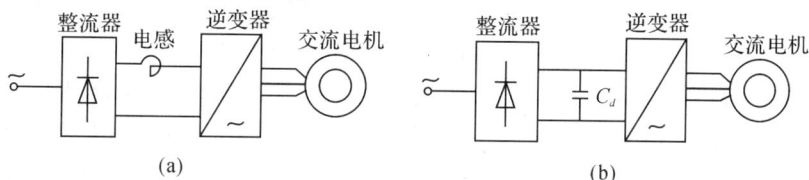

图 5-37　交—直—交变频器原理框图

　　③变频调速方法。实现变频调速的方法很多,可分为交—直—交变频、交—交变频、
脉宽调制变频(SPWM)等。其中每一种变频又有很多变换形式和接线方法。

　　(a)交—直—交变频调速系统。如图 5-38 所示为交—直—交变频器的主回路,它由
整流器(顺变器)、中间滤波环节和逆变器三部分组成。图中顺变器为晶闸管三相桥式电
路,其作用是将定压定频交流电变换成可调直流电,然后经电容器或电抗器滤波,作为
逆变器的直流供电电源。逆变器也是晶闸管三相桥式电路,但它的作用与顺变器相反,
它将直流电变换成可调频率的交流电,是变频器的主要组成部分。

　　(b)交—交变频调速系统。交—交变频调速属于直接变频,它把频率和电压都恒定
的工频交流电,直接变换成电压和频率可控的交流电,供异步电机激磁。交—交变频
最常用的主电路是给电机每一相都用了正、反组的触发,即可得到频率和电压都符合变
频要求的近似正弦输出。

　　④ SPWM 变频调速。根据控制思想划分,PWM 控制技术分为等脉宽 PWM 法、正
弦波 PWM 法(SPWM)、磁链追踪型 PWM 法和电流跟踪型 PWM 法 4 种。等脉宽
PWM 法是为了克服 PAM 只能输出频率可调的方波电压而不能调压的缺点发展起来
的,是最简单的 PWM 法。等脉宽 PWM 法在输出的电压中含有较大的谐波成分。

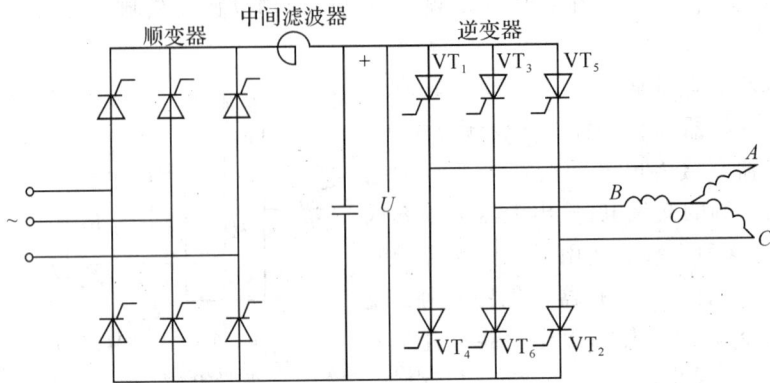

图 5-38　交—直—交变频器

SPWM 法则是为了克服等脉宽 PWM 法的缺点而发展起来的新的 PWM 法。本节将重点介绍 SPWM 法。

SPWM 变频调速是最近发展起来的,其触发电路输出是一系列频率可调的脉冲波,脉冲的幅值恒定而宽度可调,因而可以根据 U_1/f_1 比值在变频的同时改变电压,并可按一定规律调制脉冲宽度,如按正弦波规律调制,这就是 SPWM 变频调速。

SPWM 法可由模拟电路和数字电路等硬件电路来实现,也可以用微机软件或软件和硬件结合的方法来实现。用硬件电路实现 SPWM 法,就是用一个正弦波发生器产生可以调频调幅的正弦波信号(调制波),用三角波发生器生成幅值恒定的三角波信号(载波),将它们在电压比较器中进行比较,输出 PWM 调制电压脉冲。图 5-39 是 SPWM 法调制 PWM 脉冲的原理图。

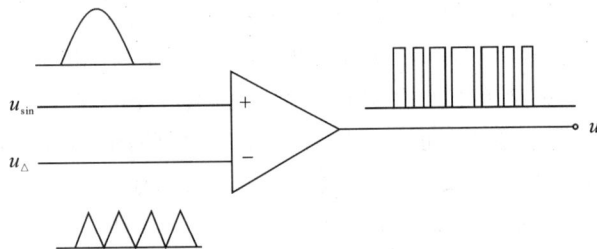

图 5-39　SPWM 调制 PWM 脉冲原理

三角波电压和正弦波电压分别接电压比较器的"—"、"＋"输入端。当 $u_\triangle < u_{\sin}$ 时,电压比较器输出高电平;反之则输出低电平。PWM 脉冲宽度(电平持续时间长短)由三角波和正弦波交点之间的距离决定,两者的交点随正弦波电压的大小而改变。因此,在电压比较器输出端就输出幅值相等的而脉冲宽度不等的 PWM 电压信号。当逆变器输出电压的每半周由一组等幅而不等宽的矩形脉冲构成,近似等效于正弦波。这种脉宽调制波是由控制电路按一定的规律控制半导体开关元件的通断而产生的。这一定的规律是

指 PWM 信号。生成 PWM 信号的方法有很多种,最基本的方法是利用正弦波与三角波相交来产生 PWM 信号,三角波和正弦波相交的交点与横轴包围的面积用幅值相等、脉宽不同的矩形来近似,模拟正弦波。图 5-40 是 SPWM 调制波示意图。矩形脉冲作为逆变器开关元件的控制信号,在逆变器的输出端输出类似的脉冲电压,与正弦电压相等效。工程上获得 SPWM 调制波的方法是根据三角波与正弦波的相交点

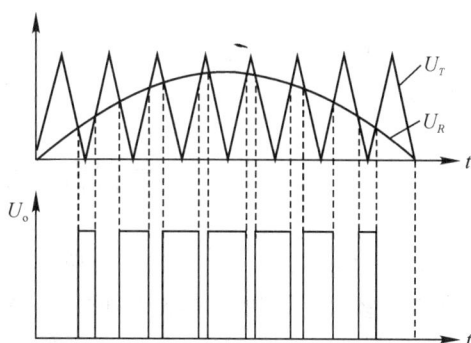

图 5-40 SPWM 调制波

来确定逆变器功率开关的工作时刻。调节正弦波的频率和幅值便可以相应地改变逆变器输出电压基波的频率或幅值。SPWM 是一种比较完善的调制方式。目前国际上生产的变频调速装置(VVVF 装置)几乎全部采用这种方法。

5.4.3 交流伺服电机的选择

矢量控制技术的应用,使交流伺服电机的调速性能可以和直流伺服电机媲美。在中、大型功率应用中,交流伺服电机有取代直流伺服电机的趋势。交流伺服电机没有换向件,过载能力强、重量轻、体积小,适合于高速、高精度、频繁启动/停止以及快速定位等场合。交流伺服电机不需要维护,能在恶劣的环境下工作。交流伺服电机通常有异步型伺服电机和永磁同步伺服电机两种。异步型电机采用矢量控制,其基本思想是采用磁场等效原则来模拟 DC 伺服电机。矢量变换计算相当复杂,电机低速特性不好,易发热。随着稀土材料的成本下降,采用永磁材料产生恒定磁场的永磁同步伺服电机逐步使用。永磁同步伺服电机具有直流伺服电机的调速特性。采用变频调速时,能方便地获得与频率 f 成正

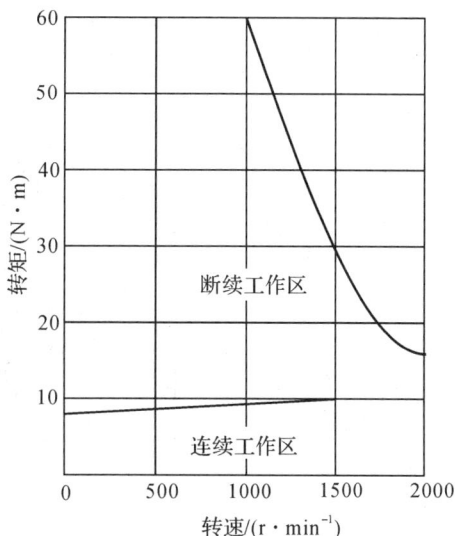

图 5-41 FUNAC 10 型交流伺服电机的
工作特性曲线

比的转速 n,即 $n = \dfrac{60f}{p}$。除此之外,还能获得宽的调速范围和硬的机械特性。

同直流伺服电机一样,交流伺服电机的工作特性与某些参数和特性曲线有关。

图 5-41是 FUNAC 10 型交流伺服电机的工作特性曲线。与直流伺服电机不同的是，交流伺服电机只有连续工作区和断续工作区，电机的加减速在断续区进行。交流伺服电机的选择方法同直流伺服电机。

5.5　控制方式的选择与计算实例

　　机电一体化系统的定位精度与控制方式有关。开环控制伺服系统没有位置检测装置，控制系统发出进给脉冲驱动伺服系统控制部件移动，其特点是对移动部件的实际移动量不进行检测。图 5-42a 是由步进电机驱动齿轮和丝杠来带动工作台往复直线运动的开环系统。步进电机驱动电路接受从控制系统发来的脉冲指令，进行功率放大，从而控制步进电机的正反转和转速大小。每输入一个脉冲指令，步进电机就转动一定的角度（步距角），相应地工作台就移动一个距离。所以控制系统发出的脉冲数目决定了工作台移动的距离，脉冲频率决定了工作台移动的速度。

　　由于没有检测反馈，其位移精度主要取决于步进电机和传动元件的累积误差。有误差，也不能自动纠正。因此，开环系统的定位精度较低，一般可达 $\pm(0.01\sim0.03)$mm，且速度也有一定的限制（取决于步进电机的性能）。开环系统的结构简单、成本低，调制和维修比较方便，工作可靠，主要用于精度、速度要求不高的场合。如简易数控机械、小型工作台、线切割机和绘图仪等。

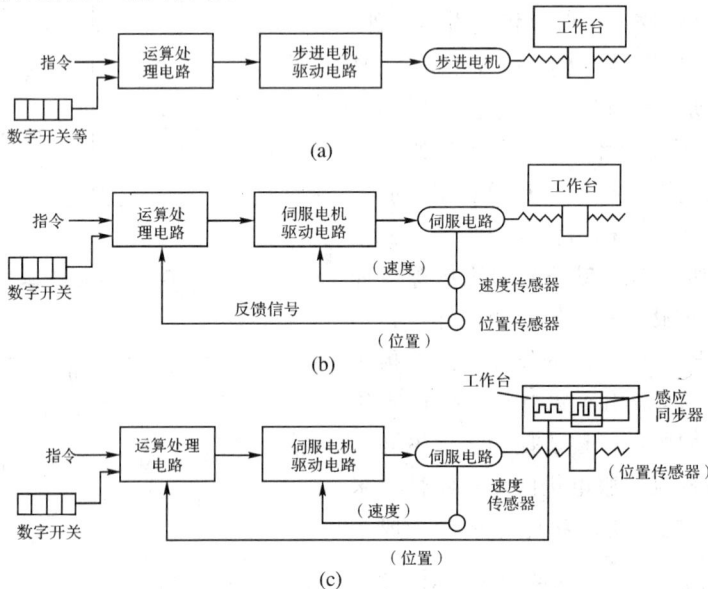

图 5-42　伺服电机控制方式的基本形式

　　闭环伺服系统的工作原理如图 5-42(c)所示。安装在工作台上的位置检测器(如直线感应同步器、长光栅或磁栅),可将直线位移量变换为反馈电信号,并与位置监测器中的参考值比较,所得到的偏差值经过放大,由伺服电机驱动工作台向减小误差方向移动。若数控装置中的脉冲指令不断地产生,工作台就随之移动,直到偏差值等于零为止。

　　闭环系统的定位精度主要取决于检测反馈部件的误差,而与放大器、传动装置没有直接的联系。所以,全闭环系统可以得到很高的精度和速度。为了增加系统的阻尼,其内部还有速度反馈子回路。全闭环系统的定位精度可达 $\pm(0.001\sim0.003)$mm。

　　在全闭环系统中,机械系统也包括在位置反馈回路之内。因此,系统时常受机械固有频率、阻尼比和间隙等不稳定因素的影响,从而增加了系统设计和调试的难度。全闭环系统主要用于精度和速度较高的大型机电一体化机械设备。

　　由于测量角位移比测量线位移容易,并可在传动链的任何转动部位进行角位移的测量和反馈,这种从传动链中间部位取出反馈信号的系统称为半闭环伺服系统(如图 5-42(b)所示)。在半闭环伺服系统中,只能补偿回路内部传动链误差,其定位精度比全闭环的稍差,一般可达 $\pm(0.005\sim0.01)$mm。半闭环伺服系统的稳定性比闭环系统好,且结构比较简单,调整和维护也比较简单,广泛用于各种机电一体化设备。

5.5.1　开环伺服系统设计

1. 开环伺服系统设计方法和步骤

　　伺服系统设计方法一般分为伺服系统的动力学方法和控制论方法。伺服系统的动力学方法是在机械设计的基础上进行的,主要任务是确定伺服电机的型号以及电机与机械系统的参数匹配,不计算控制电路参数和控制系统的动态、稳态性能参数,因此这种设计方法通常称之为静态设计。伺服系统的控制理论方法是在经典控制理论和现代控制理论的方法指导下,确定伺服系统各个环节的参数,使机电参数得到合理匹配,保证伺服系统具有良好的稳态、动态性能。

　　图 5-43 是步进电机驱动的伺服系统原理图。该伺服系统是典型的开环伺服系统。步进电机驱动的伺服系统设计,首先应该进行系统的机械参数设计和计算,然后在机械设计的基础上进行控制系统的设计,包括控制器的选型和设计、控制算法的设计等等。伺服系统的机械系统设计和控制系统设计应在系统论指导下进行。机械系统设计的好坏,直接关系到控制系统的复杂程度和性能。因此应该重视机械系统的设计和计算。机械系统设计与计算主要包括确定执行元件的参数、机械传动比、转动惯量、负载力矩和电机型号等。

　　(1)机械系统设计。

　　① 确定脉冲当量,初选步进电机。脉冲当量应根据小于或等于系统的定位精度来确定。对于开环伺服系统,脉冲当量一般取 0.005～0.01mm。脉冲当量取得太大,将无

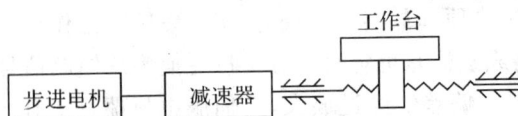

图 5-43　步进电机驱动的开环系统

法满足伺服系统的定位精度要求;如果脉冲当量取得过小,则使机械系统难以实现或者降低了系统的经济性。初步选择电机,主要依据系统提出的性能指标,选择步进电机的种类、步距角和运行频率。目前市场上提供了很多步进电机品种,但在我国最常用的步进电机有反应式步进电机(BC 或 BF 系列)和混合式步进电机(BYG 系列)两种。在电机体积相同的条件下,混合式步进电机的转矩比反应式步进电机大,同时混合式步进电机步距角可以做得比较小。在外形尺寸受到限制、又需要小步距角和大转矩的情况下,选择混合式步进电机。在需要快速移动大距离的条件下,应选择转动惯量小、运行频率高、价格较低的反应式步进电机。另外,混合式步进电机在断电时有自定位转矩,而反应式步进电机在停止供电后,转子处在自由位置。这点也是选择步进电机时需要考虑的问题。选择步进电机的种类和步距角需要依据具体情况而定。

　　② 确定机械系统的传动比和传动方式。一般伺服系统的机械传动都是减速系统。减速系统的传动比主要根据负载的性质、脉冲当量和其他要求来选择确定。减速系统的传动比要满足电机和机械负载之间的转速、力矩和位移的相互匹配。如图 5-43 所示的开环系统中,减速器的传动比可以按照脉冲当量和步距角来确定。

$$i = \frac{\theta t_{sp}}{360°\delta} \tag{5-22}$$

式中,i 为减速器的总减速比;δ 为脉冲当量(mm);t_{sp} 为丝杠导程(mm);θ 为步距角(°)。

　　如果计算出的传动比较小,则采用一级齿轮传动或同步带传动;如果传动比很大,则要采用多级齿轮传动。多级齿轮传动涉及传动级数和总传动比在各级传动中的分配问题。传动级数的确定主要考虑两个因素:一方面使齿轮的总转动惯量与电机轴上的主动轮的转动惯量比值最小;另一方面则是避免传动级数过大而使系统复杂、体积增大。总传动比在各级齿轮副上的分配大体遵循等效转动惯量最小、重量相等和输出轴转角最小这 3 个原则。如果传动比太大,则应考虑使用谐波齿轮减速器等大减速比的减速器。

　　③ 计算系统的等效转动惯量。机械系统各部件的转动惯量可以根据相关的转动惯量计算公式进行计算。对于某些传动件(如齿轮、丝杠等),通常不容易精确计算出它的转动惯量,此时就将其等效为圆柱体来近似估算。圆柱体的转动惯量计算式为

$$J = \frac{\pi \rho d^4 l}{32} \tag{5-23}$$

式中,ρ 为材料的密度(kg/m³);d 为传动部件的等效直径(m);l 为传动件的轴向长度

(m)。

下面通过实例演示如何计算等效转动惯量。已知图 5-44 中,$z_1 = 25$,$z_2 = 40$,$z_3 = 25$,$z_4 = 50$,模数 $m = 2$mm,齿轮的齿宽均为 10mm。滚珠丝杠的名义直径为 32mm,导程为 6mm,轴向长度 1000mm,工作台重量为 1000N。

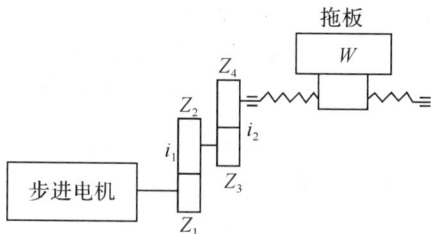

图 5-44 某数控车床纵向进给传动

根据式(5-23)分别计算回转体的转动惯量,即

$$J_{z_1} = \frac{3.14 \times 7.8 \times 10^3 \times (25 \times 2 \times 10^{-3})^4 \times 0.01}{32} = 4.78 \times 10^{-5} (\text{kg} \cdot \text{m}^2)$$

$$J_{z_2} = \frac{3.14 \times 7.8 \times 10^3 \times (40 \times 2 \times 10^{-3})^4 \times 0.01}{32} = 3.13 \times 10^{-4} (\text{kg} \cdot \text{m}^2)$$

$$J_{z_3} = \frac{3.14 \times 7.8 \times 10^3 \times (25 \times 2 \times 10^{-3})^4 \times 0.01}{32} = 4.78 \times 10^{-5} (\text{kg} \cdot \text{m}^2)$$

$$J_{z_{41}} = \frac{3.14 \times 7.8 \times 10^3 \times (50 \times 2 \times 10^{-3})^4 \times 0.01}{32} = 7.65 \times 10^{-4} (\text{kg} \cdot \text{m}^2)$$

$$J_{sg} = \frac{3.14 \times 7.8 \times 10^3 \times (32 \times 10^{-3})^4 \times 1}{32} \approx 8 \times 10^{-4} (\text{kg} \cdot \text{m}^2)$$

工作台作直线运动,因此需要求直线运动的工作台的转动惯量,然后将其等效到电机轴上。计算等效转动惯量的理论依据是能量守恒原理。工作台的等效转动惯量计算公式为

$$J_{ge} = m \left(\frac{V}{\omega} \right)^2 = m \left(\frac{t_{sp}}{2\pi i} \right)^2 \tag{5-24}$$

根据式(5-24),计算工作台的等效转动惯量为

$$J_{ge} = \frac{1000}{9.8} \times \left(\frac{0.006}{2 \times 3.14 \times \frac{50 \times 40}{25 \times 25}} \right)^2 = 9.1 \times 10^{-6} (\text{kg} \cdot \text{m}^2)$$

总的等效转动惯量为

$$J_e = J_{z_1} + \frac{(J_{z_2} + J_{z_3})}{i_1^2} + \frac{(J_{z_4} + J_{sg})}{i^2} + J_{ge}$$

$$= 4.78 \times 10^{-5} + \frac{(3.13 + 0.478) \times 10^{-4}}{(40/25)^2} + \frac{(7.65 + 8) \times 10^{-4}}{(80/25)^2}$$

$$= 3.42 \times 10^{-4} (\text{kg} \cdot \text{m}^2)$$

④ 计算电机负载力矩。伺服系统带动被控对象运动,控制对象的负载很复杂,难以用简单的数学表达式来描述。因此,在工程设计中常常对负载作合理的简化。以转动形式为例,负载通常划分为以下 6 种:

(a)惯性转矩 　　　　　　　　$T_J = J\varepsilon$

式中,J 为负载转动惯量(kg・m^2);ε 为负载角加速度(rad/s^2)。

(b)干摩擦力矩 　　　　　　　$T_C = |T_C|\mathrm{sign}\Omega$

式中,Ω 为负载转动的角速度(rad/s);sign 为符号函数。

(c)黏性摩擦力矩 　　　　　　$T_b = b\Omega$

式中,b 为黏性摩擦系数(N・m・s)。

(d)弹性力矩 　　　　　　　　$T_K = K_\theta$

式中,K 为扭转弹性系数(N・m/rad);θ 为负载转动角度(rad)。

(e)风阻力矩 　　　　　　　　$T_f = f\Omega^2$

式中,f 为风阻系数(N・m・s^2)。

(f)重力力矩 　　　　　　　　$T_G = Gl$

式中,G 为负载重量(N)。

以上负载与其运动参数(角速度、角加速度或角度)有关。如果被控对象有规律,则以上负载就能够用数学形式描述,定量分析也较为容易。但实际上,定量分析是很困难的。因此,工程上常采用近似方法,选取有代表性的工况进行定量分析和计算。电机在克服被控对象的负载时,还要克服电机本身的干摩擦力矩和转子转动惯量所形成的惯性转矩。如果有机械传动装置,还要考虑传动比、传动效率等因素。尽管伺服系统的负载多种多样,但总可以用干摩擦力矩和惯性力矩组合形式来表示,或者用多种负载组合表示。根据能量守恒原理,单位时间内负载力矩所做的功等于等效力矩所做的功。利用该思路可以计算任何负载力矩的等效力矩。

对于旋转机械系统,输出轴上的负载力矩等效到电机轴上的等效力矩为

$$T_{eL} = \frac{T_L}{i\eta} \tag{5-25}$$

式中,i 为系统的总传动比;η 为传动系统的总效率。

现有经验数据可供估算效率:每对齿轮副的传动效率 $\eta = 0.94 \sim 0.96$,经对研后可达到 0.98 以上;每对锥齿轮副 $\eta = 0.92 \sim 0.96$;蜗杆蜗轮传动,当 $z = 1$ 时,$\eta = 0.7 \sim 0.75$;$z = 2$ 时,$\eta = 0.75 \sim 0.82$;$z = 3$ 或 4 时 $\eta = 0.82 \sim 0.9$;如形成自锁,则 $\eta < 0.7$;齿轮齿条传动 $\eta = 0.7 \sim 0.8$;螺母丝杠传动 $\eta = 0.5 \sim 0.6$;滚珠丝杠传动,则

$$\eta = \frac{1}{1 + 0.02d/t_{sp}}$$

式中,d 为丝杠直径(mm);t_{sp} 为丝杠导程(mm)。

　　传动系统的总效率等于各个传动部件效率的乘积。

　　对于图 5-44 所示的螺旋进给系统,可以将负载力矩等效到电机轴上。等效力矩为

$$T_{eL}=\frac{F+\mu W}{\eta i}\left(\frac{t_{sp}}{2\pi}\right) \tag{5-26}$$

式中,η 为传动系统的总效率;μ 为工作台和导轨之间的静摩擦系数;i 为系统的总传动比;F 为工作负载(N);W 为工作台的重量(N)。

　　滚珠丝杠的干摩擦力矩产生的等效力矩为

$$T_{se}=\frac{t_{sp}F_0(1-\eta_0^2)}{2\pi\eta i} \tag{5-27}$$

式中,F_0 为滚珠丝杠螺母副的预紧力(N),当预紧力等于最大轴向载荷的 1/3 时,丝杠的刚度增加 2 倍,变形量减小 1/2;η_0 为滚珠丝杠未预紧时的传动效率,一般取 $\eta_0=0.9$。

　　负载以及电机自身的惯性力矩为

$$T_{Je}=(J_m+J_d)\varepsilon \tag{5-28}$$

式中,J_m 为电机自身的转动惯量($kg \cdot m^2$);J_d 为等效到电机轴上的负载转动惯量($kg \cdot m^2$)。

　　⑤ 确定步进电机的型号并验算。在步骤 1 中,我们能够初步确定步进电机的种类、步距角等参数。在计算出机械系统的转动惯量和负载力矩后,根据惯量和容量匹配原则,进一步确定步进电机的型号,并进行验证。如果该型号电机不满足系统要求,仍需重新考虑步进电机的选择。

　　⑥ 选择与步进电机配套的驱动器。

　　(2)控制系统设计。设计机电一体化伺服系统,一般先进行机械系统的设计,在初步确定机械系统各部件的型号和参数后,开始进行控制系统设计。在大多情况下,两者应是并行进行的。控制系统设计主要包括硬件和软件设计两个方面。下面分别进行介绍。

　　① 系统硬件设计。硬件设计包括控制器的选型(或设计)、外围电路的设计。开环系统一般以步进电机作为执行元件。选择步进电机的型号后,就可以选择相应的驱动器。目前市场上步进电机和驱动器是成套出售的。一般情况下,我们不赞成自行开发驱动器。因此对于开环系统而言,控制系统设计主要集中在控制器和应用软件的设计上。控制器有工控机、单片机和 PLC 等。由于工控机的硬件和系统软件都很丰富,开发难度较小。如果选择单片机作为控制器的微处理器,不仅要设计硬件电路,而且软件设计也有难度。本节以单片机为例,介绍硬件系统和软件系统的设计。

　　(a)正确选择微处理器芯片。控制系统是实时系统,运算速度决定了控制系统能否完成预定的任务;字长则决定了计算精度。对于运算量小,精度和速度要求不高的场合,可以选用 8 位机,否则要选用 16 位或 32 位机。同时,在选择芯片时还应注意系统的开

发工具是否经济、丰富。

(b)系统规模。根据实际需要,选择单片机的存储容量和I/O口,并留有余地。系统还应有丰富的中断功能和实时时钟,保证伺服系统的实时性。我们选择单片机类型时,最好选择那些集成度高,片内含有丰富外围功能的芯片。这样不仅减少元器件的数量,同时增强系统的抗干扰能力。

(c)电路设计和仿真。在制作PCB板之前,最好对电路原理图进行计算机辅助设计和仿真,及早发现存在的错误和缺陷并进行修改。设计和制作电路板时,应注意留有余地,以便今后修改和扩展功能。对于电路的抗干扰设计也应引起足够的重视。

② 系统软件设计。随着芯片技术的发展,硬件电路设计越来越简单。控制系统大部分设计任务集中在软件上。对于单片机而言,软件设计时应注意以下几点:

(a)认真编写软件任务书。对控制系统应完成的功能和指标进行分析,编制详细的任务说明书。按照结构化和模块化的思路,将执行软件和系统监控软件分成不同的模块,对每个模块说明其功能、入口参数和出口参数。

(b)资源分配。系统的硬件资源包括RAM/ROM,I/O口,定时器/计数器,中断等。对这些资源应进行认真分配。一般I/O口和RAM资源比较紧张,应仔细规划。

(c)程序编写与调试。单片机程序设计语言一般采用汇编语言。因此,在编制程序时,一定要对程序的流程图、功能、资源分配等进行详细的说明。一个具有良好编程习惯的程序员,其写代码的时间远少于编写说明文档的时间。完备的文档,不仅能有效地减少程序出错概率,还有助于软件的维护。程序调试时,先单个模块进行测试。确认每个模块都没有错误后,再将整个软件进行联合调试和测试。

2.开环系统设计实例

经济型数控车床的纵向(Z轴)进给系统,通常是采用步进电机驱动滚珠丝杠带动装有刀架的拖板作直线往复运动,其工作原理类似于图5-44。假设拖板的质量为300kg,拖板与导轨之间的摩擦系数为0.06,车削时最大切削负载(与运动方向相反)F_z = 2000N,垂直于导轨的 y 方向力 $F_y = 2F_z$,要求刀具切削时的进给速度 $v_1 = 10 \sim 500$mm/min,空载时快进速度 $v_2 = 3000$mm/min,滚珠丝杠的名义直径32mm,导程6mm,丝杠的总长度为1400mm,拖板的最大行程为1150mm,系统定位精度为±0.01mm,试设计此进给系统。

(1)初步选择步进电机。选择步进电机时要考虑是否有现成的与其配套的驱动器。目前我国市场最为常用的步进电机有反应式和混合式两种。在本例中,要求刀具空载快进的速度比较高,定位精度要求不高,步距角可以选得大些。因此,初步确定选用价格便宜、转动惯量较小、运行频率高的反应式步进电机。依据上述分析,选择三相六拍的反应式步进电机,步距角为0.75°。系统的脉冲当量应小于或等于系统要求的定位精度,因此取脉冲当量为0.01mm。

(2)确定传动形式和传动比。根据脉冲当量,可以求出传动系统的传动比 i 为

$$i=\frac{\theta t_{sp}}{360°\delta}=\frac{0.75°\times 6}{360°\times 0.01}=1.25$$

传动比较小,为了保持结构紧凑,采用一级齿轮传动。选择主动齿轮的齿数 $z_1=20$,则大齿轮的齿数 $z_2=25$,模数 $m=2\text{mm}$,取齿宽 $b=10\text{mm}$。

(3)计算等效转动惯量。大小齿轮的转动惯量分别为

$$J_{z_1}=\frac{\pi\rho d_1^4 b_1}{32}=\frac{3.14\times 7.8\times 10^3\times(20\times 2\times 10^{-3})^4\times 0.010}{32}\approx 1.96\times 10^{-5}(\text{kg}\cdot\text{m}^2)$$

$$J_{z_2}=\frac{\pi\rho d_2^4 b_2}{32}=\frac{3.14\times 7.8\times 10^3\times(25\times 2\times 10^{-3})^4\times 0.010}{32}\approx 4.78\times 10^{-5}(\text{kg}\cdot\text{m}^2)$$

滚珠丝杠的转动惯量为

$$J_{sg}=\frac{\pi\rho d^4 l}{32}=\frac{3.14\times 7.8\times 10^3\times(32\times 10^{-3})^4\times 1.4}{32}=1.12\times 10^{-3}(\text{kg}\cdot\text{m}^2)$$

拖板的转动惯量为

$$J_W=m\left(\frac{t_{sp}}{2\pi}\right)^2=300\times\left(\frac{0.006}{2\times 3.14}\right)^2\approx 2.74\times 10^{-4}(\text{kg}\cdot\text{m}^2)$$

等效到电机轴上的总转动惯量为

$$\begin{aligned}J_e&=J_{z_1}+\frac{J_{z_2}+J_{sg}+J_W}{i^2}\\&=1.96\times 10^{-5}+\frac{4.78\times 10^{-5}+1.12\times 10^{-3}+2.74\times 10^{-4}}{1.25^2}\\&=9.42\times 10^{-4}(\text{kg}\cdot\text{m}^2)\end{aligned}$$

(4)计算等效负载。空载时等效摩擦转矩 T_f 为

$$T_f=\frac{\mu W t_{sp}}{2\pi\eta_s i}=\frac{0.06\times 300\times 9.8\times 0.006}{2\times 3.14\times 0.8\times 1.25}=0.169(\text{N}\cdot\text{m})$$

车削加工时的等效负载转矩 T_{eL} 为

$$\begin{aligned}T_{eL}&=\frac{[F_z+\mu(W+F_y)]t_{sp}}{2\pi\eta_s i}=\frac{[2000+0.06(300\times 9.8+4000)]\times 0.006}{2\times 3.14\times 0.8\times 1.25}\\&=2.31(\text{N}\cdot\text{m})\end{aligned}$$

式中,η_s 为丝杠预紧时的传动效率,$\eta_s=0.8$。

(5)确定步进电机的型号并验算速度是否匹配。

已知:$T_{eL}=2.31(\text{N}\cdot\text{m})$,$J_e=9.42\times 10^{-4}(\text{kg}\cdot\text{m}^2)$,查附表可初步选定电机的型号为 110BF003,其最大静转矩 $T_{max}=7.84(\text{N}\cdot\text{m})$,转子的转动惯量 $J_m=4.61\times 10^{-4}(\text{kg}\cdot\text{m}^2)$。验证转动惯量和容量匹配原则,即计算

$$\frac{T_{eL}}{T_{max}}=\frac{2.31}{7.84}\approx 0.295<0.5,\quad\frac{J_e}{J_m}=\frac{9.42\times 10^{-4}}{4.61\times 10^{-4}}=2.04<4$$

可见满足惯量和转矩匹配。

表 5-6　步进电机的起动转矩

运行方式	相数	3		4		5		6	
	拍数	3	6	4	8	5	10	6	12
$M_q/M_{j\max}$		0.5	0.866	0.707	0.707	0.809	0.951	0.866	0.866	

110BF003 的性能曲线如图 5-45 所示。带惯性负载起动的频率 f_J 为

$$f_J = \frac{f_q}{\sqrt{1+J_e/J_m}} = \frac{1500}{\sqrt{1+\dfrac{9.42\times10^{-4}}{4.61\times10^{-4}}}} = 860(\text{Hz})$$

超过该频率启动会导致失步等。110BF003 能够达到的最大空载运行频率为 7000Hz，查图 5-45 矩频特性曲线可以知道，当 $f_{\max}=6000$Hz 时对应的电机转矩 $T_m=0.9(\text{N}\cdot\text{m}) > T_f = 0.169(\text{N}\cdot\text{m})$，电机能够以此频率快进。

快进速度 v_2 为

$$v_2 = n_{sg}t_{sp} = \frac{\alpha f t_{sp}}{6i} = \frac{0.75\times6000\times6}{6\times1.25} = 3600(\text{mm/min}) > 3000(\text{mm/min})$$

工进速度 v_1 为

$$v_1 = \frac{\alpha f t_{sp}}{6i} = \frac{0.75\times2000\times6}{6\times1.25} = 1200(\text{mm/min}) > 500(\text{mm/min})$$

对应 $T_{eL}=2.31\,\text{N}\cdot\text{m}$，最大运行频率 $f_{\max}\approx2000$Hz。

从上述计算中可以看出，110BF003 步进电机能够满足条件，并有一定的余量。

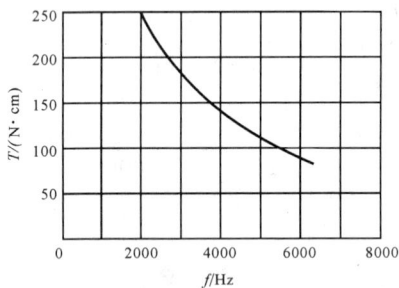

f/Hz	2000	4000	5000	6000
T/(N·cm)	250	140	120	90

(a) 运行矩频特性

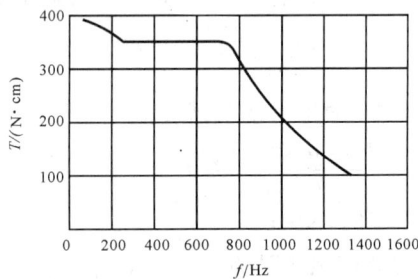

f/Hz	100	200	300	400	550	650	900	1100	1300
T/(N·cm)	380	365	350	350	350	350	250	160	100

(b) 启动矩频特性

图 5-45　110BF003 矩频特性曲线

5.5.2　闭环伺服系统设计

1.闭环伺服系统的构成

闭环伺服系统的构成如图 5-46 所示。闭环系统是负反馈控制系统。检测元件将执行部件的位移、转角、速度等量变换成电信号,反馈到系统的输入端并与指令进行比较,得出误差信号的大小,然后按照减小误差大小的方向控制驱动电路,直到误差减小到零为止。反馈检测元件一般精度比较高,系统传动链的误差、闭环内各元件的误差以及运动中造成的误差都可以得到补偿,从而大大提高了系统的跟随精度和定位精度。闭环系统的定位精度可达±(0.001~0.003)mm。根据检测元件的安装位置,闭环系统分全闭环和半闭环两种。位置检测元件直接安装在最后的移动部件上,形成全闭环系统。对于全闭环系统,系统的误差都可以得到补偿,但也极易造成系统的振荡,使得系统变得不稳定。如果位置检测元件安装在传动链中的某一部位上,如电气伺服传动中安装在伺服电机上,就形成半闭环系统。如图 5-47 所示。这种半闭环伺服系统由于传动链一部分在位置闭环以外,环外的传动误差得不到系统的补偿,因而伺服系统的精度有所下降。但是半闭环伺服系统中的检测元件构造简单、价格便宜,系统也较容易调整,因此得到广泛应用。

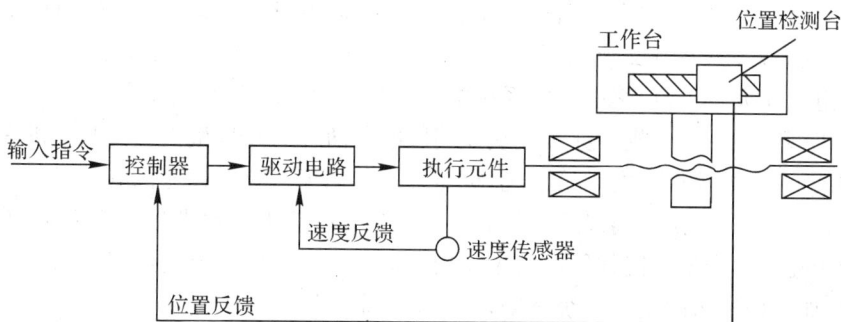

图 5-46　闭环伺服系统的构成示意图

闭环伺服系统适合于高精度或大负载的系统,系统的设计比开环伺服系统复杂得多。但设计的步骤却与开环伺服系统设计类似。由于半闭环伺服系统在实际工程中应用广泛,因此只讨论该类系统。

2.闭环伺服系统设计

(1)伺服系统元部件的选择。闭环伺服系统和开环伺服系统传动部件的设计和选型基本类似,这里仅讨论闭环伺服系统的执行元件和检测元件的选择。

① 执行元件的选择。闭环伺服系统广泛采用的执行元件通常有交、直流伺服电机和液压伺服马达。在负载较大的大型伺服系统中常采用液压伺服马达;在中、小型伺服

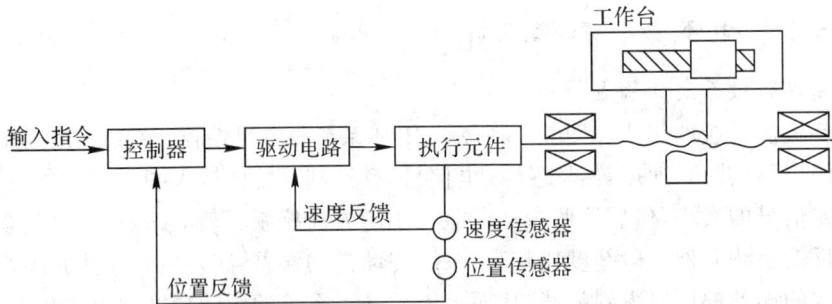

图 5-47　半闭环伺服系统的构成示意图

系统中,则多采用交、直流伺服电机。20世纪90年代以前,直流伺服电机一直是闭环伺服系统中执行元件的主流。直流伺服电机通常有永磁直流伺服电机、无槽电枢直流伺服电机、空心杯电枢直流伺服电机、印制绕组直流伺服电机。根据伺服系统的实际情况,选用不同类型的直流伺服电机。一般直流伺服系统选用永磁直流伺服电机;需要快速动作、功率较大的伺服系统选用无槽电枢直流伺服电机;需要快速动作的伺服系统选用空心杯电枢直流伺服电机;低速运行和启动、正反转频繁的系统则选用印制绕组直流伺服电机。

　　近年来,交流伺服技术得到迅速发展。交流伺服电机不仅具有直流伺服电机那样的优良静、动态性能,并且交流伺服电机具有无电刷磨损、维修方便、价格较低等优点,交流伺服电机在大、中型功率的伺服系统中有逐步取代直流伺服电机的趋势。交流伺服电机分同步型交流伺服电机和异步型交流伺服电机两种。同步型交流伺服电机常用于位置伺服系统,如数控机床的进给系统、机器人关节伺服系统及其他机电一体化产品的运动控制,包括点位控制和连续轨迹控制。常见的功率范围是数十瓦到数千瓦,个别的达到数十千瓦。异步型交流伺服电机主要用于需要以恒功率扩展调速范围的大功率调速系统中,如数控机床的主轴系统驱动,常见的功率范围是数千瓦以上。

　　直流伺服电机和交流伺服电机各有优缺点,设计者应根据应用场合、市场供应、价格等情况来选择合适的执行元件。

　　② 检测元件的选择。闭环伺服系统通常是位置环、速度环、电流环三环联合的反馈系统。因此,选择检测元件就是选择位置传感器和速度传感器。常用的位置检测传感器有旋转变压器、感应同步器、光电编码器、光栅尺、磁尺等。如被测量为直线位移,则应选直线位移传感器,如直线感应同步器、光栅尺、磁尺等。如被测量为角位移,则应选取圆形的角位移传感器,如光电编码器、圆感应同步器、旋转变压器、码盘等。一般来讲,半闭环控制的伺服系统主要采用角位移传感器,全闭环控制的伺服系统主要采用直线位移传感器。传感器的精度与价格密切相关,应在满足要求的前提下,尽量选用精度低的传感器,以降低系统成本。选择传感器还应考虑结构空间(如外形尺寸、连接及安装方式

等)及环境(如温度、湿度、灰尘等)条件等的影响。在位置伺服系统中,为了获得良好性能,往往还要对执行元件的速度进行反馈控制,因而还要选用速度传感器。交、直流伺服电机常用的速度传感器为测速发电机。目前在半闭环伺服系统中常采用光电编码器,同时测量电机的角位移和转动速度。

(2)伺服系统静态设计。闭环伺服系统的静态设计主要包括确定执行元件(电机)的型号和参数、传动机构的传动方式和传动比、检测元件的参数等。

(3)伺服系统动态设计。闭环伺服系统的控制方案、静态参数确定后,需要建立系统的数学模型。计算系统的开环增益,设计校正装置,评价系统的动态性能指标。动态设计的经典方法有时域法、频域法和根轨迹法,常用的方法是开环频率特性法。

① 开环频域性能指标。开环频域性能指标有以下两项。

(a)增益余量(幅值余量)GM 及其对应的相位穿越频率 ω_p,GM 的计算公式为

$$GM = \frac{1}{|G(j\omega_p)H(j\omega_p)|}$$

式中,$|G(j\omega_p)H(j\omega_p)|$ 为 $\omega = \omega_p$ 时开环传递函数的幅值。

增益余量用分贝(dB)表示,有

$$GM = -20\lg|G(j\omega_p)H(j\omega_p)|(\text{dB})$$

当 $GM > 0$ 时,对应的闭环系统是稳定的;当 $GM \leqslant 0$ 时,闭环系统处于临界和不稳定状态。

(b)相角余量 φ 及其对应的增益截至频率 ω_c,φ 的计算公式为

$$\varphi = 180° + \angle G(j\omega_c)H(j\omega_c)$$

式中,$\angle G(j\omega_c)H(j\omega_c)$ 为 $\omega = \omega_c$ 时开环传递函数的相位角。

当 $\varphi > 0°$ 时表示对应的闭环系统是稳定的;当 $\varphi \leqslant 0°$ 时,对应的闭环系统是临界或不稳定的。

对于伺服系统性能良好的系统,一般推荐:$GM = 10 \sim 20(\text{dB})$,$\varphi = 40° \sim 60°$。对于二阶欠阻尼系统,开环频域的性能指标可通过下式进行计算:

$$\omega_c = \omega_n \sqrt{\sqrt{1+4\xi^4} - 2\xi^2}$$

$$\varphi = \arctan \frac{2\xi}{\sqrt{\sqrt{1+4\xi^4} - 2\xi^2}}$$

②伺服系统校正。计算伺服系统的开环频域性能指标后,判断系统是否需要增加校正环节。一般情况下,按照确定的参数来设计的实际系统,都需要通过校正才能使系统的性能指标得到满足。校正的工程方法有根轨迹法和频率法两种。它们的本质都是通过引入校正装置,改变系统的零、极点分布情况,即改变系统的根轨迹或频率特性曲线的形状,使系统性能得以改善。校正环节有电气校正和机械校正两种。由于电气校正较

机械校正容易实现,因此校正环节广泛都采用电气校正。

电气校正环节可串联在控制系统的前向通道中,形成串联校正;也可与前向通道并联,组成并联校正。并联校正实质上是通过局部负反馈来改善系统性能。直流伺服电机的速度负反馈回路就是一种并联校正,它使系统的开环增益减小,阻尼效应增强,而且降低了环路内各元器件非线性因素的影响。

串联校正分无源 RC 校正和有源校正两种。无源校正环节结构简单,调整方便,但校正效果较差。有源校正环节有比例积分(PI)、比例微分(PD)和比例微积分(PID)等环节。在位置伺服系统中常采用 PI 校正环节。加入 PI 校正环节后,伺服系统从原来的只包含一个积分环节的 I 型系统变成了包含两个积分环节的 II 型系统。根据控制理论知识,无论输入信号是阶跃信号还是等速斜坡信号,II 型系统输出响应的稳态误差为零,而且由恒值负载扰动所引起的稳态误差也为零。此外,为了改善伺服电机的调速性能,许多伺服系统还在速度反馈控制环内设置了一个电流反馈控制环,以控制电枢绕组中的电流。而且在速度环和电流环的前向通道中又分别串联一个 PI 校正环节,使得伺服电机既能以恒定的最大电流快速启动,又能使稳态运行时速度误差为零,从而获得了良好的静态性能。

(4)控制系统设计。控制系统方案的确定,主要是确定执行元件以及伺服控制方式。对于直流伺服电机,应确定是采用晶体管脉宽调制控制还是采用晶闸管放大器驱动控制。对于交流伺服电机,应确定是采用矢量控制,还是采用幅值、相位或幅相控制。伺服系统的控制方式有模拟控制和数字控制,每种控制方式又有多种不同的控制算法。另外还应确定是采用软件伺服控制,还是采用硬件伺服控制,以便选择相应的计算机。

3.闭环伺服系统设计举例

已知某立式加工中心的 X 轴的滚珠丝杠(日本 NSK 公司生产)直接由德国西门子公司生产的 IHU3 系列永磁式直流伺服电机驱动,电机内安装有脉冲编码器。X 轴伺服系统的已知参数如表 5-7 所示,直流电机的主要技术参数如表 5-8 所示。

表 5-7　X 轴伺服系统的参数

参 数 名 称	参 数 值	参 数 名 称	参 数 值
工作台重量/N	5200	丝杠总长/mm	1429
工作台行程/mm	1000	脉冲编码器的脉冲数	2500
工作台进给力/N	6000	脉冲当量/mm	0.001
工作台快进速度/m·min^{-1}	15	系统开环增益 K_s	16.66
工作台切削进给速度/m·min^{-1}	10	直线加减速时间 t_a/s	0.18
丝杠名义直径/mm	$\Phi 50$	增益倍率	1274
丝杠导程/mm	10		

表 5-8　西门子 IHU3 系列直流伺服电机主要技术参数

参　　　数	IHU3076-0AF01	IHU3104-0AH01
额定转矩 $T_R/\mathrm{N \cdot m}$	10	25
额定电流 I_R/A	20	31
电枢电压 U_A/V	163	179
最大转速 $n_{\max}/\mathrm{r \cdot min^{-1}}$	3000	2000
转子惯量 $J_m/\mathrm{kg \cdot m^2}$	0.0065	0.028
转矩常数 $K_T/\mathrm{N \cdot m \cdot A^{-1}}$	0.501	0.820
感应电压常数 $K_E/\mathrm{V \cdot rad^{-1} \cdot s^{-1}}$	0.506	0.821
电枢电阻(含电刷)R_m/Ω	0.273	0.193
电枢电感 L_m/mH	2.0	3.5
机械时间常数 t_m/ms	7.1	8.0
电气时间常数 t_e/ms	7.3	18
热时间常数 t_{th}/min	120	120
质量 m/kg	31.5	58
励磁方式	永久磁铁	
冷却方式	自冷	

(1)静态参数设计。在本例中,静态参数设计主要是伺服电机选择。

① 等效转动惯量计算。估算 X 轴滚珠丝杠的转动惯量 J_{sg} 为

$$J_{sg} \approx \frac{\pi \rho d^4 l}{32} = \frac{3.14 \times 7.8 \times 10^3 \times 0.05^4 \times 1.429}{32} = 6.835 \times 10^{-3} (\mathrm{kg \cdot m^2})$$

X 轴的连轴器及预紧螺母等的转动惯量为

$$J_c = 1.4 \times 10^{-3} (\mathrm{kg \cdot m^2})$$

移动工作台的转动惯量为

$$J_W = \frac{W}{g} \left(\frac{t_{sp}}{2\pi} \right)^2 = \frac{5200}{9.8} \left(\frac{0.01}{6.28} \right)^2 \approx 1.35 \times 10^{-3} (\mathrm{kg \cdot m^2})$$

总的转动惯量约为

$$J_{eL} = J_{sg} + J_c + J_W \approx 9.585 \times 10^{-3} (\mathrm{kg \cdot m^2})$$

② 等效转矩计算。工作台与导轨的摩擦力(方向与移动体运动方向相反,摩擦系数 $\mu = 0.065$)为

$$F = \mu W = 0.065 \times 5200 = 338 (\mathrm{N})$$

相应地,摩擦力矩为

$$T_1 = \frac{F t_{sp}}{2\pi\eta} = \frac{338 \times 0.01}{2 \times 3.14 \times 0.9} = 0.598 (\mathrm{N \cdot m})$$

由于移动体的重量很大,滚珠丝杠传动副必须预紧,预紧力为最大轴向力的 1/3

时,刚度增加 2 倍,变形量减少 1/2。因此,预紧力产生的摩擦力矩为

$$T_2 = \frac{\mu_m F t_{sp}}{2\pi} = \frac{0.3 \times \frac{1}{3} \times 6000 \times 0.01}{2 \times 3.14} = 0.955 (\text{N} \cdot \text{m})$$

在电机轴上的等效负载力矩为

$$T_{eL} = T_1 + T_2 = 0.598 + 0.955 \approx 1.55 (\text{N} \cdot \text{m})$$

③ 初步确定电机的型号。根据计算的转动惯量和转动力矩查表 5-7,初步选择 IHU3076-0AF01。验算惯量匹配原则:

$$\frac{J_{eL}}{J_m} = \frac{0.009585}{0.0065} = 1.47$$

对于数控系统,一般要求 $0.25 \leqslant J_{eL}/J_m \leqslant 1$,基本符合要求。

④ 计算电机所需转矩。电机所需转矩要按照线性加速曲线加速时的加速转矩和按照指数或阶跃速度指令输入加速时的转矩两种情况分别计算。

(a)电机按照线性加速曲线加速时的加速转矩计算公式为

$$T_m = T_a + T_{eL} = (J_m + J_{eL}) \frac{\pi n_m}{30 t_a} + T_{eL}$$

已知 X 轴快进速度 $v_{\max} = 15\text{m/min}$,则最大转速 $n_{\max} = \frac{v_{\max}}{t_{sp}} = \frac{15}{0.01} = 1500\text{r/min}$,从表 5-6 查得加减速时间 $t_a = 0.18(\text{s})$;从 IHU3 型永磁式直流伺服电机的特性曲线资料上可以查出,当 $n = 1500(\text{r/min})$时,IHU3076-0AF01 在加减速区的最大转矩为 $T_{\max} \approx 40(\text{N} \cdot \text{m})$。而加速转矩为

$$T_m = T_a + T_{eL} = (J_m + J_{eL}) \frac{\pi n_m}{30 t_a} + T_{eL}$$
$$= (6.5 \times 10^{-3} + 9.585 \times 10^{-3}) \frac{3.14 \times 1500}{30 \times 0.18} + 1.55 \approx 15.58 (\text{N} \cdot \text{m})$$

显然,$T_m < T_{\max}$。

(b)电机按照指数或阶跃速度指令输入加速时的转矩为

$$T_m = (J_m + J_{eL}) \frac{\pi n_m}{30 t_s} + T_{eL}$$

式中,t_s 为系统时间常数,$t_s = 1/K_s$。

轴切削进给时的最大转速 $n_{\max} = \frac{v_{\max}}{t_{sp}} = 1000(\text{r/min})$。从 IHU3 型永磁式直流伺服电机的特性曲线资料中,可以查得,当 $n = 1000(\text{r/min})$时,IHU3076-0AF01 在加减速区的最大转矩为 $T_{\max} \approx 61.2(\text{N} \cdot \text{m})$。系统时间常数 $t_s = 1/16.66 \approx 0.06(\text{s})$,则电机加减速时所需要的转矩为

$$T_m = (J_m + J_{eL}) \frac{\pi n_m}{30 t_s} + T_{eL}$$

$$=(6.5\times10^{-3}+9.585\times10^{-3})\frac{3.14\times1000}{30\times0.06}+1.55\approx29.62(\text{N}\cdot\text{m})$$

很显然，$T_m<T_{\max}$。

⑤ 确定伺服电机的型号。从快进和切削两个方面验证了该型号的直流伺服电机满足要求。因此，X 轴伺服电机选用 IHU3076-0AF01。

(2) 动态参数设计。X 轴伺服电机 IHU3076-0AF01 内置脉冲编码器，因此该轴伺服系统是半闭环系统。建立直流伺服系统的数学模型，拉氏变换后可以得到半闭环系统的传递函数。该传递函数是由伺服电机的二阶环节、积分环节和移动机械的二阶环节串联而成的 5 阶系统。高阶系统的分析比较困难，因此将其分解成速度环、位置环传递函数分别分析，然后综合起来。图 5-48 是半闭环系统的方块图。

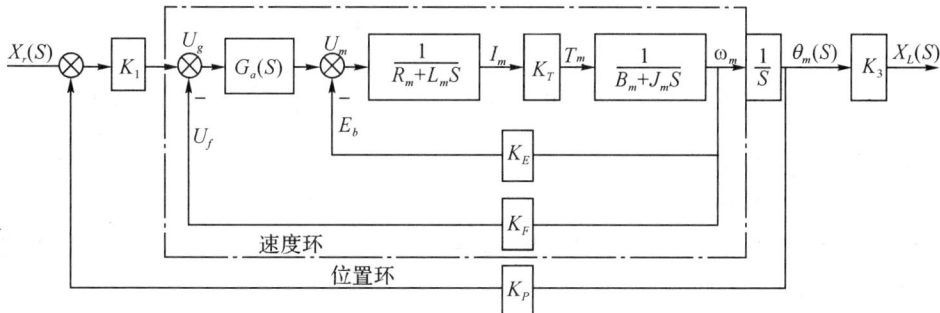

图 5-48　半闭环系统的方块图

① 电气参数计算。

(a) 位置反馈增益 $K_p=\dfrac{DMR\times s}{2\pi}=\dfrac{4\times2500}{2\times3.14}\approx1600(\text{rad}^{-1})$

式中，DMR 为 CNC 设定的检测倍率，其值为 4；s 为脉冲编码器每转的脉冲数。

(b) 位置放大器增益 K_1 是指速度给定电压 U_g 与该电压所产生的位置误差 Δp 之比，即 $K_1=\dfrac{U_g}{\Delta p}$。根据德国标准，当进给速度 $v=1(\text{m/min})$ 时，其位移误差 $\Delta s=1\text{mm}$。已知系统的脉冲当量 $\delta=0.001\text{mm}$。产生 1mm 误差需要发送 1000 个脉冲。由于系统规定最大进给速度的给定电压为 9.33V，因此对本系统而言，1m/min 进给速度的电压 $U_g=\dfrac{9.33}{15}\times1=0.622(\text{V})$。故位置放大器增益 $K_1=\dfrac{0.622}{1000}=6.22\times10^{-4}(\text{V/p})$。

(c) 电机的黏性阻尼系数 B_m。根据电机的数学模型可知黏性系数 $B_m=\dfrac{K_TK_E}{R_m}$，查表 5-8 可以得 K_T、K_E、R_m。由此计算出 $B_m=0.929\text{N}\cdot\text{m}\cdot\text{rad/s}$。

(d) 直流伺服电机的增益 K_m。包含黏性系数的电机增益 K_m 由下式计算·

$$K_m=\frac{K_T}{R_mB_m+K_TK_E}=\frac{1}{2K_T}(B_m\neq0)$$

将相关参数代入后得到 $K_m = 0.988(\mathrm{rad}/(\mathrm{V} \cdot \mathrm{s}))$。

(e)丝杠的轴角位移转化为直线位移的机械增益 K_3 为

$$K_3 = \frac{1}{2\pi} = 1.59 \times 10^{-3} (\mathrm{m/rad})$$

(f)测速反馈系数 K_F 的计算结果为

$$K_F = \frac{U_{f\max}}{\omega_{\max}} \approx \frac{9.33}{\omega_{\max}} = \frac{9.33}{\dfrac{\pi \times 1500}{30}} = 0.0594(\mathrm{V} \cdot \mathrm{s/rad})$$

② 速度环分析与校正。电机环节传递函数 $G_m(S)$ 为

$$G_m(S) = \frac{\omega_m(S)}{U_m(S)} = \frac{K_m}{\left(\dfrac{S}{\omega_n}\right)^2 + \left(\dfrac{2\xi}{\omega_n}\right)S + 1}$$

式中，ω_n 为系统固有频率（rad/s），$\omega_n = \sqrt{\dfrac{R_m B_m + K_T K_E}{J_m L_m}}$；$\xi$ 为阻尼比，$\xi = \dfrac{J_m R_m + B_m L_m}{2\sqrt{J_m L_m (R_m B_m + K_T K_E)}}$。

将电气参数代入上述公式，计算出 $K_m = 1.976\mathrm{rad}/(\mathrm{V} \cdot \mathrm{s})$，$\xi = 0.707$。因此电机环的传递函数为

$$G_m(S) = \frac{1.976}{\left(\dfrac{S}{197.5}\right)^2 + 7.16 \times 10^{-3} S + 1}$$

速度环开环传递函数 $G_{vk}(S) = K_a K_F G_m(S)$，其中 K_a 是速度环放大系数，$K_a = 180$（V/V）。将相关系数代入后得到速度环开环传递函数：

$$G_{vk}(S) = K_a K_F G_m(S) = \frac{21.12}{\left(\dfrac{S}{197.5}\right)^2 + 7.16 \times 10^{-3} S + 1}$$

画出开环频率特性 Bode 图，从中得到截止频率 $\omega_c = 900\mathrm{rad/s}$，对应的相角余量为

$$\phi = 180° - \arctan\left[\frac{2\xi\omega_c/\omega_n}{1 - \left(\dfrac{\omega_c}{\omega_n}\right)^2}\right] = 18.1°$$

由此可见，速度环的相角余量小于推荐值（$\Phi = 40° \sim 60°$）。因此需要采用相位滞后校正环节。滞后校正器如图 5-49 所示。校正后的速度放大器传递函数为

$$G_a = K_a \frac{1 + R_f C_f S}{1 + (R_1 + R_f) C_f S} = 180 \times \frac{1 + 0.022S}{1 + 0.0145S}$$

式中，$R_f = 100\mathrm{k}\Omega$；$R_1 = 560\ \mathrm{k}\Omega$；$C_f = 0.22\mathrm{nF}$。

校正后的速度环开环传递函数为

$$G_{vk}(S) = \frac{21.12(1+0.022S)}{(1+0.145S)} \Big/ \left[\left(\frac{S}{195.7} \right)^2 + 7.16 \times 10^{-3}S + 1 \right]$$

从校正后的 Bode 图中可得截止频率 $\omega_c = 30\text{rad/s}$。对应的相角余量 $\Phi = 51.4°$。增加滞后环节后,开环截止频率下降,相角余量增加较大,都满足推荐值。

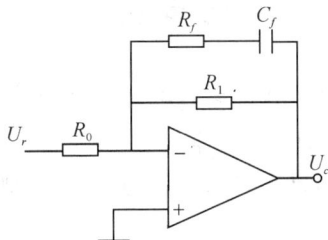

图 5-49　滞后校正器

③ 位置环分析与校正。速度环增加校正环节后,其闭环传递函数 $G_v(S)$ 为

$$G_v(S) = \frac{G_{vk}(S)}{K_F(1+G_{vK}(S))} = \frac{355.6(1+0.022S)}{3.78 \times 10^{-6}S^3 + 1.3 \times 10^{-4}S^2 + 0.617S + 22.12}$$

由于 S^3 和 S^2 的系数都很小,故忽略它们。则简化后的 $G_v(S)$ 为

$$G_v(S) = \frac{16.1(1+0.022S)}{0.028S+1}$$

位置环的开环传递函数为

$$G_{\theta K}(S) = K_1 G_v(S) \frac{1}{S} K_P = 16 \frac{1+\dfrac{S}{45.5}}{S\left(1+\dfrac{S}{36}\right)}$$

位置环的开环截止频率 $\omega_c = 16(\text{rad/s})$,相角余量 $\Phi = 85.4°$。从位置环分析中可以看出,相角余量比较大,系统的稳定性很好。同时开环截止频率也与推荐值($\omega_c = 17\text{rad/s}$)比较接近。

④ 整个系统的传递函数。系统传递函数为

$$\frac{X_L(S)}{X_r(S)} = \frac{K_3 G_\theta(S)}{K_P[1+G_\theta(S)]} \approx \frac{10^{-4}}{\left(\dfrac{S}{23.9} \right)^2 + 0.0845S + 1}$$

式中,$G_\theta(S)$ 为位置环闭环传递函数,$G_\theta(S) = \dfrac{1}{100} \cdot \dfrac{1+0.022S}{16+1.35S+0.028S^2}$。

当输入阶跃信号时,系统的动态参数为

(a)伺服系统总增益 $K_z = \dfrac{K_3}{K_P} = \dfrac{0.159}{1600} \approx 10^{-4}(\text{rad}^{-1})$

(b)伺服系统固有频率 $\omega_{nz} = 23.9 \ (\text{rad/s})$

(c)伺服系统总阻尼比 $\xi \approx 1$。

从计算的结果看,系统的固有频率增加,无超调量,系统很稳定。调整时间 t_s ＝0.167(s),系统的快速响应特性很好。以上模型的建立,忽略了机械传动部分,因此求出的结果有一定的误差。

复习思考题

1. 一台五相反应式步进电机采用五相十拍运行方式时,步距角为 1.5°,当控制信号脉冲频率为 3kHz 时,求该步进电机的转速。

2. 步进电机最大静转矩、启动转矩、运行转矩有何区别? 以某型号步进电机为例说明启动矩频特性和运行矩频特性。

3. 试述反应式步进电机的矩频特性、启动矩频特性。

4. 如何控制步进电机的输出角位移量及转速?

5. 步进电机连续工作频率与它的负载转矩有何关系? 为什么?

6. 常用直流伺服电机有哪几种? 试分别说明它们各自的优缺点。

第6章

机电一体化系统设计及应用实例

6.1　机电一体化产品的设计开发步骤

机电一体化产品应用范围极广,这使得每个具体开发机电一体化系统的过程都有自己的独特之处。机电一体化产品的主要特点是集成的、一体化的功能和结构,即要以系统的、整体的思想来考虑许多综合性技术问题。在其应用系统开发设计的总体规划阶段,尤其是在可行性研究阶段是有一些普遍适用的规则、方法和规律可遵循的,而且只有在开发机电一体化应用系统的过程中时刻注意按这些方法和规律去做,才可能开发出能够最大限度地体现设计者和用户抽象意图的合格系统来。

6.1.1　市场调查

机电一体化产品是涉及多学科、多专业的复杂的系统工程。开发一种新型的机电一体化产品,要消耗大量的人力、物力、财力。要想开发出市场对路的产品,首先对市场进行调查是非常关键的。在市场调查的基础上,通过对设计对象进行机理分析,对用户的需求进行理论抽象,确定产品的规格和性能参数,然后根据设计对象的要求,进行技术分析,拟定系统的总体结构设计方案,划分组成系统的各功能要素和功能模块,最后对各种方案进行可行性研究对比,确定最佳总体方案,模块设计的目标和设计人员的组织。

6.1.2　初步设计

初步设计的主要任务是建立产品的功能模型,提出总体方案、投资预算,拟定实施计划等。包括以下具体内容:

①系统的总体结构方案设计;

②系统的主要功能、技术指标、原理图及文字说明;

③确定信息模型的信息和联系；

④提出系统的内部和外部接口要求；

⑤找出关键技术,逐一提出每个关键技术的解决方案；

⑥确定系统配置；

⑦经费和进度计划的安排；

⑧进行经济效益分析；

⑨编写初步设计报告。

最后对各种方案进行分析、比较、筛选,如机械技术和电子技术的运用对比,硬件和软件的分析、择优选择和综合。最后,在多个可行方案中找出一个最好的方案。

6.1.3　详细设计

详细设计主要是对系统总体方案进行具体实施步骤的设计,其主要依据是总体方案框图。从技术上将其细节逐步全部展开,直至完成试制产品样机所需的全部技术图纸和文档。机电一体化产品的详细设计主要应包括以下内容：

1. 机械本体设计

这里所说的机械本体一般由减速装置、蜗轮蜗杆副、丝杆螺母副等各种线性传动部件,连杆机构、凸轮机构等非线性传动部件,挠性传动部件、间歇传动部件等特殊传动部件,导向支承部件、旋转支承部件以及机架等支承部件组成。为保证机械系统的传动精度和工作稳定性,在设计中常提出无间隙、低惯性、低振动、低噪声和适当阻尼比等要求。

2. 接口设计

对于一种产品(或系统),其各部件之间,各子系统之间往往需要传递动力、运动、命令或信息,这要通过各种接口来实现。机械本体各部件之间、执行元件与执行机构之间、检测传感元件与执行机构之间通常是机械接口；电子电路模块相互之间的信号传送接口、控制器与检测传感元件之间的转换接口、控制器与执行元件之间的转换接口通常是电气接口。

系统设计过程中的接口设计是对接口输入输出或机械结构参数的设计。

3. 微控制器的设计

单片机应用系统又称微控制器或嵌入式微处理器。微控制器设计包括硬件设计和软件设计,其一般设计开发步骤如下：

①制定控制系统总体方案。方案应包括选择控制方式、传感器、执行机构和计算机控制系统等,最后画出整个系统方案图。

②选择单片机及其扩展芯片。选择单片机及其扩展芯片应遵循以下原则：单片机及其扩展芯片应是主流产品,应尽量选择比较熟悉的芯片,可以缩短开发周期。程序存储

器和数据存储器应适当留有余量。

③硬件系统设计。画出单片机应用系统逻辑电路原理图。

④绘制印刷线路板图。在电路原理图的基础上由绘图软件自动形成连接数据文件，再布置封装器件，按照连接数据文件自动布线。自动布线一般可完成 60%～90%，其余可通过手工来完成。印刷线路板的设计直接影响系统的抗干扰能力，一般需要一定的实践经验。

⑤制作印刷线路板。这项工作一般由专门厂家来完成。

⑥焊接芯片插座及其他电子元件，并组装成单片机应用系统。

⑦微控制器软件设计。

⑧微控制器硬件调试。微控制器样机制作完成后，即进入硬件调试阶段，调试工作的主要任务是排除样机故障，其中包括设计错误和工艺性故障。

⑨软件调试。将样机与开发系统联机调试，借助开发机进行单步、断点和连续运行，逐步找出软件错误，同时也可发现在硬件调试时未能发现的故障，或软件与硬件不匹配的地方，需反复修改和调试。

⑩现场调试。经软件调试无故障后，可到现场作进一步调试。

⑪脱机运行。在经现场调试无故障后，即可将应用软件固化，然后脱机运行、作长时间运行考察。至此，单片机应用系统研制成功。

4. 产品的设计实施阶段

在这一阶段中首先设计机械、电气图纸，制造和装配各功能模块；然后进行模块的调试；最后进行系统整体的安装调试，复核系统的可靠性及抗干扰性。

6.1.4　产品的设计定型

该阶段的主要任务是对调试成功的系统进行工艺定型，整理出设计图纸、软件清单、零部件清单、元器件清单及调试记录等；编写设计说明书，为产品投产时的工艺设计、材料采购和销售提供详细的技术档案材料。

6.2　机电一体化系统设计应用实例 I

6.2.1　设计任务

设计轿车车身冲压机器人生产线。

1. 生产线的功能要求

①钢板自动分层抓取。抓取时要求有检测装置，对同时抓取多块、抓牢等情况进行自动检测报警。

②要求冲压工件始终沿一条直线运动。

③工件传送过程中,对一些重要参数要进行自动监控处理或报警。

④满足生产能力,150000 辆/年,共有 12 种不同的冲压件。

⑤工件传送过程中在某些冲床后有 180°翻转或 90°回转功能。

⑥冲床上下模之间的最小干涉距离按 400mm 考虑。

⑦考虑到冲床及机械手的可维修性,中间传送装置应方便从冲床间整体移出。

2.压力机及生产零件参数

(1)压力机性能参数(见表 6-1)。

表 6-1　压力机性能参数

Erfurt 公司压力机	20000kN 双动压力机	10000kN 单动压力机
台面尺寸	4500mm×2200mm	4500mm×2200mm
滑块行程	1100/900mm	900mm
行程次数	8~15 次/min	8~15 次/min
最大装模高度	2100mm/1850mm	1300mm
调节量	200mm/200mm	2500mm

(2)压力机的结构。压力机的布置如图 6-1 所示。

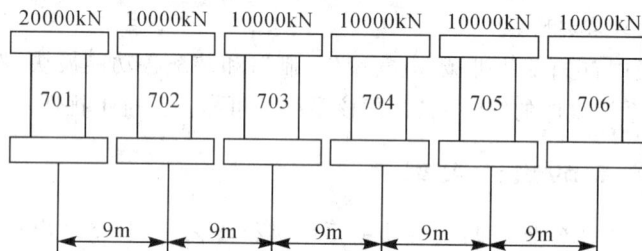

图 6-1　压力机布置图

(3)零件参数。共有 12 种冲压件。

最大毛坯尺寸为:0.9mm×1360mm×3200mm,最大质量为 31kg。

最小毛坯尺寸为:0.8mm×875mm×1385mm,最小质量为 7.6kg。

6.2.2　生产能力的分析计算

1.压力机允许机械手的操作时间

从压力机凸轮曲线可知,20000kN 压床最小干涉距离为 400mm 时,机械手被允许的操作时间如表 6-2 所示。

表 6-2　20000kN 的压床机械手被允许的操作时间

序　号	节　拍	允许操作时间	压床外动作时间/s	总时间/s
1	12 件	2.02	2.98	5
2	11 件	2.2	3.25	5.45
3	10 件	2.4	3.6	6
4	9 件	2.69	3.98	6.67
5	8 件	2.73	4.47	7.5
6	7 件	3.06	5.51	8.57
7	6 件	3.54	6.46	10.0
8	5 件	4.25	7.55	12.0

2. 对生产节拍的要求

(1)计算条件。一年按 254 天工作日(扣除 104 天双休日,7 天法定节假日),每天按三班生产,每班工作 7h,这样一年共有 5334h 的工作时间,用于维护的时间为 764h。另外,用于更换机械手操作工具及更换模具的时间为 0.5h/件,模具调整时间为 0.3h/次;零件周转周期为 15 天,一年内用于更换机械手操作工具及更换模具的总时间为 12 (月)×12(件)×0.8h ＝ 230.4h。每班换料时间为 0.5h,一年为 381h。一年的实际工作时间为:(5334－230.4－381)＝4722.6(h)。

(2)生产线的节拍为 150000×12 件/(4722.6×60min)＝ 6.4 件/min。

(3)生产线的设计能力为确保能达到生产能力,取富裕系数为 1.25。取生产线的设计生产能力为 8 件/min。

3. 初始条件

选用适当的真空发生器,可使吸牢时间为 0.2s,释放时间为 0.1s。

机械手动作初始条件:最大加速度 6m/s^2,最大速度 4.0m/s;冲床内部行程距离为 2000mm。

4. 节拍核算

因 2000t 冲床机械手被允许的操作时间比 1000t 冲床的短,因此,计算节拍以表 6-2 为依据进行核算。

动作过程如图 6-2 所示。对于一个压床循环周期,冲床压下后抬起 400mm 时,取工件机械手开始进入压床(图 a),进入后吸牢工件立即向外移动,同时放工件机械手也处于压床边缘吸着工件开始向压床移动(图 b),待放工件机械手到位,取工件机械手已完全退出压床(图 c),放工件机械手释放工件,退出压床。放工件机械手到完全退出时,压床又处于最小干涉位置(图 d)。

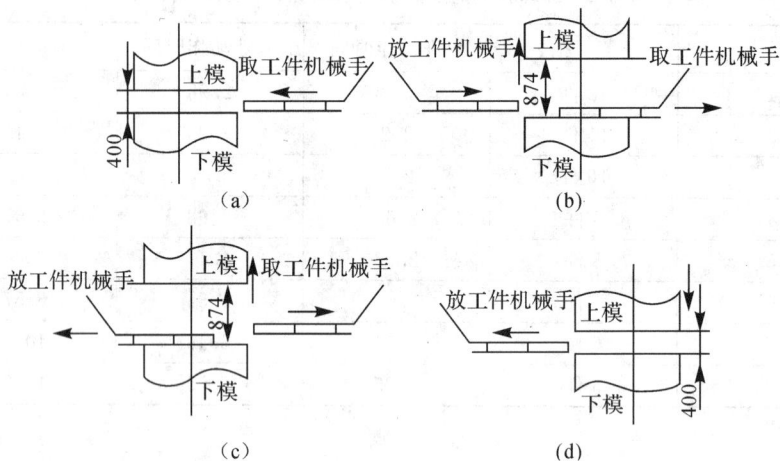

图 6-2 机械手动作过程

机械手进入压床时,以初速度 4m/s 进入,加速度为 6m/s²,得如下方程

$$v_0 = at_2$$

$$s = v_0 t_1 + 0.5 at_2^2$$

由于 $v_0 = 4\text{m/s}, s = 2.0\text{m}, a = 6\text{m/s}^2$,解得

$$t_1 = 1/6\text{s}$$

$$t_2 = 2/3\text{s}$$

因此,进入的最快时间为

$$t_1 + t_2 = 0.83\text{s}$$

机械手取出时,先加速到最大速度,然后以最大速度退出。

同理可得,退出的最快时间为 $t_1 + t_2 = 0.83\text{s}$。

按前述的动作过程,机械手在压床内的最快时间为 $(3 \times 0.83 + 0.2 + 0.1)\text{s} = 2.7\text{s}$,查表 6-1,这时的最大节拍为 8 件/min。满足设计能力的要求。

6.2.3 机械系统

1.机械系统配置

毛坯的拆垛、进料由一只装在 701 机上的上料机械手完成。它负责把毛坯放入 701 机上。加工后的工件由装在 701 冲床上的下料手取出。701 与 702 间有一个传输翻转装置,702—703,703—704,704—705,705—706 间有四台穿梭传输车,其车梁有侧移及滚转功能。装在 706 机上的下料机械手负责取出压完的工件,并把它放在传送带上运走。其主要部分见图 6-3 所示。

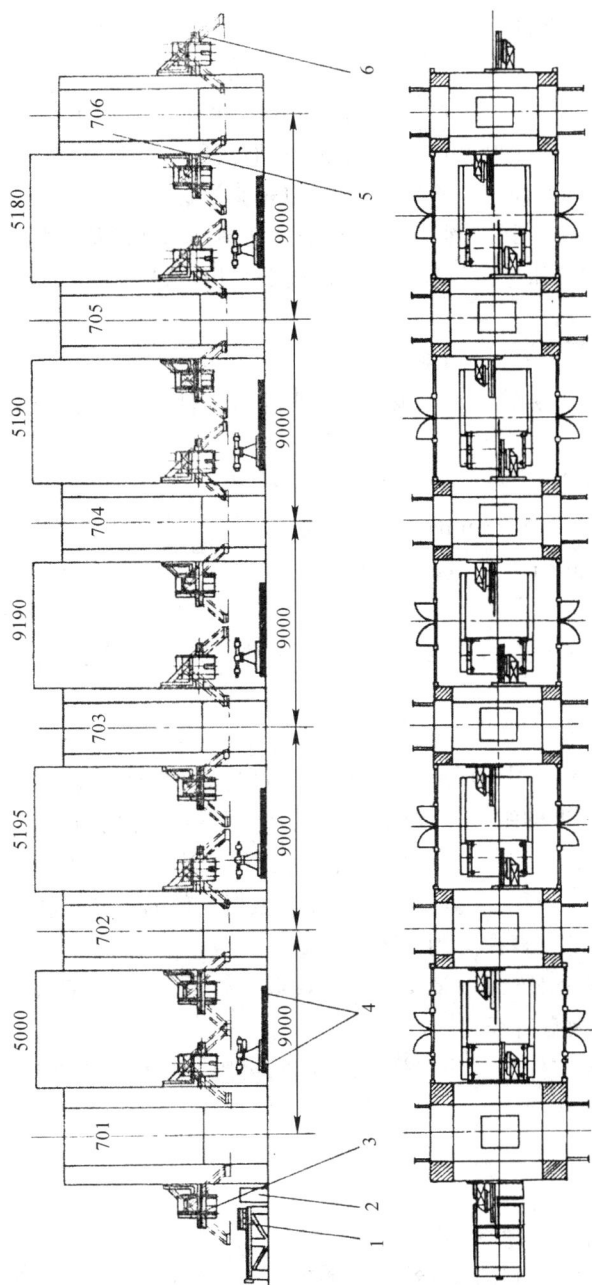

图 6-3　汽车车身冲压生产线

1—磁力分层装置　　2—涂油装置　　3—上料机械手　　4—翻转传输装置　　5—压床　　6—下料机械手

2.上、下料机械手

(1)上、下料机械手参数指标。

负载能力：	50kg；	重复定位精度：	±0.5mm。
水平运动范围：	0～3000mm；	水平运动速度：	4.0m/s。
垂直运动范围：	0～1000mm；	垂直运动速度：	1.0m/s。
加速度：	6m/s²(水平)	6m/s²(垂直)。	

(2)上、下料机械手结构。上、下料机械手水平运动轴采用椭圆形机构，垂直运动轴为直线提升机构，为保持末端的姿态，采用平行四边形结构，这样既可保持末端姿态，又可增大刚度。

3.翻转装置

翻转装置配置在第一台和第二台压床之间，实现对工件的 180°翻转，其主要参数如下：

翻转角度　　±180°；

翻转速度　　90°/s ＝ 15r/min；

翻转半径　　1500mm；

翻转动作是可控的。

翻转装置固定于直角坐标组合传送单元之内，传动方案采用伺服电机与谐波齿轮传动。

4.气动系统及夹具

(1)气动系统。气动系统采用工厂原有的气源，通过过滤、去油处理直接送往各执行器件。真空系统采用国外标准的组合一体化装置，其特点是该组合控制装置包括了真空发生器、真空给定电磁阀、真空破坏电磁阀、真空开关、过滤器、消音器等 6 件一体化装置，使操作过程稳定可靠、体积小、重量轻。真空吸盘根据工件的不同形状，每个零件每个机械手选用 15 套吸盘，吸盘直径选用如下：

工件重 31kg，每个吸盘承载 2.0kg，设安全系数为 3.0，则每个吸盘设计承载为6.0kg，取真空度为 5kPa，吸盘直径为 35mm。

(2)夹具。为适应不同零件在不同工位时的形状，采用万能组合式夹具安装真空吸盘，其结构形式有伸缩式和转动式。

6.2.4　控制系统

控制系统硬件配置如图 6-4 所示。

汽车车身冲压生产线由 6 台压床、12 个机械手、1 台翻转传输车、4 台穿梭传输车、1 台总控制柜、1 台磁力分层控制柜、6 台本地控制柜及气路、传感器系统等构成。

本地控制柜的 PLC 所要完成的主要工作有：接受来自操作员终端的信息，完成上、

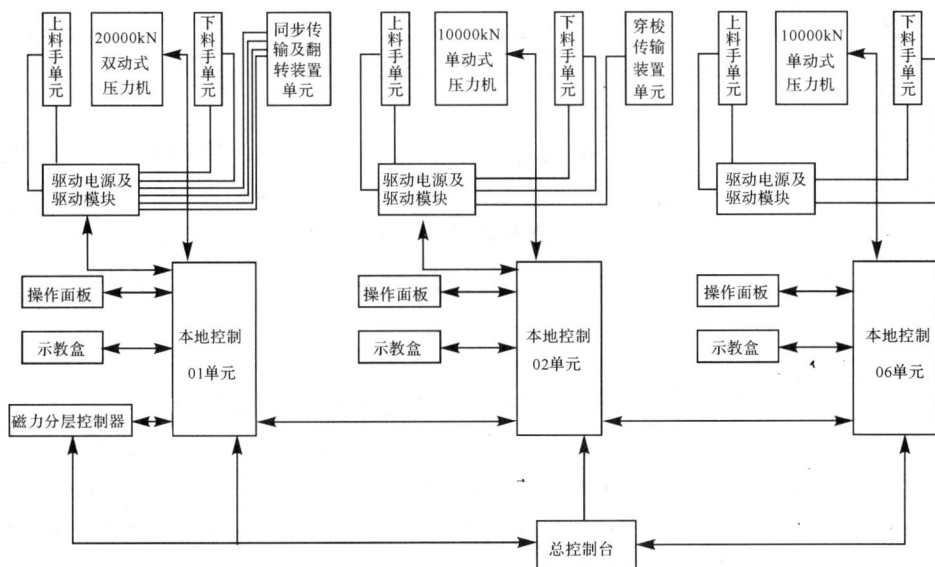

图 6-4 汽车车身冲压生产线控制系统框图

下料机械手及冲床之间的协调控制、翻转传输车和穿梭传输车的控制、抓取装置真空发生器的控制。此外,本地控制还有与总控制柜通信的功能、自诊断的功能等。

701-706 六台压床控制器与相应的 PLC 连锁,完成压床动作控制。

总控制柜具有如下的功能:冲压自动生产线全线起动、停止、暂停、急停;磁力分层、冲床、上下料机械手、传输车、翻转台故障报警及显示;送出工件号、工件计数、设备运行动画显示。

传感器的功能:上料堆检测;抓料检测;冲床滑块位置检测;机械手安全检测;机械手的零点位置检测;气路系统气压检测。

6.2.5 故障报警系统

本系统对部件与器件进行合理选择,使硬件系统具有很高的可靠性,软件系统具有多种保护功能,使其运行更为可靠,该系统达到的平均无故障工作时间 2000h,相当于100 天连续生产。系统的使用寿命为 40000h。按前面的生产节拍,可使用 8 年以上。

1. 故障保护的原则

①重大故障急停。

②出现故障直接相关的设备全部急停。其他设备若处于故障设备之后,则执行完所有的操作;若处于故障设备之前,则仅执行完成当前动作。

③设置操作权限。所有设备的动作必须在所有的工作条件都得到满足的条件下才允许其动作。

2. 故障的种类

①冲床故障。冲程未到位;行程变化与压力变化不一致;冲床润滑系统异常;冲床电源系统故障;冲床控制系统故障等。

②机械手系统故障。机械手未运动到位;机械手伺服系统故障;机械手电源系统故障;机械手未吸牢工件;气源系统故障;机械手控制系统异常等。

③控制协调系统。温度过高;电源不稳定;通信系统故障;显示系统故障等。

④其他故障。翻转装置工作异常;上料系统工作异常;下料传送系统异常;环境温度超过范围等。

6.3 机电一体化系统设计应用举实例 II

数字控制技术是在金属切削机床数控的基础上发展起来的。自 1952 年由美国帕森斯公司与麻省理工学院机构实验室研制成功世界上第一台三坐标数控铣床以来,数控机床经历了晶体管、集成电路控制(NC)、计算机控制(CNC)、多台计算机直接群控(DNC)和微处理器控制(MNC)四个发展阶段,形成了门类齐全、品种繁多的数控机床,如数控车床、铣床、钻床、磨床和加工中心等。

6.3.1 数控机床的组成

图 6-5 所示为数控机床的组成框图。被加工零件图是数控机床加工的原始数据,在加工前需根据零件图制定加工工序及工艺规程,并将其按照标准的数控编程语言编译成加工程序。

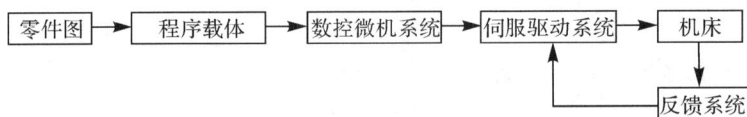

图 6-5 数控机床组成框图

程序载体是用于记录数控程序的物理介质,通过输入接口可将载体中的数控程序输入数控系统。早期的程序载体是纸带,将加工程序制作在穿孔纸带上,由光电读带机将纸带上的二进制数控信息输入微机系统中。现代数控机床多用键盘直接将加工程序输至控制计算机中。在通信控制的数控机床中,控制程序可以由计算机接口传送,如果需要保留程序,则可拷贝到磁盘等存储介质上。

数控微机系统用来接受并处理由程序载体输入的加工程序,依次将其转换成使伺服驱动系统动作的脉冲信号。

　　伺服驱动系统是整个数控系统的执行部分,由伺服放大器(包括伺服控制电路和功率放大器)和伺服电机等组成,为机床的进给运动提供动力。

　　反馈系统用于检测机床工作的各个运动参数、位置参数、环境参数(如温度、振动、电源电压、导轨坐标、切削力等),并将其变换成控制计算机系统能接受的数字信号,以构成闭环或半闭环控制。经济型的数控机床一般采取开环控制。

6.3.2　数控车床的机械结构

　　图 6-6 表示一种普通车床改造后的方案。图中不改变车床主轴箱,即主轴变速仍靠人工控制,走刀丝杠改成滚珠丝杠 11,去掉光杠,在走刀段右端增加一个丝杠支撑。丝杠 11 的右端用纵向步进电机 4 直接驱动(或经传动齿轮减速驱动)。纵向走刀丝杠采用滚珠丝杠的目的是为了提高纵向走刀的移动精度,对于半精加工的车床可直接使用原来的丝杠。同样,横向走刀丝杠由步进电机 3 直接驱动,完成横向走刀的进给和变速。另外,刀架部分采用了电动刀架 1 实现自动换刀。为了使车床能实现自动车制螺纹,还要在主轴尾部加装光电编码器(图中未示出)作为主轴位置检测装置,使车刀运动与主轴位置相配合。

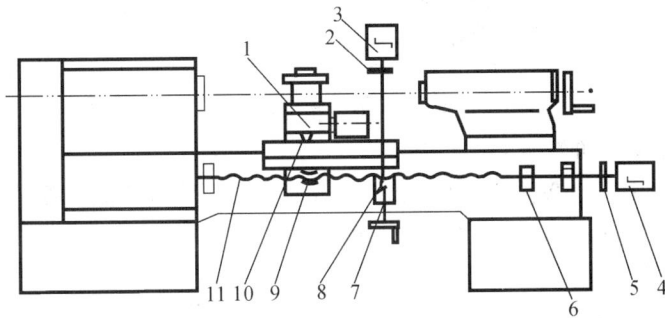

图 6-6　改造后的车床传动系统

　　1. 步进电机与丝杠联接

　　步进电机与丝杠的联接要可靠,传动无间隙。为了便于编程和保证加工精度,一般要求纵向运动的步进当量为 0.01mm,横向运动的步进当量为 0.005mm,步进电机与丝杠的联接方式有直连式(同轴连接)和齿轮联接两种形式。

　　直连式如图 6-7 所示,步进电机与丝杠轴采用联轴套直接同轴相联,这种联接方式结构紧凑,改装方便。

　　齿轮联接式如图 6-8 所示。在步进电机步距角 β、步进脉冲当量 δ 及丝杠螺距 L 确定后,步进电机和丝杠的联接传动比不一定正好是 1:1 的关系,这时采用一对齿轮,齿轮传动比的计算可根据下面计算:

$$i=\frac{z_2}{z_1}=\frac{\beta L}{360\delta}$$

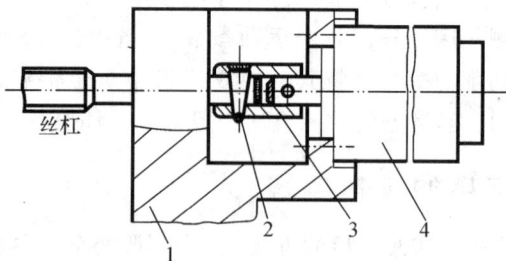

丝杠

1 2 3 4

图 6-7 直联式示意图

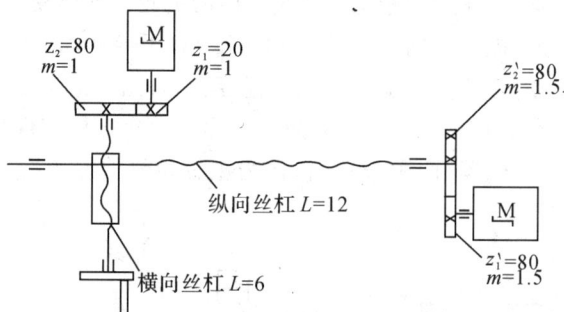

$z_2=80$
$m=1$

$z_1=20$
$m=1$

$z_2'=80$
$m=1.5$

纵向丝杠 $L=12$

横向丝杠 $L=6$

$z_1'=80$
$m=1.5$

图 6-8 齿轮联接示意图

2.步进电机与床身的联接

步进电机与床身的联接,不但要求安装方便、可靠,同时又能确保精度。常用的有固定板联接和变速箱联接两种,如图 6-9 和图 6-10 所示。

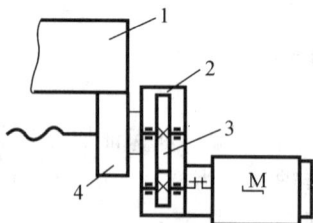

图 6-9 变速箱联接示意图

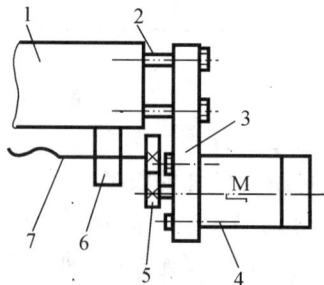

图 6-10 固定板联接示意图

3.自动回转刀架

加工复杂工件时,需要几把车刀轮换使用,这就要求刀架能自动换位,如图 6-11 所示。

当计算机控制系统发出换刀信号后,如果要求的刀号与实际在位的刀号不一致,电机正转,通过螺杆推动螺母使刀台上升到精密端齿盘脱开时的位置,当刀台随螺杆体转动至与刀号要求相符的位置时,控制系统发出反转信号,使电机反转,于是刀台被定位卡死而不能转动,便缓慢下降至精密端齿盘的啮合位置,实现精密定位并锁紧。当夹紧力增大到推动弹簧而窜动压缩触点时,电机立即停转,并向控制计算机发出换刀完成的应答信号,程序继续执行。

4.电动尾架

有的数控车床为实现轴类零件的自动化加工,采用了电动尾座装置,图 6-12 所示是一种适用于经济型数控车床的可控力电动尾座。电机通电转动,通过一对齿轮副减速,带动丝杠转动,再通过装在轴套上的丝杠螺母使轴套前进,并稍稍压缩碟形弹簧。当顶尖推动丝杠转动,迫使顶尖紧顶工件时,丝杠以及螺母不能前进,这样就迫使丝杠后退,压缩碟形弹簧并使从动齿轮后退。从动齿轮后退时压下顶杆,顶杆又压下微动开关,切断电机的电源,至此顶紧操作完成。顶尖后退时,利用一个微型限位开关进行限位控制,电机控制电路除要有正反转点动控制外,还需要有接向控制系统的开关。

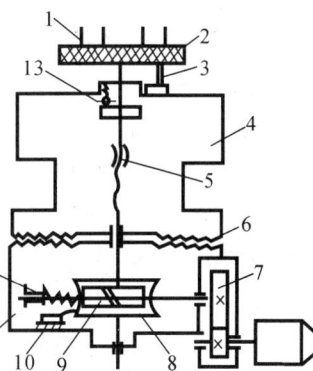

图 6-11　自动回转刀架原理示意图

1-刀位触头,2-胶木板,3-触点,4-刀台
5-螺杆副,6-精密端齿盘,7-交速齿,8-蜗轮
9-滑套式蜗杆,10-停车开关,11-刀架座
12-压簧,13-粗定位

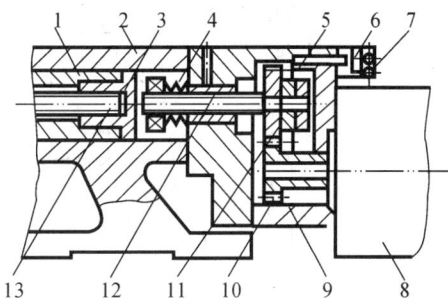

图 6-12　电动尾座

1-轴套,2-原尾架体,3-丝杆螺母,4-碟形弹簧,
5-顶杆,6-微型限位开关,7-调整螺钉,8-电动机,
9-减速箱,10-主动齿轮,11-从动齿轮,12-丝杆,
13-顶尖推动丝杆

6.3.3　数控机床的计算机硬件控制系统

数控机床微机系统有两种基本形式,即经济型和全功能型。所谓经济型系统是用一个计算机系统作主控单元,伺服系统大都为功率步进电机,采用开环控制系统,步进脉冲当量为 0.01～0.005mm/脉冲,机床快速移动速度为 5～8m/min,传动精度较低,功能也较为简单。全功能型的系统用 2～4 个计算机系统进行控制,各 CPU 之间采用标准总线接口,或者采用中断方式通讯。在主控计算机的管理下,各计算机之间分别进行指令识别、插补运算、文本及图形显示、控制信号的输入输出等。伺服系统一般采用交流或直流电机伺服驱动的闭环或半闭环控制,这种形式可方便地控制进给速度和主轴转速。

机床最快移动速度为 8～24m/min,步进脉冲当量为 0.01～0.001mm/脉冲,控制的轴数多达 20～24 个,因而广泛用于精密数控车床、铣床、加工中心等精度要求高、加工工序复杂的场合。

1. 单片机系统

早期的经济型数控系统多采用功能简单的 Z80 单板机控制。近年来,多采用单片机为核心,做成专用的数控系统,图 6-13 所示为一种经济数控系统的硬件框图,适用于普通车床的数控系统。

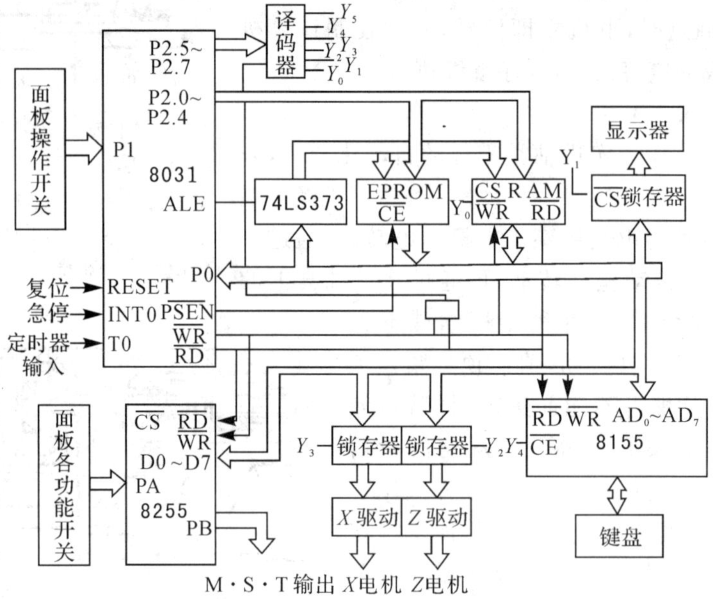

图 6-13　经济型数控系统的硬件框图

图 6-13 中键盘用于手工输入零件的加工程序,显示器用于显示输入的指令和加工状态,8031 对加工程序进行指令识别和运算处理后,向锁存器 Y_2、Y_3 输出进给脉冲,经 X、Z 驱动模块伺服放大后,驱动 X 轴、Z 轴步进电机,产生进给运动;8255 的 PB 口输出控制信号 M.S.T,其中 M 为辅助功能;主要是主电机、冷却电机的启/停控制信号;S 为主轴调速控制信号;T 为转刀架的转位换刀控制信号。

(1)存储器扩展电路。存储器扩展电路如图 6-14 所示,EPROM 用于存储控制程序,RAM 用于存储加工程序。为了保证 RAM 在掉电时加工数据不丢失,电路中还设计了掉电保护电路。

(2)面板操作键和功能选择开关。面板操作键与 8031 的 P1 口接口电路如图 6-15 所示。图中 SB_1～SB_4 为手动操作进给键,分别完成人工操作的 $\pm X$,$\pm Z$ 的进给。运行时按下此键,可中断程序的运行。SA_1 是一个两位开关,用于单段/连续控制,置于"单

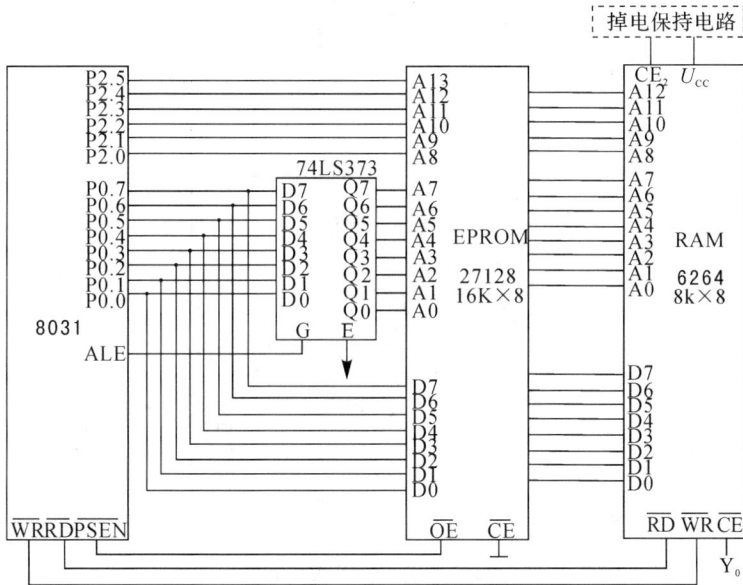

图 6-14　系统的存储器

段"位置时,每运行一个程序段就暂停,只有按下启动键,才继续运行下一个程序段。单段工作方式一般用于检查输入的加工程序。SA_1 置于"连续"位置时,程序将连续执行。

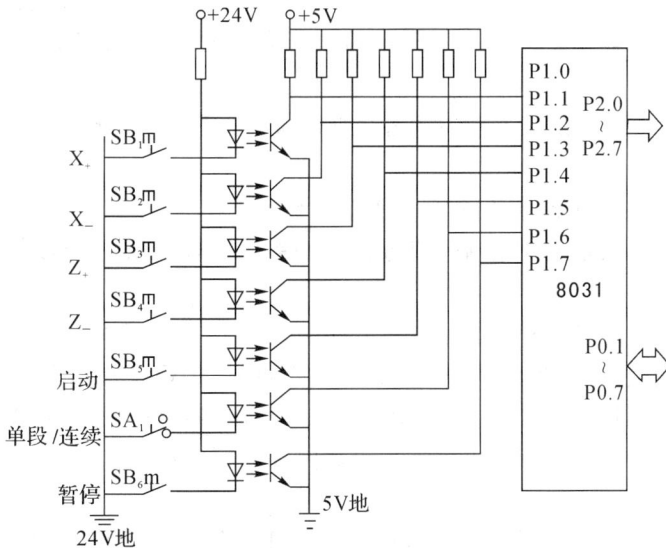

图 6-15　P1 口与面板操作开关的连接

功能选择开关 SA_2 为一个单刀 8 掷波段开关,它与系统 8255 的 PA 口相连,如图

6-16 所示,用于编辑、空运行、自动、回零、手动、通讯等功能的选择。

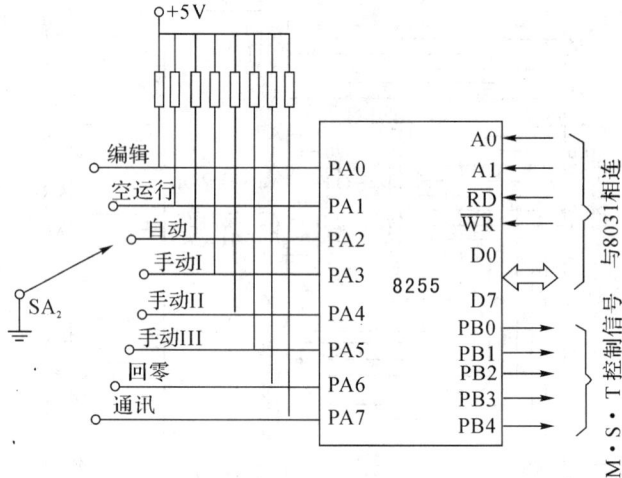

图 6-16 功能选择开关的接线图

①编辑方式。用于加工程序的输入、检索、修改、插入和删除等操作。

②空运行方式。启动加工程序后,只执行加工指令,对 M.S.T 指令则跳过不执行,而且刀具以设定的速度运行。这种方式主要用于检查加工程序,而不用于加工。

③自动方式。只有在这个方式下,才可以按启动键实行加工。在编辑状态下输入程序并经检查无误后,将 SA$_2$ 置自动方式,再按下启动键,认定当前刀具为起点位置,开始执行加工程序。

④手动方式。用于加工前对刀调整或进行简单加工。该方式有 Ⅰ、Ⅱ、Ⅲ 共 3 种选择,分别对应于不同的进给速度。

⑤回零方式。使刀架沿 X 轴、Z 轴回到机械零点。

⑥通讯方式。该方式中包括系统与盒式磁带机、打印机及上位机的数据通讯、转存等操作。

(3)M.S.T 接口。M.S.T 信号有两个特点:一是信号功率较大,微机输出的信号要进行放大后才能使用;二是信号控制的都是220V 或 380V 强电开关器件,因此必须采用严格的电气隔离措施,如图 6-17 所示,由 8255PB 口输出控制信号,先经过一次光电隔离,经译码放大后,由中间继电器 KA 再次隔离,因此该接口电路具有较强的抗干扰能力。

8255PB 口定义为基本输出方式,从 PB0~PB4 输出的 5 个信号经光电隔离后,送至 3~8 译码器,其中 PB0~PB2 为译码地址信号,PB3,PB4 为译码器片选信号。S01~S04 为与调整电动机相连的 4 种主轴调整信号,T10~T40 为 4 种换刀信号。

M03~M26 为 8 个辅助功能信号,其中 M03 用于启动主轴正转,M04 用于控制主

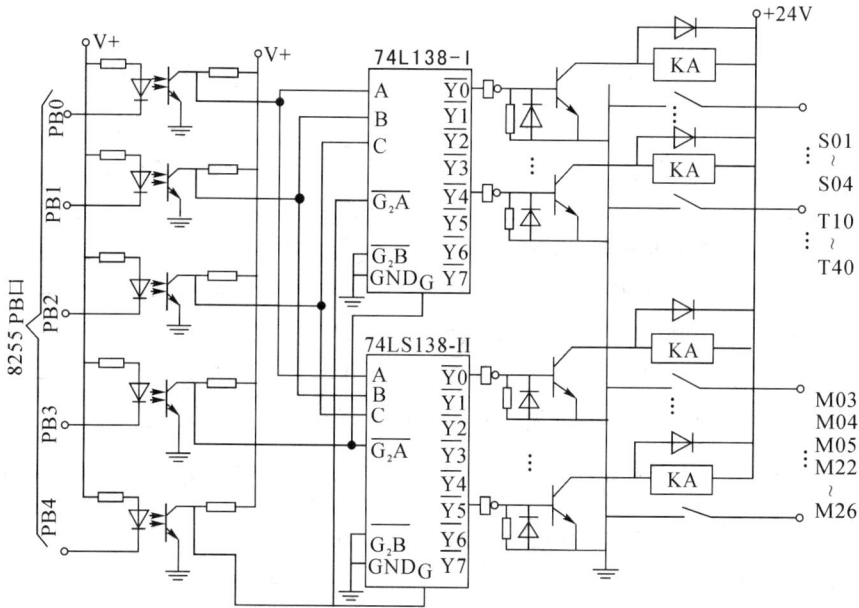

图 6-17　强电接口电路

轴反转,M05 使主轴停止。M22~M26 是用户自用信号,可用于控制冷却电机的启/停、液压电机的启/停、第三坐标的启/停或电磁铁动作等。各 M.S.T 的译码逻辑联系如表 6-3 所示。

表 6-3　M.S.T 信号地址对照表

8255PB 口					输出	8255PB 口					输出
PB4	PB3	PB2	PB1	PB0	信号	PB4	PB3	PB2	PB1	PB0	信号
0	1	0	0	0	S01	1	0	0	0	0	M03
0	1	0	0	1	S02	1	0	0	0	1	M04
0	1	0	1	0	S03	1	0	0	1	0	M05
0	1	0	1	1	S04	1	0	0	1	1	M22
0	1	1	0	0	T10	1	0	1	0	0	M23
0	1	1	0	1	T20	1	0	1	0	1	M24
0	1	1	1	0	T30	1	0	1	1	0	M25
0	1	1	1	1	T40	1	0	1	1	1	M26

2.STD 总线系统

图 6-18 所示为一种两坐标的 STD 数控系统。它由 CPU、带掉电保护的 RAM、键盘、步进电机接口、I/O 接口、CRT 显卡接口等 6 个模块组成。

CPU 模块采用 Z80A 作 CPU,晶振频率为 4MHz,EPROM 容量为 32KB,用于存

放系统的控制程序。板内的CTC0通道作串行口波特率发生器,CTC2号通道作监控程序的单步操作,板内并行口采用Z80PIO芯片,提供2×8位并行接口。串行口为RS232C标准,用于与上位机的数据通讯。

64K的RAM模块用于存放加工程序,为带掉电保护功能的静态RAM模板。

两个轴的步进电机共用一个接口模板,该模板有两组相同结构的电路,包括进给脉冲发生器、脉冲计数器、进给方向控制逻辑和脉冲分配器等。进给脉冲发生器与脉冲计数器由8253定时/计数器芯片实现。8253的0号通道作进给脉冲发生器,进给脉冲频率由装入的时间常数决定。8253的1号通道为脉冲计数器,用来监测是否有脉冲丢失。进给方向逻辑主要

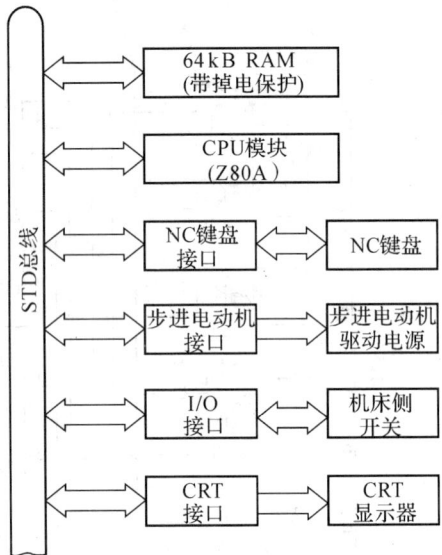

图 6-18　STD 总线数控系统

用于控制步进电机的进给方向,脉冲分配器则将进给脉冲依次分配给步进电机的各相绕组。

I/O模板中的输入通道主要与机床侧的各种开关相连,如限位开关、零点接近开关等;输出通道用于输出M.S.T功能信号,输出信号经锁存器、光电隔离及晶体管放大后,可以驱动24V、200mA以下的继电器、电磁阀等。

CRT模板与普通CRT监视器连接,可实现数控过程的显示及加工程序、加工零件显示。该模板以MC6845CRT控制器为核心,产生CRT所需的行同步、场同步信号,并与STD总线接口。

3. 全功能型数控系统的硬件

全功能型数控系统也称标准数控系统,是国际上较流行的数控系统,其构成框图如图6-19所示。

该系统有X,Y,Z三轴控制,其中任意两轴可联动。链式刀库可储存40～60把刀具,由换刀机械手自动进行换刀(ATC)。系统配有工作台精密转动控制(TAB),转动角度由数控编程中的第二辅助功能B指定。该系统可完成各种加工工序(如铣、钻、镗、扩和攻丝等)的控制。

系统通过接口接受来自MDI的数据,并在CRT上显示,又可通过RS232C接口读入上位机传来的数控加工程序。操作面板上有各种功能选择开关。从机床和操纵面板上输出的信号,大部分由PLC处理,但也有一部分信号,如紧急停车、超程、返回原点等,可直接输入计算机控制系统。

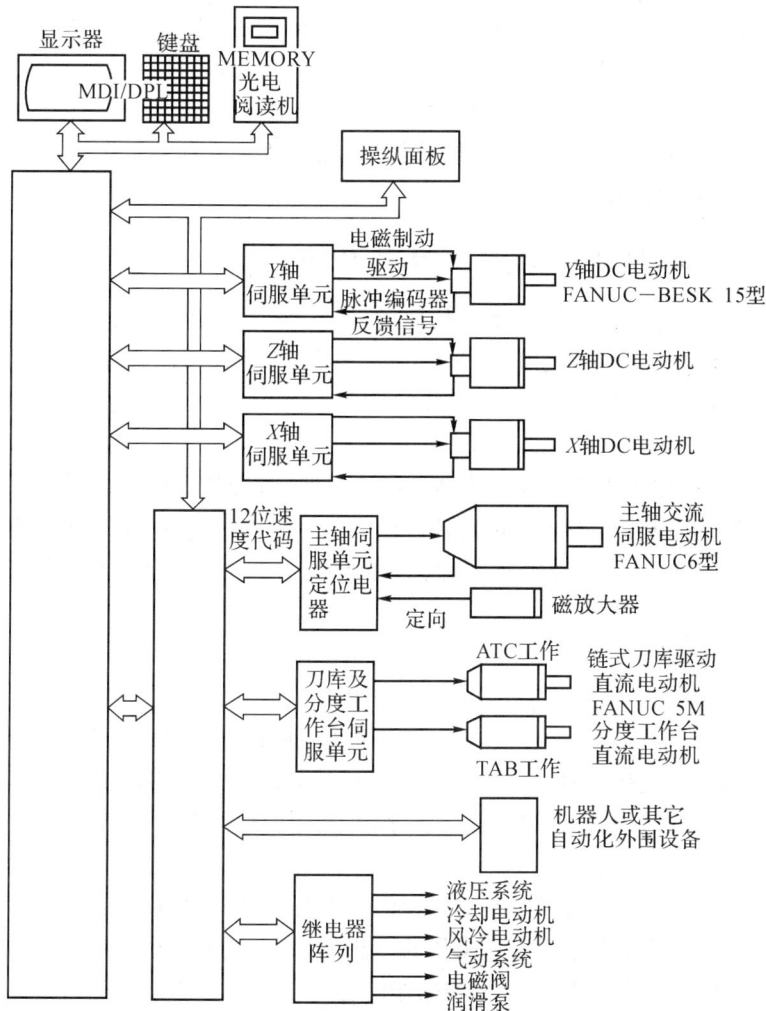

图 6-19　全功能数控系统框图

　　三轴驱动采用伺服驱动方式,各电机均加装光电编码器作为位置和速度的检测反馈元件,反馈信号一路输入计算机系统(CNC)作精插补;另一路经 F/V 变换送入伺服驱动模块中的速度调节器,速度放大部分可配 SRC 或 PWM。

　　在计算机控制系统(CNC)的控制下,经 PLC 进行译码可输出 12 位二进制速度代码,再经 D/A 转换和电压比较后形成主轴电机转换控制信号,由矢量处理电路得到三种相位相差 120°的电流信号,经 PWM 调制放大后加到三相桥式晶体管电路,使主轴的交流伺服电机按规定的转速和方向转动,磁放大器为主轴定向之用。

　　计算机控制系统(CNC)将相应的 T,M,B 功能送至 PLC,经 PLC 译码识别,发出相应的控制信号,该信号自动切换伺服单元工作状态,即由 ATC 转换为 TAB,或由 TAB 转换为 ATC。刀库和分度台均由直流伺服电机驱动,通过控制相应的直流伺服电机,实现自动换刀和工作台的分度。

从上面的介绍中可以看出,除进给插补外,几乎其他所有的工作(S、T、M、B)都离不开 PLC,经 PLC 处理的信号有 194 个。

6.3.4 数控机床的计算机软件构成

数控机床的计算机软件分为系统软件(控制软件)和应用软件(加工软件)两部分。加工软件是描述被加工零件的几何形状、加工顺序、工艺参数的程序,它用国际标准的数控编程语言编程,有关数控编程的规范和编程方法,可参阅有关的标准手册及文献资料。

控制软件是为完成机床数控而编制的系统软件,因为各数控系统的功能设置、控制方案、硬件线路均不相同,因此在控制软件的结构和规模上相差很大,但从数控的要求来看,控制软件应包括输入数据预处理、插补运算、速度控制、自诊断和管理程序等模块。

1. 数据输入模块

系统输入的数据主要是零件的加工程序(指令),一般通过键盘输入,也有通过上一级计算机直接传入的(如 CAD/CAM 系统)。系统中所设计的输入管理程序通常采用中断方式。例如,当通过键盘输入加工程序时,每按一次键,键盘就向 CPU 发出一次中断请求,CPU 响应中断后就转入键盘服务程序,对相应的按键命令进行处理。

2. 数据处理模块

输入的零件加工程序是用标准的数控语言编写的 ASCII 字符串,因此需要把输入的数控代码转换成系统能进行运算操作的二进制代码,还要进行必要的单位换算和数控代码的功能识别,以便确定下一步的操作内容。

3. 插补运算模块

数控系统必须按照零件加工程序中提供的数据,如曲线的种类、起点、终点等,按插补原理进行运算,并向各坐标轴发出相应的进给脉冲。进给脉冲通过伺服系统驱动刀具或工作台作相应的运动,完成程序规定的加工。插补运算模块除实现插补各种运算外,还有实时性要求,在数控过程中,往往是一边插补一边加工的,因此插补运算的时间要尽可能地短。

4. 速度控制模块

一条曲线的进给运动往往需要刀具或工作台在规定的时间内走许多步来完成,因此除输出正确的插补脉冲外,为了保证进给运动的精度及平稳性,还应控制进给的速度。在速度变化较大时,要进行自动加减速控制,以避免因速度突变而造成伺服系统的驱动失步。

5. 输出控制模块

输出控制包括：

①伺服控制。将插补运算出的进给脉冲转变为有关坐标的进给运动。

②误差补偿。当进给脉冲方向改变时,根据机床的精度进行反向间隙补偿处理。

③M.S.T 等辅助功能的输出。在加工中,需要启动机床主轴、调整主轴速度和换刀等,因此,软件需要根据控制代码,从相应的硬件输出口输出控制脉冲或电平信号。

6. 管理程序

管理程序负责对数据输入、处理、插补运算等操作,对加工过程中的各程序模块进行调度管理。管理程序还要对面板命令、脉冲信号、故障信号等引起的中断进行中断处理。

7. 诊断程序

系统应对硬件工作状态和电源状况进行监视,在系统初始化过程中还需对硬件的各个资源(如存储器、I/O 口等)进行检测,使系统出现故障时能及时停车并指示故障类型和故障源。

参考文献

[1] 姜培刚,盖玉先. 机电一体化系统设计. 北京:机械工业出版社,2003

[2] 谢存禧,邵明. 机电一体化生产系统设计. 北京:机械工业出版社,1999

[3] 刘杰,赵春雨,宋伟刚,张镭. 机电一体化技术基础与产品设计. 北京:冶金工业出版社,2003

[4] 黄筱调,赵松年. 机电一体化技术基础及应用. 北京:机械工业出版社,2001

[5] 张建民等. 机电一体化系统设计. 北京:高等教育出版社,2002

[6] 殷际英,林宋,方建军. 光机电一体化实用技术. 北京:化学工业出版社,2003

[7] 缴瑞山. 机电技术应用专业实训. 北京:机械工业出版社,2002

[8] 何立民. MCS-51 系列单片机应用系统设计. 北京:北京航空航天大学出版社,1990

[9] 宋培义,刘立新. 单片机原理、接口技术及应用. 北京:中国广播电视出版社,1999

[10] 孔凡才. 自动控制系统. 北京:机械工业出版社,2003

[11] 王贵明. 数控实用技术. 北京:机械工业出版社,2002

[12] 周绍英,储方杰. 交流调速系统. 北京:机械工业出版社,1996

[13] 倪忠远. 直流调速系统. 北京:机械工业出版社,1996

[14] 吴振彪. 机电综合设计指导. 北京:中国人民大学出版社

[15] 梁景凯. 机电一体化技术与系统. 北京:机械工业出版社

[16] 刘跃南,雷学东. 机床计算机数控及其应用. 北京:机械工业出版社

[17] 宋福生. 机电一体化设备结构与维修. 东南大学出版社

[18] 张毅刚,修林成,胡振江. 单片机应用设计. 哈尔滨:哈尔滨工业大学出版社,1992

[19] 李大友,张秀琼,吴定荣. 微型计算机接口技术. 北京:清华大学出版社,1998

[20] 马西秦,许振中. 自动检测技术. 北京:机械工业出版社,2002

[21] 胡泓,姚伯威. 机电一体化原理及应用. 北京:国防工业出版社,1999

[22] 张建民. 机电一体化系统设计. 北京:北京理工大学出版社,1996

[23] 机电一体化技术手册编委会. 机电一体化技术手册. 北京:机械工业出版社,1994

［24］魏俊民,周砚江.机电一体化系统设计.北京:纺织工业出版社,1998

［25］齐智平.机电一体化系统的软件技术.北京:中国电力出版社,1998

［26］张志良.单片机原理与控制技术.北京:机械工业出版社,2002